现代科学
养殖技术应用指南

◎ 哈密市科技局　组编

◎ 罗生金　主编

中国农业科学技术出版社

图书在版编目（CIP）数据

现代科学养殖技术应用指南／哈密市科技局组编，罗生金主编．—北京：
中国农业科学技术出版社，2018.9
　ISBN 978-7-5116-3854-0

　Ⅰ.①现…　Ⅱ.①哈…②罗…　Ⅲ.①畜禽–饲养管理　Ⅳ.①S815

　中国版本图书馆 CIP 数据核字（2018）第 197377 号

责任编辑　李冠桥
责任校对　贾海霞

出 版 者　中国农业科学技术出版社
　　　　　北京市中关村南大街 12 号　邮编：100081
电　　话　（010）82109705（编辑室）　　（010）82109702（发行部）
　　　　　（010）82109709（读者服务部）
传　　真　（010）82106625
网　　址　http://www.castp.cn
经 销 者　各地新华书店
印 刷 者　北京建宏印刷有限公司
开　　本　710mm×1 000mm　1/16
印　　张　25.625
字　　数　460 千字
版　　次　2018 年 9 月第 1 版　2018 年 9 月第 1 次印刷
定　　价　90.00 元

致　　谢

本书编撰过程中，得到哈密市委组织部、宣传部、农办的大力支持，也得到了哈密市畜牧兽医局的热情帮助，在此表示忠心感谢。

哈密市科学技术局

2018 年 8 月

前　言

党的十九大报告中提出了"产业兴旺、生态宜居、乡风文明、治理有效、生活富裕"的20字方针，是实施乡村振兴战略，建立健全城乡融合发展体制机制和政策体系；是全面开启加快推进农业农村现代化、建设社会主义现代化国家新征程的必然选择。

为了认真贯彻落实党的十九大精神，实施乡村振兴战略，促进农村第一、第二、第三产业融合发展，不断提高农业综合效益和竞争力，围绕"四个全面"战略布局和创新、协调、绿色、开放、共享发展理念，适应新常态、展现新作为，牢牢抓住社会稳定和长治久安这个总目标，结合"科技明白人"素质工程培训需要和哈密市养殖产业的发展需求，按照贴近农牧民生产实际的原则，哈密市科技局组织畜牧兽医养殖方面的专家，本着提高农牧民科技意识、拓宽农牧民的致富门路这条主线，突出适用性、针对性、实效性和先进性，参考了大量文献，从畜禽养殖场选址布局、品种推介、饲草料调制加工、集约化饲养管理、疫病防控等方面开展"科技明白人"素质工程实用教材的编纂。书中内容以哈密近年来畜禽养殖项目方面的科技成果推广为主，图文并茂，实用性、可操作性强，可供养殖场、合作社、养殖户及养殖小区技术人员和生产管理人员参考借鉴，为培育新型农牧民，依靠科技脱贫致富，提升农牧业生产科技水平，推进农业产业结构调整，实现社会稳定和长治久安，提供科技支撑。

编　者

目　　录

第一章　畜禽养殖环境控制与无害化处理

畜禽生产生活所需的生活小环境，主要是靠环境对畜禽生长和繁育的适宜性。在实际生产过程中，主要包括畜禽生产生活的环境条件，如畜舍温度、温度、光照度、光照周期、风速等。小环境质量的好坏直接决定畜禽生产潜力的发挥、畜禽的健康卫生以及畜产品的质量安全。畜禽场周围的自然环境——大环境，大环境当然也会影响到畜禽的健康生产，但其主要侧重于畜禽生产对周边环境的污染影响，如畜禽生产废弃物随意排放对周边地区大气环境质量、水环境质量、土壤环境质量、生物环境质量等的影响以及有毒有害物质的残留，从而直接或间接地影响到人们的正常生活。将环境科学与畜牧环境卫生科学的有机结合。加强畜禽环境的管理与控制，既关系到畜禽的健康生长、繁育以及畜禽产品的质量安全，同时又关系到近年来快速发展的畜禽养殖业与环境之间是否能够协调发展。

第一节　畜禽养殖场生产环境与设施

近年来，新疆维吾尔自治区（全书简称新疆）在制定畜牧养殖发展规划中，将畜禽养殖小区建设作为农牧互补战略和广大农牧民群众脱贫致富的重点工作，畜禽养殖小区得到迅速发展，畜禽养殖场生产环境对畜产品生产安全带来直接和间接的影响。

一、目前畜禽养殖小区运行过程中存在的问题

（一）部分小区选址和布局不合理

部分畜禽养殖小区在原有规模养殖场（户）的基础上改（扩）建而成，选

址、结构布局、安全生产、环境保护等方面达不到国家有关规定。

(二) 部分养殖小区基础设施配套不完善

部分养殖小区基础设施至今未能完善，排水设施、粪污处理、病畜隔离区、疫病诊疗室、药浴池、卫生间、消防等设施需要改善。

(三) 养殖环境污染比较严重

部分畜禽养殖小区缺乏良好的排污系统和无害化处理设施，饲养密度过大，粪便在小区内随意排放、堆积，畜禽尸体处理不规范，鼠害严重加剧了动物疫病防控难度，又造成环境的严重污染，直接威胁公共卫生，影响人类身体健康。

(四) 养殖生产监管力度滞后

畜禽养殖小区管理机制不完善，部分小区内管理权限不明确，政令不通，村委会只重视签订租赁合同，收取租金，没有按照规定标准管理，未能及时解决园区维护修缮运行等突出问题，无法开展统一生产；养殖户各自为政、自由散漫，动物监管部门无法实施统一防疫、无害化处理措施，导致了畜禽养殖小区生产经营的无序性，使得畜禽疫病一旦发生，则难以采取有效的隔离、封锁等措施控制疫情，各村委会设置进驻养殖小区要求苛刻，使一些缺乏资金、场地的养殖户无法入园区从事养殖，直接影响现有的畜禽圈舍利用率，造成部分养殖园区空置浪费。

(五) 饲养管理不科学

由于受传统意识的影响，"良种、良法、良料"科学饲养技术推广困难，养殖品种仍然是土、杂品种，饲养周期过长，没有发挥良种、高产、高效园区效益，缺乏市场竞争力。

二、畜禽场环境管理遵循的原则与设计要求

为了促进畜禽健康生长，保障畜禽产品质量安全，就必须从畜禽的场址选择、布局、卫生防疫条件、饮水水质、空气质量等各个方面进行科学管理、有效控制、为畜禽生长提供健康舒适的生长环境，保障畜禽产品生产的源头环境。本书是从畜禽养殖场建设过程中积累了一些成功经验，参考国家相关法律、法规、规程，通过养殖场（区）的合理建设，为畜禽养殖提供安全环境，促进畜禽养殖健康发展。

（一）畜禽场环境管理遵循的原则

（1）判断畜禽场或有关设备与设施的合理性，首先要看它是否改善畜禽的环境、改善到何种程度以及对畜禽的生产生活产生有利影响，而不能片面地追求劳动生产率或机械化程度。

（2）畜禽场以及其他旨在改善养殖环境的工程技术措施的实质在于协调畜禽及其周边环境之间的热交换和热平衡。那么，由于气候差别，各地在选择畜禽场形式与结构、确定环境控制程度以及采取何种相应措施，均应因地制宜，不能生搬硬套。

（3）注意节能。哈密用于做饲料的粮食极其有限，而能源也很短缺。节能、节粮，充分利用有利的自然条件和畜禽自身对环境的适应能力来改善畜禽的舍饲环境，是符合无害化农产品生产的根本方向。

（4）注重保护环境和产品安全

畜禽场的环境质量应符合畜牧业产品产地环境质量相关标准的要求；畜禽场废弃物处理与污染物排放应符合畜禽养殖场废弃物排放相关要求。一个养殖场在生产过程中必然要产生大量"三废"。对环境造成污染。因此，在畜禽场（区）设计建设时就应考虑好"三废"的无害化处理，有效地防止病原菌交叉感染。做到人、畜禽、废弃物分区管理。达到环境自净。利用场地的空间，因地制宜进行种草植树，就地吸附消纳"三废"，净化环境。粪便、污水处理应集中发酵有条件的可以通过过腹还田的措施达到种养结合的目的，在城郊区应建设沼气池对"三废"进行了无害化处理，又可产生大量的沼气进行取暖、照明和做饭，变废为宝，经过减量化、资源化和无害化处理，使其周围环境不致构成污染威胁。

（5）畜牧业作为一个生产部门，任何措施的采取，包括改善和控制的工程措施和技术措施，必须考虑经济效益，即必须考虑增产收益能否补偿为改善环境而耗费的投资，绝对不能片面追求理论上的合理性，而不计代价。畜禽场生产环境要求具体主要包括选址、场区内布局、饮用水水质、空气环境质量、生态环境质量、废弃物排放等六个方面的内容。

（二）设计要求

1. 选址

选址应从自然环境和社会环境所需的卫生防疫要求，产地环境同时又能满足畜禽生要求，不污染周边环境，能够充分保障畜产品质量安全。符合区域发展规划要求，与区域功能定位相适应。

《中华人民共和国畜牧法》第四十条明确规定，禁止在下列区域内建设畜禽养殖场、养殖小区：生活饮用水的水源保护区，风景名胜区，以及自然保护区的核心区和缓冲区城镇；居民区、文化教育科学研究区等人口集中区域；法律、法规规定的其他禁养区域。除在禁养区域不得建设畜禽场之外，应根据当地的常年主导风向、风频等气象条件，尽可能选在保护目标的下风下水方位，尽可能减少畜禽场产生的恶臭、粪污等对周边大气和水体的污染。

按照畜禽卫生防疫和畜产品质量安全要求，应综合考虑地形地势、水源、交通等自然环境质量情况。

（1）地形地势。养殖场（区）应选在地势较高，干燥平坦及排水良好的地方，要避开低洼潮湿的场地，远离沼泽地。地势要向阳背风，以保持场区小气候温热状况的相对稳定，减少冬春季风雪的侵袭。

（2）水源。在畜牧生产过程中，畜禽饮用、饲料配制、畜舍及设施的清洗消毒，畜体清洁以及小气候环境改善等都需要大量的水，必须保证充足的水源，且水质达标。故畜禽场选址考虑水源情况时，应主要考虑运营期间饮用水的稳定供应和卫生安全。对水源的考察时，一般来说，需要了解场址周围地下水水位及水质情况，水源附近有无大的污染源。

（3）交通。在满足卫生防疫要求，即要与主要交通干线保持一定的安全距离的前提下，养殖场选址应保证交通顺畅，有利于饲料原料和产品销售的运输，最好距离生产场地和放牧地较近。

（4）卫生防疫要求。为了防止养殖场受到周围的污染，选址时应避免居民点的排污口，不能将场址选在化工厂、屠宰场、制革厂、造纸厂等容易产生污染企业的下风口或附近。在考虑交通便利的同时，又不能靠近交通要道与工厂、住宅区，以利防疫和环境卫生。距离生活饮用水源地、动物屠宰加工场所、动物及动物产品集贸市场500米以上，距各种畜禽场1 000米以上，距离动物诊疗所200米以上，距离动物隔离场所、无害化处理场3 000米以上，距离城镇居民区、文化教育科研人口密集区域以及公路、铁路等主要交通干线500米以上。动物饲养场（养殖小区）之间距离不少于500米，生产区内各养殖栋舍之间距离在5米以上，或者有隔离设施。

场区周围可以利用树林成自然山丘等作为绿色隔离带，这就起到绿化美化环境，同时也能起到阻断疫病传播途径的天然屏障作用。

2. 布局

养殖场（区）布局就是在养殖场范围内对各类建筑物进行的功能组团与合理分区，养殖场规划设计的重要组成部分。养殖场场区布局应本着因地制宜、科学饲养、环保高效的原则，合理布局，统筹安排。综合考虑周围情况，有效利用场地的地形、地势、地貌，并为今后的进一步发展留有空间。场区建筑物的布局在既紧凑整齐，又兼顾防疫要求、安全生产和消防安全的基础上，提高土地利用节约用地，尽量不占或少占耕地，节约土地资源。场区各建筑物布局是否合理直接影响基建投资、经营管理、生产组织、劳动生产率、经济效益、场区的状况与防疫卫生。

根据不同畜禽场的生产工艺设计要求，因地制宜地进行场区的功能分区。合理组织场内外的人流和物流，创造最有利的环境条件和生产联系，实现高效生产，如净道、污道要分开，如运送粪污、废弃物与饲料、产品等不能共用一个大门等，生产区和生活区要分开。

保证建筑物具有良好的朝向与间距，满足采光、通风、防疫和防火的要求。养殖场建设必须考虑粪尿、污水及其他废弃物的处理和资源化利用，确合清洁生产的要求。

养殖场一般包括3~4个功能区，即生活区、管理区、生产区和粪便污水处理区、病畜隔离区。生产区是养殖场的核心，畜舍、饲料加工、贮存、产品贮存、初级加工等畜牧生产建筑物集中在此；管理区是畜牧生产经营管理部门所在地；生活区是从业人员的生活居住区。同时应搞好场区绿化建设工程。各功能区的建设应符合清洁以下要求。

（1）生活区。应建在整个场区的上风头和地势较高地段，并与生产区保持合理距离或者有隔离设施，确保生活区良好的卫生环境。

（2）管理区。生产区严格分开，并保持合理距离。

（3）生产区。应该在场区的下风位置，要能控制场外人员和车辆，使之不能直接进入生产区。生产区的畜禽舍要布局合理，按照科学的饲养模式布置畜禽舍。生产区内清洁道、污道分设。为了综合考虑防疫、采光和通风，各畜舍之间要保持适当距离，各养殖栋舍之间距离在5米以上。粗饲料库设在生产区下风口地势较高处，与其他建筑物保持60米以上的防火距离。饲料库、干草棚、加工车间和青贮池，要布置在适当位置，便于车辆运送，减小劳动强度。但必须防止因污水渗入而污染草料。

禽类饲养场、养殖小区内的孵化间与养殖区之间应当设置隔离设施，并配备种蛋熏蒸消毒设施，另外，尸坑和焚尸炉距畜舍500米以上。防止污水粪尿废弃物蔓延污染环境。

（4）场区绿化。搞好场区绿化，不仅可以调节小气候（如温度、湿热、气流等），改善空气质量，降低噪声，而且在卫生防疫、防火以及美化环境方面有着不可忽视的作用。场区绿化率不低20%为宜。绿化的主要地段包括生活区、道路两侧、隔离带等。

三、饮用水水质与空气质量要求

（一）水质指标达到畜禽产品相关要求

除在选址时应考虑水源，还应考虑水质情况。反映水质好坏的主要参数包括颜色、浑浊度、气味、肉眼可见物、总硬度，溶解性总固体、pH值、氯化物、硫酸盐、总大肠菌群、氟化物、氰化物、总砷、总汞、铅、铬、硝酸盐等。各项指标应符合《无公害食品畜禽饮用水》（NY 5027—2008）标准的要求。企业应委托有资质的检测机构对水质进行检测。

（二）空气质量要求

空气质量除了在建场时应符合外界环境对畜禽生产环境的影响这一要求以外，其舍内空气质量也应达到相关标准的要求。通常情况、畜舍以及场区都会因为畜禽养殖密度较高、粪便、污水、饲料以及垫料等致使氨气、硫化氢等有害气体聚集而影响空气质量、同时还会由于畜舍内特有的湿热环境而引起细菌滋生，不利于畜禽卫生防疫而引发疾病。畜禽养殖场空气质量的重要污染影响因子包括氨气、硫化氢、二氧化碳、恶臭、细菌总数、飘尘、总悬浮颗粒物。各项指标应符合畜禽养殖场环境质量标准的要求。

（三）生态环境质量

生态环境质量指标主要包括温度、湿度、风速、光照度、病原微生物、噪声和粪便的含水率。生态环境质量超标可导致畜禽产生各种应急反应、免疫力降低等而引发疾病。如环境温度直接影响畜禽的体热调节，通过热调节影响家畜健康状况、生产性能和生长速度，在炎热环境中，畜禽散热困难，引起体温升高、采食量下降等，从而导致生产力下降，免疫水平也将受到影响；在寒冷的条件下，畜体散热过快，为维持体热平衡需要大量的饲料用于产热消耗，这也将导致生产力的下降。

（四）废弃物处理与排放

畜禽养殖场废弃物主要为家畜粪便。就粪尿本身而言，其组成成分主要为粗纤维、蛋白质、糖类和脂类物质它们在自然界中容易分解，并参与物质的再循环过程，应以适当方式在适当的地点排放或利用，它不仅不会造成环境污染而且还是农业生产中的很好的肥料资源。但随着现代化、集约化畜牧业的迅速发展以及市场利益的推动，与传统的农户养殖相比，目前的畜禽粪便数量和特殊性发生了很大的改变。

一是集约化养殖致使粪尿排放量大而且集中。

二是生产中为了促进动物生长、防治动物疫病、生产功能性畜产品和经济利益驱动，抗生素、维生素、激素和金属微量元素添加剂等的滥用现象普遍存在，部分兽药和饲料添加剂在动物体内残留或代谢分解，其余未吸收利用部分随粪尿排出体外。粪便的高浓度集中排放，很容易超出区域环境容量，超出土壤、水、空气的自净能力，造成环境富积而产生污染。

三是就是粪尿及污水中还含有病原微生物、寄生虫等，在向外界排放时，很容易导致周围水域和地下水的污染，或借助水体做介质进行疾病传播。而圈舍垫料，废饲料，散落的羽毛，孵化产生的胚蛋、蛋壳，养殖场内剖检，病畜死尸及皮毛等，虽然数量较少，其环境污染问题较畜禽粪便而言，不甚突出，但其无害化处理尤其重要，也应引起足够重视。

针对畜禽养殖业污染物的排放特点以及污染特性，根据"资源化、无害化、减量化"与"节能减排"的原则对畜禽养殖场废弃物进行集中管理；参照 NY/T 1168—2006《畜禽粪便无害化处理技术规范》的要求设计无害化处理工艺；排水达到 GB 18596—2001《畜禽养殖业污染物排放标准》要求。粪便利用达到 NY/T 1334—2007《畜禽粪便安全使用准则》的要求。从推动畜禽养殖业污染物的减量化、无害化和资源化的角度出发,规定了废水日排放量、恶臭排放标准、废渣无害化环境标准,以及污水中 COD、BOD5、悬浮物、氨氮、总磷、粪大肠菌群数与蛔虫卵的最高允许排放浓度。用于直接还田的畜禽粪便,必须进行无害化处理,禁止直接将废渣倾倒入地表水体或其他环境中,畜禽粪便还田时,不能超过当地的最大农田负荷量,避免造成面源污染和地下水污染。经无害化处理后的废渣,应符合蛔虫卵死亡率大于95%、粪大肠菌群数小于 10^5 个/千克的标准要求。

四、生产设施的要求

生产设施主要包括环境质量控制设施、卫生防疫设施及基本生产设施。环境质量控制设施、卫生防疫设施是为了改善畜舍环境质量,加强卫生防疫,减少疾病传播,提高生产力。

(一) 环境质量控制设施

1. 温湿度控制

在高温多湿的气候下,防暑对策非常重要,可从畜舍的机构设计方位及场址选择等方面着手,也可根据当地气候条件适当配备风机、喷雾降温等防暑降温设备。结构设计主要包括屋顶使用隔热材料或隔热涂料、屋顶开天窗、采用开放或半开放的畜舍、外遮阳棚等,减少日照、降低日射吸收量,加强自然通风效果达到防暑降温的效果。

畜禽粪尿及生产用水大量排放,使舍内空气、地面、墙体等表面比较潮湿,为了防潮,除将畜舍建在地势高燥的地方以外,畜舍墙体和地面均应作防潮处理,并便于消毒清洗。

2. 通风

通风是为了排出舍内对家畜生活上不必要且有害的热、水分、二氧化碳、氨气、硫化氢等不良气体,并补给新鲜空气而施行。屋顶上方开口的建筑有利于自然通风,也可加装风机以加强通风效果。

3. 采光

不同品种的畜禽,或同一畜禽品种不同生长期对光照强度的生物学反应程度均有不同。实际生产过程中也通常利用采光设计(包括自然采光和人工照明)来促进畜禽生产能力。

自然采光指让太阳光直接通过畜舍的开露部分或门窗进入舍内达到照明的目的。只要合理设计畜舍朝向、窗户数量的多少、窗户设计位置和大小，形状以及窗户之间的距离等，都可以获得良好的采光效果。必要时采取人工光照，人工照明一般可在早、晚延长照明时间，也可根据自然照度系数来确定补充光照强度来满足动物的生物学需求，尤其是在现代养鸡生产中人工光照应用普遍。

（二）卫生防疫设施

卫生防疫中卫生消毒属于重中之重，消毒是集约化、规模化养殖疫病防治的最强有力措施，在狭小的空间，动物的相互接触的概率增大，增加了疫病的发生率，消毒是现代畜牧业发展的必由之路。消毒内容主要包括出入车辆消毒，人员消毒、器具与环境消毒。消毒设施配备是否到位直接影响卫生防疫。

1. 车辆消毒

养殖场大门入口处应设有车辆消毒设施，车辆消毒池的宽度与大门相同，长度和消毒液的高度能保证入场车辆所有车轮外沿充分浸没在消毒液中，一般为3.8 米×3 米×0.1 米。同时配备喷雾消毒设施，不仅可以对进入场区的车辆进行消毒，还可以对清洗完毕后的畜禽舍，带畜禽环境，道路和周围环境进行喷雾消毒。

2. 人员消毒

场区入口除设车辆消毒池外，应设人员消毒通道。该通道除设地面消毒池外，还需增设紫外线消毒灯。在大型养殖场同时在生产区门口应设有洗手消毒，脚踏消毒池，更衣换鞋处或淋浴室等设施。生产人员进入产区内时，应进行严格的清洁消毒，更换衣鞋。

3. 器具消毒

器具消毒主要指饲喂用具、兽医用具、产品贮存及运输设施等的消毒。对于一般体积较小的器具只需配制合适的消毒液进行浸泡消毒即可，而产品运输车辆的车厢、库房等的消毒采用喷雾消毒方式进行消毒。

对于奶牛场而言，要保持挤奶设备、奶罐车等所有容器具的清洁卫生，按照挤奶程序应配置完善的清洗系统及与之配套的锅炉提供足够的热水，保证有效清洗。

另外，肉鸡、蛋鸡养殖场应设有防鸟，防鼠设施，并定期进行除虫灭害工作；奶牛场的生鲜牛奶应设单间存放，与牛舍隔离，并且有防尘、防蝇、防鼠的设施。

（三）基本生产设施

根据畜禽养殖场的建筑布局与卫生防疫要求，办公区、生活区、生产区、生产辅助区、畜禽粪便堆积区、无害化处理区、病畜隔离区等应相互分开，保持一定距离，应建有消毒室、兽医室、隔离舍等基础设施，但具体设施的相应配置因畜禽品种不同而异。

（四）生产环境与设信的监督

要保障畜产品生产的源头环境质量，充分有效利用配套生产设施，离不开科学规范的管理。为了加强对养殖过程的质量控制，规范饲养管理行为，依据国家标准化饲养管理操作规程和兽医卫生防疫准则，对环境条件与工艺、卫生消毒、卫生防疫以及废弃物无害化处理等都进行具体详细的规定，对养殖场生产环境与设施的监管应严格按照准则规定执行。

五、畜禽养殖场的科学管理

根据 NY/T 1596—2007《畜禽养殖场质量管理体系建设通则》的要求进行制度建设；畜禽场要向所在地县级人民政府畜牧兽医主管部门备案，并按照《畜禽标识与养殖档案管理办法》，建立畜禽生产记录制度，配备专门或兼职记录员，对日常生产活动等进行记录。生产管理需要建立各项管理制度，包括：建立养殖档案制度，畜禽出入场管理制度，兽药购买与使用、饲料使用管理、饲料添加剂使用管理、卫生防疫、消毒、病死畜无害化处理、疫情监测登记报告，畜禽传染病控制措施、生产人员培训、产品销售、日常操作规程等各项制度，并接受有关业务职能部门的管理。

（一）品种选择

引进种畜时，要严格按照《种畜禽管理条例》的规定执行，从具有种畜禽经营许可证的种畜场引进，并按照 GB 16567 进行检疫。引进的种畜，隔离饲养 30~45 天，发现发病动物，立即与健康动物进行严格隔离；从外地引进动物必须进行严格检疫、检测，确认健康动物方可混群饲养，供繁殖使用。只进行育肥的饲养场，引进幼畜时，应从达到无公害标准的饲养场引进。不得从疫区引进家畜。家畜饲养场应建立追溯制度，能追溯到家畜的来源和出栏家畜的去向。

（二）饲养制度

（1）根据饲养规程转群或分群时，应按体重、生理阶段、性别和生产性能等合理分群，分别进行饲养，饲养密度要适宜，保证家畜有充足的空间。

（2）每天打扫畜舍卫生，保持料槽、水槽用具干净，地而清洁。

（3）饲料的供给，根据饲养动物的需要，应采取有效措施防止饲料污染腐败。

（4）经常检查饮水设备，观察畜群健康状态。

（5）建立合理的饲喂制度，定时，定量；冬季注意饲料的温度和饲料的含水量。

（6）根据动物饲养目的，有足够的活动场所供动物运动和休闲使用。

（三）疾病预防

1. 卫生消毒

（1）环境消毒。畜舍周围环境每2~3周用2%火碱消毒或撒生石灰1次，场周围及场内污水池、排粪坑、下水道出口，每月用漂白粉消毒1次。在大门口，畜舍入口设消毒池，注意定期更换消毒液。

（2）畜舍消毒。每批畜禽调出后，要彻底清扫干净，用高压水枪冲洗，然后进行喷雾消毒或熏蒸消毒。

（3）用具消毒。定期对保温箱、补料槽、饲料车、料箱、针管等进行消毒，可用0.1%新洁尔灭或0.2%~0.5%过氧乙酸消毒，然后在密闭的室内进行熏蒸。

（4）带畜消毒。定期进行带畜消毒，有利于减少环境中的病原微生物。可用于带畜消毒的消毒药有：0.1%新洁尔灭，0.3%过氧乙酸，0.1%百毒杀，0.1%次氯酸钠。

2. 免疫接种

（1）应根据《中华人民共和国动物防疫法》及其配套法规的要求，结合当地实际情况，有选择地进行疫病的预防接种工作，并注意选择适宜的疫苗、免疫程序和免疫方法。

（2）免疫用具在免疫前后应彻底消毒。

（3）剩余或废弃的疫苗以及使用过的疫苗瓶要做无害化处理，不得乱扔。

3. 疫病监测

（1）应依照《中华人民共和国动物防疫法》及其配套法规的要求，结合当地实际情况，制定疫病监测方案。

（2）常规监测疫病的种类至少应包括以下几种。

牛：口蹄疫、炭疽、蓝舌病、结核病、布鲁氏菌病。

羊：口蹄疫、小反刍兽疫、蓝舌病、畜禽痘、结核病、布鲁氏菌病。

驴：马传贫、马鼻疽、马胸疫。

鸡：鸡新城疫、高致病性禽流感、鸡马立克氏病、鸡白痢、鸡伤寒。

驼：口蹄疫、炭疽、结核病、布鲁氏菌病。

还应根据当地实际情况，选择其他一些必要的疫病进行监测。

（3）应接受并配合当地动物防疫监督机构进行定期或不定期的疫病监督抽查、普查、监测等工作。

4. 疫病的扑灭与净化

（1）应根据监测结果，制订场内疫病控制计划，隔离并淘汰病畜，逐渐消灭疫病。

（2）发生疫病或怀疑发生疫病时，应依据《中华人民共和国动物防疫法》，立即向当地兽医行政管理部报告疫情。

（3）确诊发生国家或地方政府规定的疾病时应采取扑杀措施，必须配合当地兽医行政管理部门，对发病畜群实施严格的隔离、扑杀措施。

（四）无害化处理

1. 病、死家畜处理

（1）需要淘汰、处死的可疑病畜，应采取不会把血液和浸出物散播的方法进行捕杀，传染病尸体应按 GB 16548 进行处理。

（2）发生动物传染病时，应对发病家畜群及饲养场所实施净化措施，对全场进行彻底的清洗消毒，病死或淘汰家畜的尸体按 GB 16548 进行无害化处理，消毒按 GB/T 16569 进行。

（3）不得出售病、死家畜。

2. 废弃物处理

（1）废弃物处理实行减量化，无害化，资源化原则。

（2）粪便经堆积发酵后可作农业用肥。

（3）污水应经发酵、沉淀后才能作为液体肥使用。

（五）出栏

（1）家畜上市前，应经兽医卫生检疫部门根据 GB 16549 检疫，并出具检疫证明，合格者方可屠宰上市。

（2）运输车到达运输地前和使用后要用消毒液彻底消毒。

（3）运输途中，不得在疫区、城镇和集市停留、饮水和饲喂。

（4）应签订销售合同，便于对畜产品追溯检查。

（5）家畜运输过程中，应考虑到路途的动物福利，避免因运输应急影响畜产品质量。

第二节　畜禽废弃物无害化处理

现代畜牧业发展更关注环境友好型养殖业，养殖所产生的气味、污水、粪便、污物等都要得到妥善的处理和净化。不能导致环境污染和恶化。根据《畜禽规模养殖污染防治条例》要求：畜禽养殖场、养殖小区应当根据养殖规模和污染防治需要，建设相应的畜禽粪便、污水与雨水分流设施，畜禽粪便、污水的贮存设施，粪污厌氧消化和堆沤、有机肥加工、制取沼气、沼渣、沼液分离和输送、污水处理、畜禽尸体处理等综合利用和无害化处理设施。

一、粪便环境污染

畜禽排泄物中的主要成分有含氮化合物、钙、磷、可溶无机物、粗纤维、其他微量元素及某些药物，各种成分的含量随畜禽品种、饲料原料及配方、饲养方式等不同而异。通过不同途径进入环境，对空气、水源、土壤等产生污染。

1. 水体污染

畜禽粪便及其包含的各种有害物质通过淋湿、渗漏、径流等途径进入地表水和地下水。主要包括有机物污染、水体富营养化和病原体污染。

2. 空气污染

粪便分解后产生大量的氨气、硫化氢、粪臭素、甲烷、二氧化碳等有害气体，这些气体不但会导致畜禽应激，降低畜禽产品产量，而且排放到大气中对人类健康、空气污染和地球温室效应都产生负面影响，同时大量畜禽粪便和尿液的产生和集聚也是滋生蚊蝇、细菌繁殖和传播疾病的传染源。氨气刺激性强，对鼻、咽、喉都有强烈的刺激，会使人畜流眼泪，通过肺进入血液会破坏血红蛋白，使幼畜产生昏迷、麻痹、甚至中毒致死；硫化氢对畜禽及人的眼、呼吸道影响大；畜禽粪便对空气的污染主要来源于畜禽场内外的粪池、粪沟、粪堆、化粪池。

3. 土壤污染

一是畜禽粪便有机物分解产生污染。二是粪便中的病原微生物和寄生虫污染。三是粪便中的重金属以及抗生素、激素污染。

二、粪污处理设施建设

粪污处理工程是现代集约化肉畜禽场建设必不可少的项目，畜禽场污水量估算也可按此法进行。粪污处理工程除了满足处理各种家畜每日粪便排泄量外，还需将全场的污水排放量从建场伊始就要统筹考虑。其规划设计依据是粪污处理工艺与综合利用工艺，应根据环境要求、投资额度、地理与气候条件等因素先进行工艺设计。

粪污处理工程主要规划项目包括：粪污收集（即清粪）、粪污运输（管道和车辆）、粪污处理场的选址及其占地规模的确定、处理场的平面布局、粪污处理设备选择与配套、粪污处理工程筑物（池、坑、塘、井、泵站等）的形式与建设规模。

规划原则是：处理后作为农田肥料合理利用；充分考虑劳动力资源情况，不要一味追求全部机械化；选址时避免对周围环境造成污染。

三、畜禽粪的处理方法

（一）发酵处理

即利用各种微生物的活动来分解粪中有机成分，有效地提高有机物的利用率。根据发酵微生物的种类可分为有氧发酵和厌氧发酵两类。

1. 堆肥发酵处理

畜禽粪尿中含有丰富的氮、磷、钾和有机质，都是植物素需要的养分。同时也含有很多的挥发物质、病原微生物、寄生虫卵及重金属等，如果不处理而直接施用于农田，会对生态环境和人畜健康带来不利影响。堆肥是以其成本低廉，能够有效杀灭病原菌和除臭，改善畜禽废物的不良物理性状，使其减容达到彻底稳定的效果。也就是富含氮有机物的畜粪与富含有碳有机物的秸秆等，在好氧、嗜热性微生物的作用下转化为腐殖质、微生物及有机残渣的过程。堆肥过程产生的高温（50~70℃），可使病原微生物和寄生虫卵死亡。炭疽杆菌致死温度50~55℃，所需时间1小时高温死亡，寄生蛲虫卵和幼虫在50~60℃，1~3分钟即可杀灭。经过高温处理的粪便呈棕黑色、松软、无特殊臭味、不招苍蝇、卫生、无害。工艺流程：原料的预处理、原料发酵和后处理。这是畜禽场采用的主要方法之一。

2. 沼气发酵处理

沼气处理是厌氧发酵过程，可直接对粪水进行处理。其优点是产出的沼气是一种高热值可燃气体，沼渣是很好的肥料。经过处理的干沼渣还可以做饲料。

3. 充氧动态发酵

在适宜的温度、湿度以及供氧充足的条件下，好气菌迅速繁殖，将粪中的有机物质分解成易被消化吸收的物质，同时释放出硫化氢、氨等气体。在45~55℃条件下处理12小时左右，可生产出优质有机肥料和再生饲料。这种方式成本高，操作难度大。受天气影响小，占地面积小，周期短，因此，适合于大规模养殖企业采用。

（二）干燥处理

1. 太阳能自然干燥处理

在自然或棚膜条件下，利用日光能进行中、小规模畜畜禽粪便干燥处理，经粉碎、过筛，除去杂物后，放置在干燥地方。可供饲用和肥用，该方法具有投资小、易操作、成本低等优点，但处理规模较小，土地占用量大，受天气影响大。阴雨天难以晒干脱水，干燥时容易产生臭味，氨挥发严重，干燥时间较长，肥效较低，可能产生病原微生物与杂草种子危害等问题，不能作为集约化、大规模禽养殖场的主要处理技术。但采用专用的塑料大棚遮盖的粪床中，长度可达60~90米，内有混凝土槽，两侧为导轨，在导轨上安装搅拌装置。湿粪装入混凝土槽，搅拌装置沿着导轨反复行走，通过搅拌板的正反向转动来捣碎。翻动和推送畜粪，并通过强制通风除棚内水气，达到干燥畜禽粪的目的，夏季需约 1 周的时间即可把畜禽粪的含水量降到 10% 左右。处理经过发酵脱水的畜禽粪便，则具有阴雨天也能晒干脱水，且干燥时间较短等优点，比较适宜于我国采用。

2. 脱水干燥处理

通过脱水干燥，使其中的含水量降低到 15% 以下，以便于包装运输，又可抑制畜禽粪中微生物活动，减少营养成分（如蛋白质）损失。

3. 高温快速干燥

采用以回转圆筒烘干炉为代表的高温快速干燥设备，可在短时间（10 分钟左右）内将含水率为 70% 的湿粪，迅速干燥至含水仅 10% ~ 15% 的干粪。

四、粪便无害化卫生标准

畜禽粪无害化处理技术规范 NY/T 1168—2006，适用于我国规模化粪便无害化处理。

标准中的粪便是指粪尿排泄物；堆肥是指以畜禽粪便等有机固体集中堆积并在微生物作用下使有机物发生生物降解，形成一种类似腐殖质土壤的物质的过程，粪便为原料的好氧性高温堆肥，沼气发酵是以粪便为原料，在密闭、厌氧条件下的厌氧性消化（包括常温、中温和高温消化）。经无害化处理后的堆肥和粪便，应符合国家的有关规定，堆肥最高温度达 50 ~ 55℃ 甚至更高，应持续 5 ~ 7天，粪便中蛔虫卵死亡率为 95% ~ 100%，粪便大肠杆菌值为 10 ~ 10^2，可有效地控制苍蝇滋生，堆肥周围没有活动的蛆、蛹或新羽化的成蝇。沼气发酵的卫生标准是，密封贮存期应在 30 天以上，（53±2)℃ 的高温沼气发酵应持续 2 天，寄生虫卵沉降率在 95% 以上，粪液中不得检出活的血吸虫卵和钩虫卵。

五、畜禽粪的利用

（一）畜禽粪便处理与利用

1. 有机肥生产工艺模式（见于哈密地区巴里坤山南开发区）

2. 沼气生态模式

3. 其他处理模式

种养平衡模式、土地利用模式、达标排放模式等。

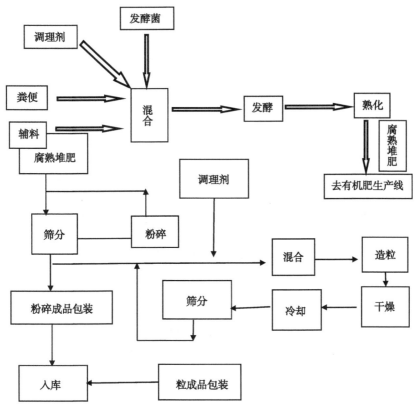

图1-1 有机肥生产模式

（二）用作肥料

1. 直接用作肥料

畜禽粪作为肥料首先根据饲料的营养成分和吸收率，估测粪便中的营养成分。其次，施肥前要了解土壤类型、成分及作物种类，确定合理的作物养分需要量，并在此基础上计算出畜禽粪施用量。

2. 生产复合肥

畜禽粪经发酵烘干，然后与无机肥配制成复合肥。复合肥不但松软、易拌无臭味，而且施肥后也不再发酵，特别适合于盆栽花卉和无土栽培及庭院种植业，在哈密巴里坤山南开发区采用这种方法，但冬季较冷，只能在夏季使用，沼渣用

图1-2　沼气与生产有机肥模式

于制作有机复合肥。

3. 用作饲料

畜禽粪经过沼气发酵后，沼渣和沼液可以用作鱼类的饲料，降低养鱼成本，提高畜禽的养殖效益。

六、畜禽尸体的无害化处理

根据《中华人民共和国动物防疫法》《畜禽规模养殖污染防治条例》规定染疫畜禽以及染疫畜禽排泄物、染疫畜禽产品、病死或者死因不明的畜禽尸体等病害畜禽养殖废弃物，应当按照有关法律、法规和国务院农牧主管部门的规定，进行深埋、化制、焚烧等无害化处理，不得随意处置。

（一）掩埋法

它是指按照相关规定，将动物尸体及相关动物产品透入化尸窖或掩埋坑中并覆盖、消毒，发酵或分解动物尸体及相关动物产品的方法。掩埋是一种处理畜禽病害肉尸体处理方法，简便易行，应用比较广泛。但掩埋尸体时必须注意应选择地势高燥，处于下风向的地点；应远离动物饲养厂（饲养小区）、动物屠宰加工场所、动物隔离场所、动物诊疗场所、动物和动物产品集贸市场、生活饮用水源地；应远离城镇居民区、文化教育科研等人口集中区域、主要河流及公路、铁路等主要交通干线。距离住宅、道路、水井、河流及牧场较远的偏僻地区。埋坑的容积与实际处理动物体及相关动物产品数量相适应；掩埋坑底应高出地下水位1.5米以上；要防渗，防漏；坑底洒一层厚度2~3厘米的生石灰或漂白粉等消毒药；将动物尸体及相关动物产品透入坑内，最上层距离地表1.5米以上；覆土厚度不少于1~1.2米。填土后应于地面持平，填土不要太实，以免腐败产气造成气泡冒出和液体渗漏，掩埋区要建立明显警示标记。

（二）焚烧

适用于各种病死畜禽及畜禽产品的无害化处理。它是一种彻底的无害化处理方法，但耗费较大，故一般用于炭疽、气肿疽等病尸处理。焚烧时应符合环保要求，处理的尸体和污染物量小的，可挖不小于2米的坑，浇油焚烧。注意事项：一是严格控制焚烧进料频率和重量，保证完全燃烧；二是燃烧室内应保持负压状态，避免焚烧过程中发生烟气泄露；三是严格控制烟气停留时间；四是燃室顶部设紧急排放烟囱，应急时开启；五是配有充分的烟气净化系统。

（三）化制

它是指在密闭的高压容器内，通过向容器夹层或容器通入高温饱和蒸汽，在干热、压力或高温、压力的作用下，处理动物尸体及相关动物产品的方法。除上述传染病外，凡病变严重、肌肉发生退行变化的其他传染病、中毒性疾病、囊虫病、旋毛虫病以及自行死亡或者不明原因死亡的家畜，利用干化机化制。

（四）销毁

患传染病家畜的尸体含有大量的病原体，可污染环境，若不及时做无害化处理，常可引起人、畜患病。对确诊为炭疽、肉毒梭菌中毒症、快疫类疾病、蓝舌病、口蹄疫、李氏杆菌病、布鲁氏菌病等传染病和恶性肿瘤器官或尸体应进行无害销毁，其方法是利用湿法化制和焚毁，前者是利用湿化机将整个尸体送入密闭容器中进行化制，即熬制成工业油。或者投入焚化炉中烧毁炭化。

（五）加热煮沸

对某些危害不是特别严重，而经过煮沸消毒后又无害的病畜肉尸和内脏，切成重量不超过2千克，厚度不超过8厘米的肉块，进行高压蒸煮或一般煮沸消毒处理，必须在指定的场所处理。对洗涤生肉的泔水等必须做无害处理，熟肉绝不可再与洗过生肉的泔水以及菜板等接触。

（六）腐败

将尸体投入专用的尸体坑内进行腐败处理，尸坑一般为直径 3 米，深 5～10 米椭圆形井，坑壁与坑底用不透水的水泥灌制制成。

七、畜禽产品的无害化处理

（一）血液

1. 高温处理

凡属上述传染病者均可高温处理。方法是将凝固的血液切成豆腐方块，放入沸水中烧煮，至血块深部呈黑红色并成蜂窝状时为止。

2. 漂白粉消毒法

对患畜禽痘、山羊关节炎、绵羊梅迪—维斯纳病、弓形虫病、球虫病等传染病以及血液寄生虫病的病畜禽血液的处理方法：1 份漂白粉加入 4 份血液中充分搅拌，放置 24 小时后掩埋在专设掩埋废弃物的地点。

（二）蹄、骨和角

将病畜肉尸做高温处理时剔出的骨、蹄、角，放入高压锅内蒸煮至脱骨或脱脂为止。

（三）皮毛

1. 盐酸食盐溶液消毒法

此法用于被上述疫病污染的和一般病畜的皮毛消毒。方法是用 2.5%盐酸溶液与 15%食盐水等量混合，皮张与消毒液之比为 1：10，浸泡皮张，并使溶液温度保持在 30℃左右，浸泡 40 小时，捞出沥干，放入 2%氢氧化钠溶液中，以中和皮张上的酸，再用水冲洗后晾干。也可按 100 毫升 25%食盐水中加入盐酸 1 毫升配置消毒液，在室温 15℃条件下浸泡 48 小时，皮张与消毒液之比为 1：4. 浸泡后捞出沥干，再放入 1%氢氧化钠溶液浸泡，中和皮张上的酸，再用水冲洗、晾干。

2. 过氧乙酸消毒法

此法用于任何病畜的皮毛消毒。方法是将皮毛放入现配制的 2%过氧乙酸溶液中浸泡 30 分钟，捞出，用水冲洗后晾干。

3. 碱盐液浸泡消毒法

将病皮浸入5%碱盐液（饱和盐水加入5%氢氧化钠）中，室温（17~20℃）浸泡24小时，并随时加以搅拌，然后取出挂起，待碱盐液流净，放入5%盐酸液内浸泡，中和皮上的碱，捞出，用水冲洗后晾干。

4. 盐腌消毒法

主要用于布鲁氏菌病病皮的消毒。按皮重量的15%加入食盐，均匀撒于皮的表面，一般腌制2个月，胎儿毛皮腌制3个月。

八、养殖场污染物排放及其检测

集约化养殖场（区）的废水不得排入敏感水域和有特殊功能的水域。排放去向应符合国家和地方的有关规定。

（一）水污染物的排放标准

集约化养殖场水污染物最高允许日平均排放浓度5日生化需氧量150毫克/毫升，化学需氧量400毫克/毫升，悬浮物200毫克/毫升，氨氮80毫克/毫升，总磷（以磷计）8毫克/毫升，粪大肠杆菌数1 000个/毫升，蛔虫卵2个/毫升。集约化养殖场废渣的固定贮存设施和场所 贮存场所要有防止粪液渗漏、溢流的措施。用丁直接还田的畜粪须进行无害化处理。禁止直接将废渣倾倒入地表或其他环境中。粪便还田时，不得超过当地的最大农田负荷量，避免造成面源污染的地下水污染。

（二）废渣排放要求

集约化养殖场经无害化处理后的废渣，蛔虫死亡率要大于95%，粪大肠杆菌数小于每千克10^6个，恶臭污染物排放的臭气浓度应为70以下，并通过粪便还田或其他措施对排放物进行综合利用。

（三）污染物的监测

污染物项目监测的采样点和采样频率应符合国家监测技术规范要求。监测污染物时生化需氧量采用稀释与接种法；化学需氧量用重铬酸钾法，悬浮物用重量法，氨氮用纳氏试剂比色法，水杨酸用分光光度法，总磷用钼蓝比色法，粪大肠菌群数用多管发酵法，蛔虫卵用吐温-80柠檬酸缓冲液离心沉淀集卵法，蛔虫卵死亡率用堆肥蛔虫卵检查法，寄生虫卵沉降率用粪稀蛔虫卵检查法，臭气浓度用三点式比较臭袋法，通过检测达到国家法定目标（表1-1）。

表1-1 病死畜禽无害化处理记录

日期	数量	处理或死亡原因	畜禽标识编码	处理方法	处理单位（或责任人）	备注

1. 日期：填写病死畜禽无害化处理的日期。2. 数量：填写同批次处理的病死畜禽的数量，单位为头、只。3. 处理或死亡原因：填写实施无害化处理的原因，如染疫、正常死亡、死因不明等。4. 畜禽标识编码：填写15位畜禽标识编码中的标识顺序号，按批次统一填写。猪、牛、畜禽以外的畜禽养殖场此栏不填。5. 处理方法：填写《畜禽病害肉尸及其产品无害化处理规程》GB 16548规定的无害化处理方法。6. 处理单位：委托无害化处理场实施无害化处理的填写处理单位名称；由本厂自行实施无害化处理的由实施无害化处理的人员签字

九、违法处理病死畜禽的法律责任

（1）根据《中华人民共和国动物防疫法》第七十五条，违反本规定，不按照国务院兽医主管部门规定处置染疫动物及其排泄物，染疫动物产品，病死或者死因不明的动物尸体，运载工具中的动物排泄物以及垫料、包装物、容器等污染物以及其他经检疫不合格的动物、动物产品的，由动物卫生监督机构责令无害化处理，所需处理费用由违法行为人承担，可以处三千元以下罚款。

（2）藏匿、转移、盗掘已被依法隔离、封存、处理的动物和动物产品的，根据《中华人民共和国动物防疫法》第八十条 违反本法规定，由动物卫生监督机构责令改正，处一千元以上一万元以下罚款。

（3）违反《中华人民共和国食品安全法》的规定，经营病死、毒死或者死因不明的禽、畜、兽、水产动物肉类、或者生产经营病死、毒死或者死因不明的禽、畜、兽、水产动物肉类，由食品、药品监管部门，没收违法所得、违法生产经营的食品和用于违法生产经营的工具、设备、原料等物品；违法生产经营的食品货值金额不足一万元的，并处二千元以上五万元以下罚款；货值金额一万元以上的，并处货值金额五倍以上十倍以下罚款；情节严重的，吊销许可证。

（4）违反《中华人民共和国农产品质量安全法》的规定，农产品生产企业、农民专业合作经济组织销售的农产品含有致病性寄生虫、微生物成者生物毒素不

符合农产品质量安全标准的，根据《中华人民共和国农产品质量安全法》第五十条、第五十二条的规定，由县级以上：人民政府农业主管部门责令停止销售，追回已经销售的农产品，对违法销售的农产品进行无害化处理；没收违法所得，并处两千元以上二万元以下罚款。

（5）根据《最高人民法院、最高人民检察院关于办理危害食品安全刑事案件适用法律若干问题的解释》的规定，生产、销售属于病死、死因不明或者检验检疫不合格的畜、禽、兽、水产动物及其肉类、肉类制品的，应当以生产、销售部符合安全标准的食品罪定罪，认定为刑法第一百四十三条规定"足以造成严重食物中毒事故或者其他严重食源性疾病的"，处三年以下有期徒刑或者拘役，并处生产、销售金额二倍以上的罚金。

（6）违反《畜禽规模养殖污染防治条例》的规定，畜禽养殖场、养殖小区未建设污染防治配套设施，也未委托他人对畜禽养殖废弃物进行综合利用和无害化处理，即投入生产、使用，或者建设的污染防治配套设施未正常运行的。根据《畜禽规模养殖污染防治条例》第三十九条规定，由县级以上人民政府环境保护主管部门责令停止生产或者使用，可以处十万元以下的罚款。

（7）根据《畜禽规模养殖污染防治条例》第十二条第二款的规定，新建、改建、扩建畜禽养殖场、养殖小区环境影响评价的重点内容应当包括：畜禽养殖产生的废弃物种类和数量，废弃物综合利用和无害化处理方案和措施，废弃物的消纳和处理情况以及向环境直接排放的情况，最终可能对水体、土壤等环境和人体健康产生的影响以及控制和减少影响的方案和措施等。未经无害化处理直接向环境排放畜禽养殖废弃物的。根据《畜禽规模养殖污染防治条例》第四十条规定，县级以上地方人民政府环境保护主管部门责令限则治理，可以处五万元以下的罚款。

第二章　畜禽生理与繁殖技术

第一节　公畜生殖生理特征

一、公畜的生殖器官

公畜生殖器官由生殖腺（睾丸）、输精管道（附睾、输精管、尿生殖道）、副性腺、交配器官（阴茎和包皮）和阴囊组成（图2-1）。

（一）睾丸及其机能

1. 生精机能

精子在睾丸内形成的全过程称为精子的发生。

雄性动物出生时精细管内还没有管腔，在精细胞内只有性原细胞和未分化细胞（即支持细胞）到一定年龄后，精细管逐渐形成管腔，性原细胞开始变成精原细胞，精子发生以精原细胞为起点，包括精细管上皮的生精细胞分裂、增殖、演变和向管腔释放等过程。精细胞分裂不同于体细胞，即自精原细胞起到最后变成精子，需经过复杂的分裂和形成过程，在此过程中染色体数目减半，细胞质和细胞核也发生明显变化。精子的发生期，牛需60天、猪45天、羊49天。精细管的生精细胞市直接形成精子的细胞，它经多次分裂后最后形成精子。公牛每克睾丸组织平均每天可产生精子1 300万~1 500万个，公羊2 400万~2 700万个。

2. 分泌雄激素

间质细胞分泌雄激素，能够激发公畜的性欲及性兴奋，刺激第二性征，刺激阴茎及副性腺发育，维持精子的存活。

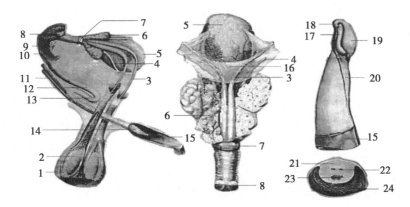

1. 阴囊；2. 睾丸；3. 输精管；4. 输尿管；5. 膀胱；6. 精囊腺；7. 前列腺；8. 尿道球腺；9. 坐骨海棉体肌；10. 球海绵体肌；11. 阴茎缩肌；12. 阴茎；13. 乙状弯曲；14. 阴茎头；15. 包皮；16. 尿生殖褶；17. 尿道突；18. 尿道外口；19. 阴茎帽；20. 龟头缝；21. 阴茎海绵体；22. 阴茎海绵体血管；23. 尿生殖道；24. 尿道海绵体

图 2-1　公牛生殖器官

（二）输精管道的机能

（1）附睾是精子最后成熟的地方，精子通过附睾管时，附睾管分泌的磷脂质及蛋白质，裹在精子的表面，形成脂蛋白膜，将精子包被起来，它能在一定程度上防止精子膨胀，也能抵御外界不良环境。

（2）附睾是精子的贮存所，成年公牛两个附睾聚集的精子数约为 741 亿个，等于睾丸 3.6 天所生产的精子。公羊的在 1 500 亿个以上。在附睾内贮存的精子，经 60 天后仍具有受精能力。但贮存过久，则活力降低，畸形和死亡精子增加，最后死亡被吸收，所以长期不配种的公畜，第一次采得的精液，会有较多衰弱、畸形的精子。相反如果配种过于频繁，则会出现发育不成熟的精子，故需很好地掌握射精频度。

（3）附睾管还具有吸收水分作用。

（4）附睾的运输作用，精子在附睾中缺乏主动运动，从附睾头运送到附睾尾是靠纤毛上皮的活动，以及附睾管壁平滑肌的收缩作用，而通过附睾管时间为：公牛 10 天，公羊 13～15 天。

（三）副性腺及其机能

精囊腺、前列腺及尿道球腺统称为副性腺。

（1）射精时，它们的分泌物加上输精管壶腹的分泌物混合在一起称为精清，并将来自于输精管和附睾高密度的精子稀释，形成精液。当动物达到性成熟时，其形态和机能得到迅速发育；相反，去势和衰老的动物腺体萎缩、机能丧失。

（2）冲洗尿道，准备精液通过，交配前阴茎勃起时，所排出的少量液体，主要是尿道球腺所分泌，他可以冲洗尿生殖道中残余的尿液，使通过尿生殖道的精子不至于受到尿液危害。

（3）精子的天然稀释液，活化精子，改变休眠状态。

（4）帮助推动和运送精液到体外。

（5）缓冲不良环境对精子的危害。延长精子存活时间，维持精子的受精能力。

（四）尿生殖道

雄性尿生殖道是尿和精液共同的排出管道，可分为骨盆部、阴茎部两部分。

（1）骨盆部。它由膀胱颈直达坐骨弓，位于骨盆底壁，为一长的圆柱形管，外面包有尿道肌。

（2）阴茎部。它位于阴茎海绵体腹面的尿道沟内，外面包有尿道海绵体和球海绵体肌。在坐骨弓处，尿道阴茎部在左右阴茎脚之间稍膨大形成尿道球。

射精时，从壶腹聚集来的精子，在尿道骨盆部与副性腺的分泌物相混合。膨胀颈部的后方，有一个小的隆起，即精阜，在其上方有壶腹和精囊腺导管的共同开口。精阜主要由海绵组织构成，它在射精时可以关闭膀胱颈，从而阻止精液流入膀胱。

（五）阴茎

阴茎为雄性的交配器官，主要由勃起组织及尿生殖道阴茎部组成，自坐骨弓沿中线先向下，再向前延伸，达于脐部。驴的阴茎较粗大，呈两侧稍扁的圆柱形；牛、羊的阴茎较细，在阴囊之后折成一"S"形弯曲；猪的阴茎也较细，在阴囊之前形成"S"状弯曲。

（六）包皮

包皮是由游离皮肤凹陷而发育成的阴茎套。在未勃起时，阴茎头位于包皮腔内。牛包皮较长，包皮口周围有一丛长而硬的包皮毛，包皮腔长35~40厘米；马的包皮形成内外二鞘，有伸缩性。驴阴茎勃起时，内外二鞘被拉展而紧贴于阴茎的表面；猪的包皮腔很长，背侧壁有一圆孔通入包皮憩室，室内常常聚集带有异味的浓稠液体。包皮的黏膜形成许多褶，并含有许多弯曲的管状腺，分泌油脂性物质这种分泌物与脱落的上皮细胞及细菌混合后形成带有异味的包皮垢。

二、家畜的生殖生理

（一）公畜的生殖机理和精液生理

1. 初情期

它是指公畜睾丸逐渐具有内分泌功能和生精功能的时期。明显指标不但表现充分的性行为，而且精液中开始出现具有受精能力的精子。

2. 性成熟

幼龄家畜繁育发育到一定阶段，开始表现性行为，具有第二性征，特别是以能产生成熟的生殖细胞为特征，公畜的睾丸能产生成熟的精子，并有了正常的性行为。

3. 体成熟

经是指公母畜的骨骼，肌肉和内脏各器官已基本发育完成，而且具备了成熟时应有的形态和结构。体成熟晚于性成熟，当母畜的体重达到成年母畜体重的70%左右时，达到体成熟，可以开始配种。一般来说，正常家畜射精量为奶牛5~8毫升/次，肉牛4~8毫升/次，绵羊0.8~1.2毫升/次，马50~100毫升/次，骆驼7~28毫升/次，猪150~300毫升/次（表2-1）。

表2-1　各种雄性家畜精子生成、初情期、性成熟和体成熟的月龄

	牛	羊	猪	马	驼	驴
曲细精管中出现精子	8	4	5	12		
精液中出现精子（初情期）	10	4.5	5.5	13	36	
性成熟	24~36	>6	>7	24~36	36~48	18~30
体成熟	24~36	12~15	9~12	36~48	60~72	36~48

（二）最适繁殖期

作为种公畜，可供繁殖期一般牛10年、绵羊8年、山羊6年、猪5年、马

（驴）15 年、驼 12 年、鸡 2~3 年。

第二节 母畜生殖生理特征

一、母畜的生殖器官及功能

母畜生殖器官由性腺（卵巢）、生殖道（输卵管、子宫颈和阴道）和外生殖器官（尿生殖前庭、阴唇、阴蒂）组成（图 2-2）。

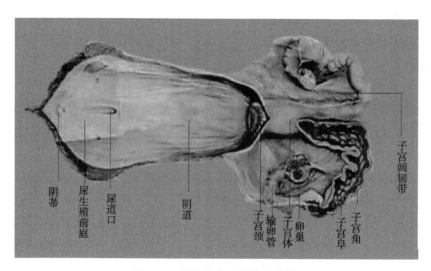

图 2-2 母牛的生殖器官示意图

（一）性腺即卵巢的机能

（1）卵泡发育和排卵。

（2）分泌雌激素和孕酮。

（二）输卵管的机能

（1）承受并运送精子。从卵巢排出的卵子先到伞部，借纤毛的活动将其运输到漏斗和壶腹。通过输卵管分节蠕动及逆蠕动、黏膜及输卵管系膜的收缩，以及纤毛活动引起的液流活动，卵子通过壶腹的黏膜被运送到壶峡连接部。

（2）精子获能、受精以及卵裂均在输卵管内进行。

（3）分泌机能。输卵管及其分泌物的生理生化状况是精子卵子正常运行、合子正常发育及运行的必要条件。

（三）子宫及其功能

各种家畜的子宫都分为子宫角、子宫颈、子宫体 3 部分。子宫可分为两种类型：牛羊的子宫角基部之间有一纵隔，将两角分开，称为对分子宫；猪的子宫基部纵隔不明显，称为双角子宫，子宫角有大小两个弯，大弯游离，小弯供子宫阔韧带附着，血管和神经由此出入。子宫颈前端以子宫内口和子宫体相通，后端突入阴道内（猪例外），称为子宫颈阴道部，其开口为子宫外口。

（四）阴道及其功能

阴道为母畜的交配器官，又是产道。其背侧为直肠，腹侧为膀胱和尿道。阴道腔为扁平的缝隙。前端有子宫颈阴道部突入其中。子宫颈阴道部周围的阴道腔称为阴道穹隆。后端以阴瓣与尿生殖前庭分开，家畜的阴道长度为：牛 22~28 厘米，羊 8~14 厘米。

（1）发情时，子宫借其肌纤维的有节律的强有力的收缩作用而运送精液，使精子有可能超越其本身的运行速率而通过输卵管的子宫口进入输卵管。

（2）子宫内膜的分泌物和渗出物，以及内膜进行糖、脂肪、蛋白质的代谢物，可为精子获能提供环境，又可供孕体（囊胚到附植）的营养需要。

（3）对卵巢机能的影响，在发情季节，如果母畜未怀孕，在发情周期的一定时期，一侧子宫角内膜素所分泌的前列腺素 F2a 对同侧卵巢的发情周期黄体有溶解作用。以致黄体机能减退，垂体有大量分泌促卵泡素，引起卵泡发育成长，导致发情。

（4）子宫颈是子宫的门户，在不同生理状况下，相机启闭。在平时子宫颈处于关闭状态，以防异物侵入子宫腔，发情时稍开张，以利精子进入，同时宫颈大量分泌黏液，是交配的润滑剂。妊娠时，子宫颈柱状细胞分泌黏液，防止感染物侵入，临近分娩时刻，颈管扩张，以便胎儿排除出。

（5）子宫颈是精子的"选择性贮库"之一，子宫颈黏液分泌细胞所分泌黏液的微胶方向线，将一些精子导入子宫颈黏液隐窝内。宫颈可以滤剔缺损和不活动的精子。

二、母畜的发情周期

（一）初情期

母畜第一次出现发情和排卵的时期。这时母羊的生殖器官正处于生长发育阶段，其功能尚不完全，发情表现和发情周期往往不明显，因此，还不能配种。

（二）性成熟

当母畜达到性成熟时期，生殖器官的大小和重量均在急骤地增长。母畜表现出发情征象，直至卵泡成熟，排出卵子。母畜生殖器官已经发育完全，具有了产生繁殖力的生殖细胞。性成熟的年龄受品种、个体、饲养管理条件、气候等因素的影响。早熟品种、气候温暖的地区，以及饲养条件优越均能使性成熟提早。

（三）繁殖适龄期

母畜的繁殖适龄期是指母畜既达到性成熟，又能达到体成熟，可以进行正常配种繁殖的时期。体成熟是指母畜身体已发育完全并具有雌性成年动物固有的特征与外貌。开始配种时的体重一般应达到成年体重的70%以上。初配时，不仅看年龄，而且也要根据母畜的身体发育及健康状况进行调整（表2-2）。

表2-2　各种雌性家畜达到性成熟和体成熟的时间

畜种	初情期（月）	性成熟（月）	繁殖适龄期（月）	绝情期（年）
牛	6~12	8~14	16~22	13~15
绵羊	6~8	10~12	25~30	8~10
骆驼	24~36	48	48	20~25
驴	8~12	12~15	30~36	15~17
马	12	18	36	18~20
猪	3~7	5~8	8~12	6~8

（四）发情周期阶段性的划分

家畜发情周期：牛、马、山羊、猪平均21天，驴平均23天，绵羊16~17天。

（1）间情期又称休情期。外在表现母畜性欲完全停止，精神恢复正常。

（2）发情前期。生殖道轻微充血，腺体活动增加，母畜尚无性欲表现，雌性动物一般对雄性有兴趣。

（3）发情期。母畜已有性欲表现，外阴部充血肿胀，随着时间的延长逐渐增强，发情盛期达到最高峰，外阴部有黏液流出，母畜一般寻找公畜交配。一般牛 10~24 小时；马 4~7 天；驴平均 23（20~28 天）；猪 2~4 天；羊 1~2 天。

（4）发情后期。母畜有性欲激动逐渐转入静止状态。上述是母畜外在表现，内部变化见表 2-3。

表 2-3　雌性家畜发情周期各阶段大的卵巢和阴道上皮细胞的变化

发情阶段	卵巢变化	阴道抹片细胞类型
间情期	有黄体	有核上皮细胞及白细胞
发情前期	卵泡迅速发育	有核上皮细胞
发情期	在载晚期排卵	上皮细胞角质化
发情后期	黄体形成	角质化细胞夹杂有白细胞

三、发情鉴定方法

（一）外部观察法

各类母畜发情鉴定的常用方法，主要是观察母畜的外部表现和精神状态来判定其发情程度，例如母畜是否兴奋不安，食欲减退，外阴部是否充血肿胀湿润流出黏液，以及黏液的数量、颜色和黏性，排尿是否频频等。例如发情母羊主要表现为喜欢接近公羊，并强烈摇动尾部；当被公羊爬跨时站立不动，外阴部分泌少量黏液。山羊发情表现明显，发情母山羊兴奋不安，食欲减退，反刍停止，外阴部及阴道充血、肿胀、松弛，并有黏液排出。

（二）试情法

应用公畜对母畜进行试情，根据母畜的性欲上对公畜的反应情况来判定发情程度。本法的优点是简便，表现明显，容易掌握，适用于各种家畜，现实中应用广泛，供试情公畜必须体格健壮、无疾病、性欲旺盛无恶癖的，试情要定期进行，以便掌握母畜的性欲变化情况。为了防止试情公畜偷配母畜，也可做输精管结扎阴茎移位术。

（三）阴道检查法

进行阴道检查时，先将母畜保定好，外阴部清洗干净，开膣器经清洗、消毒、烘干后，涂上灭菌过的润滑剂或用生理盐水浸湿。操作人员左手横向持开膣器，闭合前端，慢慢插入，轻轻打开开膣器，如发情母畜阴道黏膜充血，表面光亮湿润，有透明黏液流出，子宫颈口充血、松弛、开张并有黏液流出，则可确定母畜处于发情状态。

（四）直肠检查法

本法是将手伸进母畜的直肠内，隔着直肠壁检查卵泡发育情况，以判定配种最佳时间。本法适用于大家畜，检查时要有步骤进行，用指肚触诊卵泡发育情况，切勿挤压，以免把发育中的卵泡挤破，本法判断适配期比较准确。

四、各类母畜的发情鉴定

（一）母牛的发情鉴定

对母牛发情的鉴定，目的是为了找出发情的牛，确定最适宜的配种时间，提高受胎率，饲养户对牛是否发情，主要是靠对牛的外部观察。多数母牛在夜间发情，因此在天黑时和天刚亮时要进行细致观察，判断的准确率更高。根据母牛的精神状态，外部的变化和阴户流出的黏性状等判断。母牛发情因性中枢兴奋表现出站立不安、哞叫、常弓腰举尾，检查者用手举其尾无抗力，频频排尿。食欲下降，反刍减少，产奶量下降。这些表现随发情期的进展，由弱到强，发情快结束时又减弱。母牛发情，阴唇稍有肿大、湿润，从阴户流出黏液。根据流出的黏液性状，能较准确地判断出发情母牛。发情早期的母牛流出透明如蛋清样，不呈牵丝的黏液；发情盛期黏液呈半透明、乳白色或夹有白色碎片，呈牵丝状，在运动场或是放牧地最容易观察到母牛的发情表现，如母牛抬头远望，精神兴奋，东游西走，嗅其他母牛相互爬跨，被爬母牛安静不动，后肢叉开和举尾，这时称为稳栏期，为发情盛期；在稳栏期过后，发情母牛逃避爬跨，但追随的牛不离开，这是发情末期。开展人工授精最佳输精时间是从发情中期到发情后6天或站立发情后的6~24小时。

注意发情鉴别：有些母牛从阴道中流出血液或混血黏液，是发情结束的表现。只爬跨其他母牛而不接受其他母牛的爬跨，此牛没有发情。如排出的黏液呈半透明的乳胶状，挂于阴门或黏附在母牛臀部和尾根上，并有较强的韧性，为母牛怀孕的排出物；如流出大量红污略带腥臭的液体，为产后母牛排出的恶露；如排出大量白色块状腐败物，并有恶臭，为母牛产后胎衣不下腐烂所致；排出带黄色的污物或似半汤稀薄无牵丝状的白色污物，为患生殖道炎症的母牛。发现类似的情况，要查明原因，采取措施，使其尽快恢复正常或痊愈。

总之，对繁殖母牛应建立配种记录和预报制度。根据记录和母牛发情天数，预报下一次发情日期。对预期要发情的牛观察要仔细，耐心，每天观察 2~3 次，使牛的发情不至于漏过。

阴道检查和直肠检查，也是鉴定母牛是否发情的两种常用方法，但这两种方法需要一定的器械并要严格的消毒，没有鉴定的经验，也难以得到正确的结果，如果需要对牛进行这方面的检查，最好请配种员或畜牧技术员帮助进行检查。

(二) 母驴的发情的鉴定

外部观察，母驴在发情时，往往上下颚频频开合发出"吧嗒吧嗒"的声音，当发情母驴聚在一起或接近公驴或听到公驴的叫声时表现更为突出。发情盛期或被公驴爬跨或用手按压发情母驴背部时，这种表现往往发展成为"大张嘴"，阴核闪动，频频排尿。外阴部略显肿胀，阴唇松弛变长，略有下垂，阴门微张，这些变化年轻驴较老驴明显。直肠检查是驴发情鉴定和确定排卵时间最准确的方法。

(三) 母羊的发情鉴定

绵羊的发情期短，外部表现也不太明显，发情母羊主要表现为喜欢接近公羊，并强烈摇动尾部；当被公羊爬跨时站立不动，外阴部分泌少量黏液。山羊发情表现明显，发情母山羊兴奋不安，食欲减退，反刍停止，外阴部及阴道充血、肿胀、松弛，并有黏液排出。阴道检查发情母羊阴道黏膜充血，表面光亮湿润，有透明黏液流出，子宫颈口充血、松弛、开张并有黏液流出，则可确定母羊处于发情状态。鉴定母羊是否发情多采用公羊试情的办法。选择试情体格健壮、无疾病、性欲旺盛、2~5 周岁的公羊做试情羊，为了防止试情时公羊偷配母羊，要给试情公羊绑好试情布，出现爬跨的母羊做好标记，适时配种。

(四) 母骆驼的发情鉴定

母驼发情的特征表现不如其他家畜那样明显，母驼只有在卵泡发育成熟时才表现发情，但是在公驼接近时才卧下接受交配。发情母驼卧地时，也接受其他母驼和幼龄公驼的爬跨，成年母驼在发情旺盛时，有时跟随公驼，有时还爬跨其他母驼。

母驼因为不交配不能排卵，而且卵泡萎缩后有新卵泡发育，因此，如不交配，则可长期发情，有的母驼发情可长达 70 天左右，少数母驼在前后 2 个月卵泡发育之间仅有数天不发情，表现拒配。母驼发情时阴道稍感湿润，仅有少数母驼在发情时有少量黏稠的液体，阴唇无明显肿胀。

排卵之后，由于形成黄体，母驼开始拒配，但拒配的时间是在排卵后 2~8 天，这也与其他动物不同。母驼拒配时，一旦公驼走近时便迅速站立，同时还卷尾，撑开后腿排少量尿液。如果排卵后母驼未受精，则在排卵后 4~6 天又有新的卵泡开始发育，随着卵泡的发育，母驼又开始表现发情。

五、乏情与异常发情

（一）乏情

它指初情期后青年母畜或产后母畜不出现发情周期的现象，主要表现于卵巢周期性的活动，处于相对静止状态。引起动物乏情的因素很多，有季节性乏情、生理性乏情、疾病性乏情等。

（1）季节性乏情。在季节性乏情期间，卵巢和生殖道无周期性的变化，放牧绵羊品种表现为季节性乏情，一般秋季 8—11 月最为集中，舍饲多胎性肉羊、奶牛、驴等表现为常年发情。

（2）泌乳性发情。家畜的泌乳性乏情持续 5~7 周，虽然有些哺乳母畜会开始发情，但大部分母畜也要在仔畜断奶后约 2 周才开始发情。泌乳性发情的原因可能是因为在泌乳期中，外周血浆中的促乳素浓度高，而促乳素对于下丘脑有负反馈作用，抑制了促性腺激素释放激素的释放，因而使垂体前叶的 FSH 分泌量减少和 LH 的合成量降低，导致母畜不发情。另外泌乳太多也会抑制卵巢周期活动的恢复，影响母畜的发情。

（3）衰老性乏情。母畜到一定年龄，一般母羊 6~8 岁、牛 12~16 岁、驴 15 岁、骆驼 16 以上，性腺激素的分泌量减少或卵巢对这些激素的反应发生变化所致。

（4）营养不良引起的乏情。日粮能量水平会对卵巢活动有显著影响。营养不良，矿物质和维生素缺乏均会抑制发情，青年母羊比成年母羊更为严重。

（5）各种应激造成的乏情。如圈舍卫生条件太差、长途运输、疫苗免疫等管理上的问题引起的乏情。近年来，观察发现在肉羊繁殖季节（9月份）开展口蹄疫疫苗免疫，结果在产羔期就会出现约一星期的产羔间断期，说明疫苗免疫造成繁殖母羊短暂性发情紊乱。

（二）异常发情

（1）隐性发情。它又称为潜伏发情或安静发情，指母畜发情的外部表现不明显，缺乏性欲的表现。但卵巢有卵泡发育并排卵。这种情况在奶牛中比例较高，一般出现在年老体弱，营养不良，日照少，阴雨季节运动不足，或产奶量较高的母牛。主要原因是内分泌紊乱，引起雌激素分泌不足，或是母牛对雌激素反应不敏感而造成发情症状不明显，这类牛发情时间短，又不易观察，很容易漏情失配，造成生产的损失。对隐性发情的牛，除加强仔细观察外，直肠检查卵巢泡发育情况，可帮助做出准确的判断。

（2）短促性发情。由于发育卵泡很快成熟破裂而排卵，缩短发情期，也有可能由于卵泡停止发育或发育受阻而引起。

（3）假发情。主要见于舍饲奶牛，母牛只有外部发情表现，而无卵泡发育和排卵。假发情有2种：一种是母牛在怀孕3个月以后，出现爬跨其他的牛或接受其他牛的爬跨，而在阴道检查时发现子宫颈口不开张，无充血和松弛表现，阴道黏膜苍白干燥，无发情分泌物。直肠检查时能摸到子宫增大和有胎儿等特征，有人把它称为"妊娠过半"或"胎喜"，其原因是妊娠黄体分泌孕酮不足，而胎盘或卵巢上较大卵泡分泌的雌激素过多。另一种是患有卵巢机能失调或子宫内膜炎的母牛，也常出现假发情，其特点是卵巢内没有卵泡发育生长，或有卵泡生长也不可能成熟排卵。因此，假发情母牛不能进行配种，否则，会对妊娠母牛造成流产。

六、影响母畜发情周期的因素

（一）光照

主要是指阳光对动物的直接和间接影响。光照通过视觉及神经影响个体的内分泌变化，进而影响繁殖、产蛋以及换羽等。由于光照持续时间和明暗的更替变化，可引起畜禽生命活动的周期性变化，畜禽生产中常采用人工控制光照以提高畜禽生产力、繁殖力和产品质量，消除或改变畜禽生产的季节性。尤其是在现代养鸡生产中人工光照应用普遍，它克服了日照的季节性差异，能够通过人工控制给出符合鸡繁殖性能所需的光照周期，使蛋鸡任何季节都可以产蛋遗传性能可以得到充分发挥。自然环境因素的明显作用在动物生产中是很容易观察到的。干燥地区出产轻型，低温地区出产重型马。温带地区产黄牛，热带地区产瘤牛，高寒地区产牦牛，湿热地区产水牛。高寒地区产粗毛羊，由于季节性饲料关系到生产肥尾和肥臀的粗毛羊，温暖地区则产细毛羊。

（二）温度

寒冷地区动物体型紧凑，体表相对面识小，皮肤绒毛，有利于保温御寒；炎热地区动物体质疏松，体表相对面职大，皮薄，粗毛多，皮肤黑色素增加，有利于降温散热。温度对产蛋鸡的生产性能影响显著。高温环境下，由于蛋鸡体温调节中枢的机能降低，使散热减少，使蛋鸡体温升高，导致蛋鸡采食量下降。在我国多数地区夏季炎热，冬季又较寒冷，所以，牛的繁殖率最低。春、秋两季温度适宜，繁殖率自然最高，泌乳母牛在炎热的气候下，由于孕酮分泌的增加而造成不发情或缩短发情持续期并减少发情表现，高温还明显增加胚胎的死亡率。

（三）饲料

饲料充足，营养水平高，则母畜的发情季节就可以适当提前，反之，就会推迟。例如，绵羊在发情季节到来之前适当时间，加强短期优饲，可以适当提早发情季节的开始，而且可以增加双羔的可能性。牛在严重营养不良的情况下，甚至会停止发情，即使发情，往往表现不正常，发情不明显（隐型性发情）或虽发情而不排卵，抑或排卵延迟。

（四）季节

（1）绵羊属于短日照发情的家畜，一般夏秋冬三季均可发情，但以8—10月发情最为集中。生长在温暖地区或经过人工高度培育的绵羊品种，其发情往往没有严格的季节性。种公羊没有明显的繁殖季节，全年都可配种，但性欲和精液品质以秋季最好。

（2）驴是季节性多次发情的动物。一般在每年的3—6月进入发情旺期，

7—8月酷热时发情减弱。发情期延长至深秋才进入乏情期。母驴发情较集中的季节，称为发情季节，也是发情配种最集中的时期。在气候适宜和饲养管理好的条件下，母驴也可长年发情。但秋季产驹，驴驹初生重小，成活率低、断奶重和生长发育均差，俗话说"秋驴养不活，养活顶头骡"说明秋天的驴驹比较难养。

（3）双峰骆驼的繁殖集中于冬春两季，但开始发情的时间因地区及地理环境的差异而不同，这可能和地理位置、海拔、气温及个体的营养状态有关。根据试情及卵巢检查表明，母驼开始发情时间，87%是在12月下旬至翌年4月中旬。

（4）牛是常年多周期的发情动物，正常情况下，可以常年发情配种。以放牧饲养为主的肉牛，由于营养状况存在着较大的季节差异，特别是在北方，大多数母牛只在牧草繁茂时期（6—9月）膘情恢复后集中出现发情。这种非正常的生理反应可以通过提高饲养水平和改善环境条件来克服。以均衡舍饲饲养条件为主的母牛，发情受季节的影响较小。

第三节　牛冷冻精液保存与人工授精技术推广

我国于1958年首次成功进行了家畜精液冷冻技术研究，从1972年开始进行精液超低冷冻保存技术的研究应用。20世纪80年代我国从国外引进生产细管冻精精液的技术和设备，90年代逐步由原来的颗粒型转向细管型。家畜中奶牛现已基本实现了人工授精，肉牛生产方面也得到了较好推广和应用。目前我国牛精液的冷冻保存技术已形成一套规范化的工艺流程，并制定和实施牛冷冻精液国家标准。全国共有种公牛站或冷冻精液站100多个，分布在全国多个省、市（区），饲养种公牛1 100多头，年生产冻精2 000万剂。奶牛人工授精受胎率85%，肉牛受胎率70%~75%。

一、牛精液的冷冻技术

（一）采精及精液品质检查

精液的品质直接关系到精液冷冻的效果，做好采精的准备工作并规范采精技术，才可以获得高质量的精液，采精以后，要对精液品质鉴定，活力大于0.7，并保存于30℃水浴中。

（二）精液的稀释

选择合适的稀释液，按照科学稀释方法，规范操作进行稀释。稀释后取样，在38~40℃的条件下进行镜检，稀释的精液活率不低于原精液的活率。

（三）降温和平衡

精液稀释以后，用12~16层纱布包裹，放到0~5℃的冰箱经过1~2小时将精液缓慢降温的过程，使平衡剂充分进入精子内部，发挥保护精子质量的作用。在操作过程中要注意降温，平衡过程中避光操作。

（四）精液的分装

用细管精液分装一体机进行分装。

（五）冷冻

（1）冷冻的温度。开始温度为-140~-120℃，尽量在6分钟内达到和维持这个温度区域，继续降温倒入液氮。

（2）冷冻的方法。精液自动冷冻仪和简易细管精液冷冻箱法。精液自动冷冻仪是由计算机控制的全自动冷冻容器，人工做好各种准备工作，设定参数，启动程序，有计算机控制完成精液的冷冻过程。简易细管精液冷冻箱法是生产中常用的方法，投资少，操作简单。首先要由一个隔热性能较好、深度在50厘米以上的冷冻箱，使用前先用液氮制冷，根据冷冻细管精液量的多少确定液氮的使用量。然后把冷冻细管精液放在冷冻架上，迅速放入冷冻箱进行冷冻，整个冷冻过程在8分钟以内完成。

（六）牛冷冻精液的保存

牛冷冻精液应保存在液氮罐中，液氮罐要放置于干燥、通风的室内，底部垫上木板，以防潮湿。保存精液的液氮罐，要有工作人员及时测量液氮，及时补充（图2-3）。

二、牛人工授精技术

它是指用器械采取公畜的精液，再用器械把精液输入到发情母畜生殖道内，以代替公、母畜自然交配的一种配种方法。

（A）型输精枪

一次性套管

专用细管剪

镊子

液 氮 罐

长臂手套

图 2-3 牛常用冷冻设备与输精设备

人工授精技术的优点

（1）人工授精不仅有效地改变了家畜的交配过程，更重要的是提高了种公畜配种效能，通过自然交配的配种母畜的许多倍，提高良种畜的利用率节约饲料，降低饲养管理成术，加速畜群改良速度有效地提高了畜群的质量。

（2）由于人工授精必须遵守操作规程，只有健康的公母畜才能用作人工授精，因此可以防止各种传染病，特别是生殖道疾病的传播。

（3）人工授精所用的精液是经过检查，以保证质量，配种可以掌握适时，有助于消灭母畜不育和提高受胎率。

（4）可以克服公、母畜体格差异太大不易交配和生殖道异常不易受胎的困难。

（5）用保存的精液经过长途运输可以使母畜配种不受地区的限制和有效解决种公畜不足地区母畜配种问题。

因此，人工授精在严格遵守操作规程和对种公畜进行鉴定的情况下，有着巨大优越性，对发展现代畜牧业生产有着重要的现实意义。但不遵守操作规程，卫生要求不严格，会造成受胎率下降，生殖道疾病传播，如使用遗传缺陷的种公畜，会造成更坏的后果（图 2-4）。

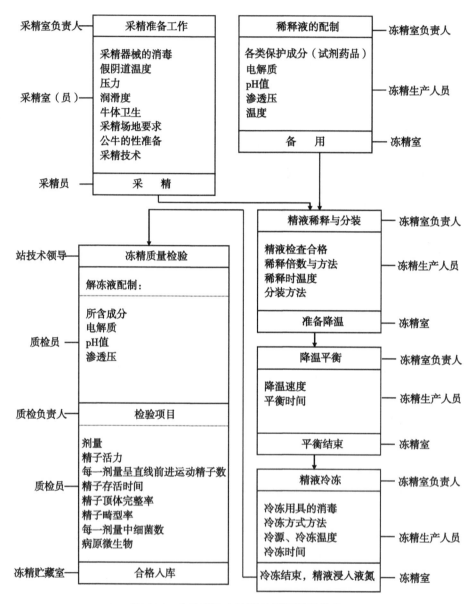

图 2-4　牛冻精生产流程与质量保证关系

三、牛的人工授精技术推广

（一）发情母牛的保定与消毒

（1）场地选择。在室外授精时，选择平坦、避风处，以免尘土飞扬。

（2）保定方法。先将受配母牛保定在配种架内，将母牛保定结实，再将尾巴系于一侧。

（3）清洗消毒。将手伸到直肠内清除宿粪，用清水冲洗外阴部，用清洁湿布擦净，再用2%~3%来苏儿消毒，然后用清洁干布擦干。

（二）冻精的准备与解冻

（1）解冻方法。自然解冻、手搓解冻、温水解冻。

（2）解冻温度。38~42℃（一般控制在40℃）。

（3）取冻精时，冻精离开液氮的时间不要太长，不超过10秒，且冻精不要超过瓶口。取出后要立即将剩余冻精提桶沉入液氮中。如果提桶沉入液氮时发出尖鸣声、霹雳声、爆裂声或看到液氮气化现象，说明被放回的冻精已受到严重损害，精子活力有可能大幅度下降或已经完全失去活力，不能再使用。

（4）水温控制。细管冻精解冻温度为（38±2）℃，解冻时间不要太长10~15秒，并要轻轻摇晃细管冻精，使冻精液融化，解冻后要擦干细管上的水，并检查细管有无断裂和破损，然后把封闭的一侧用经干燥消毒的剪刀剪去放入输精枪内备用。

（5）解冻后的精液应尽快使用，以免温度升高，缩短精子寿命。

（三）直把输精法

简称"直把输精"。牛的输精方法之一。繁育员输精时一手伸入直肠，隔着肠壁握住子宫颈，另一手持输精管插入阴道，两手协同操作将输精管插入子宫内并注入精液。此法受胎率较高，但要有一定的操作技术。

（1）输精前的准备。输精人员应该穿上工作衣帽和胶鞋，将手洗净用75%酒精消毒，所用输精枪必须清洗、干燥、消毒；对配种母牛外阴部用温水清洗，用消毒布或卫生纸擦干。

（2）输精时，准备人工授精靠近牛时，轻轻拍打牛的臀部或温和的呼唤牛将有助于避免牛受到惊吓。先将输精手套套在左手，并用润滑液润滑，然后用右手举起牛尾，左手缓缓按摩肛门。将牛尾放于左手外侧，避免在输精过程中影响操作。并拢左手手指形成锥形，缓缓进入直肠，直至手腕位置。先掏取直肠内粪便，检查成熟卵泡的位置，感知输精最佳时间。

（3）用纸巾擦去阴门外的粪便。在擦的过程中不要太用力，以免将粪便带入生殖道。左手握拳，在阴门上方垂直向下压。这样可将阴门打开，输精枪头在进入阴道时不与阴门壁接触，避免污染。斜向上30°角插入输精枪，避免枪头进入位于阴道下方的输尿管口和膀胱内。当输精枪进入阴道15~20厘米，将枪的后端适当抬起，然后向前推至子宫颈外口。当枪头到达子宫颈时，你能感觉到一种截然不同的软组织顶住输精枪，除去套管外的保护套。

（4）当输精枪到达子宫颈口时，往往枪头会戳到阴道穹隆。你可以用拇指和食指从上下握住子宫颈口，这样将穹隆闭合。此时你可以改用手掌或中指、无名指感觉枪头的位置，然后将枪头引入到子宫颈内。这时轻轻推动输精枪，你就能感觉到输精枪向前进入了子宫颈直到第二道环。轻轻顶住输精枪，将大拇指和食指向前滑到枪头的位置，再次握紧子宫颈。由于子宫颈是由厚的结缔组织和肌肉层构成，所以要想很清楚的感觉枪头的位置有点困难。但你可以通过活动子宫颈判断大概的位置。摆动你的手腕，活动子宫颈，直到你感觉到第二道环套在输精枪上。再重复上述操作，直到所有环都穿过输精枪。有些时候，你可能需要将子宫颈弯成90°才能通过。左右手配合，将输精枪插入子宫体或子宫角分叉处，慢慢注入精液，注毕，缓缓取出输精枪，按压（图2-5）。

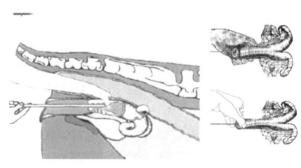

直肠把握输精示意图　　　　　　直肠把握手法

图2-5　牛直肠把握输精示意图

（5）输精原则。慢插、适深、轻注、缓出、防流。

（6）直把输精的注意事项。

①术者手法轻柔，循序，防止因动作粗暴损伤生殖道黏膜，造成后患。

②工作人员必须严格消毒，遵守无菌操作。

③必须与母牛的努责相配合，且不可强硬插入输精器。

④配种时间选择（表2-4）

表2-4　牛人工授精最佳输精时间

发现发情时间	第一次输精时间	第二次输精时间
早上8点	当天下午	次日早上8点
上午9—12点	当天晚上	次日上午10点
下午	次日上午	次日傍晚

（四）体会

（1）熟练掌握母牛发情规律。母牛受胎效果，不决定于配种次数，而关键在于适时配种和不断改进配种技术。一名优秀的配种员应该是技术熟练，而且懂得母牛发情排卵规律。技术上过得硬的配种员，可采取一次性配种。

（2）无论你是左利手还是右利手，推荐你使用左手进入直肠把握生殖道，用右手操作输精枪。这是因为奶牛的瘤胃位于腹腔的左侧，将生殖道轻微的推向了右侧。所以你会发觉用左手要比右手更容易找到和把握生殖道。

（3）输精过程，先将输精枪送到子宫颈口，子宫颈套在输精枪上，通过子宫颈后将精液释放在子宫体内。

（4）输精后，撤出输精枪和手臂，从输精枪上卸掉套管和细管。然后用长臂手套把所有废物打包放入废物箱内。每次配种后要先洗手，然后立即填写配种记录（表2-5）。用酒精蘸湿的毛巾每日清理人工授精设备，离开配种地点前将靴子冲洗干净。

（5）最适输精时间：发情开始9小时至发情终止，最适输精部位子宫和子宫颈深部。

表 2-5　牛人工授精配种记录表

日期	母牛号	配种时间		与配公牛号	配次	受孕与否	备注
		初配时间	复配时间				

四、提高母牛繁殖率的措施

(一) 保证牛的正常繁殖机能

(1) 加强种牛的选育繁殖力受遗传因素影响很大，选择好种公牛是提高家畜繁殖率的前提。母牛的排卵率和胚胎存活力与品种有关。

(2) 及时淘汰有遗传缺陷的种牛，每年要做好牛群整顿，对老、弱、病、残和某些屡配不孕的、习惯流产、早期胚胎死亡及初生犊牛活力降低等生殖疾病经过检查确认已失去繁殖能力的母牛，及时淘汰，可以减少不孕牛的饲养数，提高牛群的繁殖率。

(3) 科学的饲养管理加强种牛的饲养管理，是保证种牛正常繁殖机能的物质基础。

①确保营养均衡。营养对母牛的发情配种、受胎以及犊牛的成活起决定性的作用。推广配合饲料的使用，保证维持生长和繁殖的营养平衡，从而保持良好的膘情和性欲。营养缺乏会使牛瘦弱，内分泌活动受到影响，性机能减退，生殖机能紊乱，出现不发情，安静发情发情不排卵或卵泡交替发育等。

②防止饲草料有毒有害物质中毒。例如长期饲喂棉籽秆、二次发酵青贮饲料影响公牛的性欲和精液品质，干扰母牛的发情周期，引起流产。发霉玉米产生诸如黄曲得毒素类的生物毒性物质对精子生成、卵子和胚胎发育均有影响。因此，在饲喂过程中应尽量避免。

③创造理念环境条件，环境因子如季节、温度、湿度和日照，都会影响繁殖。为了达到最大的繁殖效率，必须具备最理想的环境条件，如凉爽的气候、低的湿度、长的日照等。

（二）加强繁殖管理

（1）做好发情鉴定和适时配种。配种前除做表观行为观察和黏液鉴定外，还应进行直肠检查即通过直肠触摸卵巢上的卵泡发育情况，以便根据卵泡发育情况，适时输精。在人工输精过程中一定要遵守操作规程，从发情鉴定，清洗消毒器械、采精精液处理冷冻保存及输精，一整套严密的操作，各个环节紧密联系，任何一个环节掌握不好，都会影响受胎率。

（2）进行早期妊娠诊断，防止失配空怀，通过早期妊娠诊断，能够及早确定母牛是否妊娠，做到区别对待。对已确定妊娠的母牛，应加强保胎，使胎儿正常发育，可防止孕后发情造成误配。对未孕的母牛，及时找出原因，采取相应措施，不失时机的补配，减少空怀时间。

（3）预防和治疗屡配不孕。屡配不孕是引起母牛情期受胎率降低的重要原因。引起动物屡配不孕的因素很多，其中最主要的因素是子宫内膜炎和异常排卵。而胎盘滞留是引起子宫内膜炎的主要原因。因此从动物分娩开始，重视产科疾病和生殖道疾病的预防，对于提高情期受胎率具有重要意义。

（4）降低胚胎死亡率。牛的胚胎死亡率是相当高的，最高可达 40%~60%，一般可达 10%~30%。胚胎在附植前容易发生死亡，附植后也可发生死亡，但比率较低。

①营养及管理失调。一般营养缺乏及某些微量元素不足，缺少维生素，特别是维生素 A 不足表现得明显，母牛缺乏运动，也会使胚胎死亡数增多。另外，饲料中毒、农药中毒以及妊娠牛患病，都可造成胚胎死亡。

②生殖细胞老化。精子和卵子任何一方在衰老时结合都容易造成胚胎死亡。老龄公母牛交配、近亲繁殖会使胚胎生活力下降，也能导致胚胎死亡率增加。

③在妊娠过程中，子宫感染疾病也是造成胚胎死亡的重要原因。如子宫感染大肠杆菌、链球菌、结核杆菌、溶血性葡萄球菌等都会引起子宫内膜炎，从而引起胚胎死亡。

（5）控制繁殖疾病预防和治疗。母牛的繁殖疾病主要有卵巢疾病、生殖道疾病、产科疾病 3 大类。控制母牛的繁殖疾病对提高繁殖力十分有益。

五、典型案例与成效

2013—2015 年在哈密地区开展的"牛品种改良整乡推进以奖代补项目"，项目实施 3 年，对哈密地区辖区 11 个乡（镇），存栏牛 20 287 头，每个乡（镇）配备 1~3 名 5 星级以上星级育种员，购进的良种种牛 36 头开展品种改良工作，完成冷配改良 5 364 头，牵引交配 9 863 头，改良率（包括置换）达 99.44%，杂交用良种种畜或冻精覆盖率达 100%。

第四节　羊的人工授精与胚胎移植技术

绵羊人工授精是用器械采取绵羊种公羊的精液，再用器械把精液注入发情母羊生殖道内，以代替公母羊自然交配的一种配种方法。

一、羊的人工授精技术

（一）人工授精技术推广要求

建立加强人员培训，确保羊人工授精全面开展，以各种羊场种羊为核心，因地制宜制定人工授精技术推广实施方案。成立了专家巡回指导组对各站、点进行实地辅导，采用组织动员、现场观摩等多种途径进行培训，对于小规模的养殖户根据羊群数量确定以群、村或以几户为单位，实施整群、整村、几户联合的人工授精技术应用推广模式。

（二）种公羊饲养管理

（1）满足种公羊营养需要。种公羊的营养需要包括全价的营养成分、适宜的营养水平。非配种期应补给精料 0.5 千克。配种前 2 月（预备期）精料喂量是配种期的 60%~70%，补充富含蛋白质、能量、维生素、微量元素等全价饲料。配种期饲草料供应达到优质干草 2 千克，混合精料 1.2~1.4 千克，胡萝卜 0.5~1.5 千克，食盐 15~20 克，鸡蛋 2 枚。

（2）充足的运动。加强运动有利于精子的形成和精液品质的提高，增强种公羊体况，满足配种需求，种公羊保证每天 3 小时以上的自由运动时间。

（3）种公羊的调教、台羊准备。初次参加配种的青年种公羊年龄在 1.5 岁以上，必须进行调教，配种季节前有划地放进母羊群几天，当公羊会爬跨时母羊时，让其本交几次后将其牵出。可以采取将发情母羊尿液或分泌物涂在羊鼻上，刺激性欲或按摩睾丸提高精液质量。采精台羊选用健康，体格大小与采精公羊相当且发情症状明显的母羊，预试期每 2 天采精一次，正式配种期根据配种羊数采精频率控制在一天 2~3 次，连续 2~3 天休息 1 天。

（三）母羊的饲养管理

1. 做好清群、组群

（1）清群就是在配种季节之前把公羊从繁殖母羊中分离出来。公羊单独饲养管理，禁止与母羊接触，保证母羊配种季节良好的生理状态和性欲。

（2）组群。对老弱病残羊、不孕羊、育成羊代牧或出售，将能繁母羊单独组群做好羊群的相关疫苗的免疫注射，羊群进行全面驱虫、药浴等。

2. 提高母羊饲养水平

如果母羊饲草料水平一般，在配种季节前 1~2 个月提高饲草质量和适当补饲精料促进母羊体况较快改善，有利于母羊排卵和受精。

3. 同期处理与发情鉴定

为了便于管理和提高羔羊的整齐度，对母羊实施同期发情，我们采取 2 次前列烯醇注射法。第一次注射前列烯醇 1 毫升，经过 11 天后再注射 1 毫升。第二次注射药物后 24~72 小时内采用试情发，试情公羊应挑选 2~4 岁身体健壮、性欲强的个体，试情公羊后躯用试情布包好，数量为母羊数的 3%~5%，试情时轮流使用，每日 2 次，试情圈以每只羊 1.5~2 平方米为宜。发情羊表现为食欲减退、兴奋不安、鸣叫、爬跨其他羊或接受公羊爬跨而静立不动；阴门红肿，频频排尿而流出透明的黏液；用阴道开膣器插入阴道，使之开张，发情盛期的母羊阴道潮红、润滑，子宫颈口开张，分泌的黏液呈豆花样。发情母羊要做好标识，及时将其挑出场外，等待输精。

（四）消毒

1. 器械的消毒

采精、输精及与精液接触的所有器械都要消毒，并保持清洁、干燥，存放在清洁的柜内或烘干箱中备用、假阴道要用 2% 的碳酸氢钠溶液清洗，再用清水冲洗数次，然后用 75% 的酒精消毒，使用前用生理盐水冲洗，集精瓶、输精器、玻璃棒和存放稀释液及生理盐水的玻璃器皿洗净后要经过 30 分钟的蒸汽消毒，使用前用生理盐水冲洗数次，金属制品如开膣器、镊子、盘子等用 2% 的碳酸氢钠溶液清洗，再用清水冲洗数次，擦干后用 75% 的酒精或酒精灯火焰消毒。

2. 场地的消毒

配种场所用 1% 新洁尔灭或 0.1% 高锰酸钾溶液进行喷洒消毒，每天于采精前和采精后各进行 1 次。每星期对采精室用高锰酸钾甲醛熏蒸消毒 1 次。

3. 加强个人防护

为保护繁育员健康，预防人畜共患传染病的发生，特别是布氏杆菌病的发生，必须做好防护工作。繁育员采精、输精操作必须佩戴一次性塑料手套，避免直接接触。

（五）方法

1. 采精

安装好事先消毒好的假阴道，假阴道要求压力、润滑度适宜，温度以 39℃ 为宜。采精操作台羊应选择发情明显的健康母羊。采精前用温水清洗种公羊阴茎的包皮，并擦拭干净。采精时采精员站立在公羊的右侧，当种公羊爬跨时，迅速上前，右手持假阴道靠在母羊臀部，其角度与母羊阴道的位置相一致（与地面成 35°~45°），用左手轻托阴茎包皮，迅速将阴茎导入假阴道中。羊的射精速度很快，当发现公羊有向前冲的动作时即已射精，要迅速把装有集精瓶的一端向下倾斜，并竖起集精瓶，打开活塞上的气嘴，放出空气，取下集精瓶，盖好，待检处理（图 2-6）。

图 2-6 种公羊采精

2. 精液检查

采精员送入精液后，复读羊号，确认无误后，立即标记羊号，读出采精量，而后握在手中轻轻摇动。采出的精液肉眼观察呈较浓的乳白色，无味或略带腥味，经外观检查，凡带有腐败臭味，出现红色、褐色、绿色的精液判为劣质精液，应弃掉不用。实验室用显微镜检查精子的活率和密度。精子活率的测定是检查在37℃条件下的精液中直线前进运动的精子百分率。90%的精子做直线前进运动为0.9级，以下以此类推进行鉴定。根据要输精的母羊数量用稀释液在水浴锅中36.5℃要等温稀释2~3倍备用（图2-7）。

稀释精液配方一：0.9%生理盐水1：（1~2）稀释。

配方二：柠檬酸三钠1.4克，葡萄糖3克，卵黄20毫升，青霉素和链霉素10万个国际单位，蒸馏水加至100毫升。

配方三：热处理全乳或脱脂乳：100毫升。

图2-7　母羊试情

（六）输精

1. 常温子宫颈口输精法

将选择好的发情母羊采用蹲坑法、倒提保定法或栅栏半提举保定法进行保定。将经消毒后并用1%氯化钠溶液浸泡过的开腔器装上照明灯（可自制），轻缓地插入阴道，打开阴道，找到子宫颈口，将吸有精液的输精器通过开腔器插入子宫颈口内，深度1厘米左右。输入精液0.1~0.2毫升（确实有无法插入子宫颈的可采用阴道内输精，精液量要加倍），输精完成后，先把输精器退出，后退出开腔器。再给下一只羊输精时，要先把开腔器放在清水中，洗去开腔器上的阴道阴液和污物，擦干后再用1%氯化钠溶液浸泡；用生理盐水棉球或稀释液棉球，将输精器上的阴液、污物按照仪器口向后顺序擦去。比较适宜的输精时间应在发情期后10~20小时。可以根据母羊的外部表现来确定其是否发情，若上午开始发情的母羊，下午与次日上午各输精1次；下午和傍晚开始发情的母羊，在次日上、下午各输精1次。如果母羊继续发情，可再行补输精1次（图2-8，图2-9）。

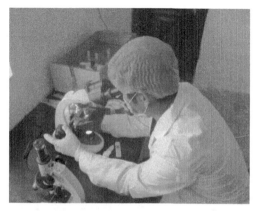

图2-8 验精

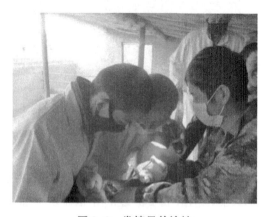

图2-9 发情母羊输精

2. 腹腔镜输精法

将禁食 12~24 小时发情母羊保定于手术架上，将手术架角度调整到 60°左右。术者对母羊乳房前方白线两侧剃毛，被皮 10 厘米×15 厘米的无破损干净皮区，术部先用新洁尔灭消毒然后用碘酊消毒酒精脱碘，术者在被皮区左侧打孔进腹腔镜镜，右侧避开血管，用手术刀开创 1 厘米进钳。接触腹腔镜观察子宫体，用子宫钳取出一侧子宫角输精 0.1 毫升，依次取出另一侧进行输精。输精完成后，将子宫角纳入腹腔，然后对术部腹肌皮肤全层缝合、消毒处理后，肌内注射黄体酮 20 毫克，解除保定，将羊赶至干燥圈舍留观喂养（图 2-10，图 2-11）。

图 2-10　腹腔镜人工授精器械

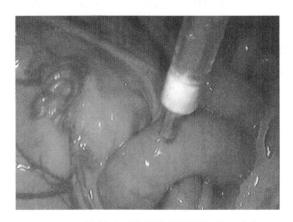

图 2-11　接触腹腔镜将输精器插入羊子宫内

二、羊的胚胎移植技术

(一) 材料与方法

1. 试验用羊

试验于供体羊体重在 1.5 岁 70~85 千克，2~3 岁 90~100 千克，体况良好、无繁殖疾病，1~3 岁母羊作供体；受体羊母羊年龄为 1.5~3 岁，体重在 40~50 千克以上，膘情良好、无繁殖疾病。试验前期补饲，确保体况中等以上；采精种公羊为养殖场本品种种公羊，性欲良好，精液检测优良。试情公羊为性欲旺盛的成年公羊。按程序做好饲喂、饮水、运动、试情等工作。

2. 试验设备

专用胚胎移植手术架，内窥镜，B 超仪，子宫钳，体视显微镜，水浴锅，恒温台，注射器 (1 毫升、2.5 毫升、5 毫升、20 毫升、50 毫升)，冲卵管，三通管，检卵 (胚) 针，移植管，培养皿，曲别针，小弯缝合针，12 号缝合线，10 号缝合线，剃毛刀，剪毛剪，电暖器。

3. 试验药品与试剂，冲卵液 (PBS) 由中国农业科学院研制生产，保存液 (h o l d i n g solution) 新西兰生产；前列醇钠、FSH、LHRH-A3、孕马血清促性腺激素 (PMSG) 均为宁波三生激素制品厂生产；静松灵注射液，利多卡因注射液，黄体酮注射液，160 万国际单位青霉素，100 万国际单位链霉素，100 毫升替硝唑注射液，75%酒精，2%碘酒，新洁尔灭，0.9%生理盐水等。

(二) 供、受体羊处理

1. 供体羊预处理

选取优质肉羊做供体羊，体重 70~75 千克，年龄 15~24 月龄，膘情中等以上。准备期每只羊日喂青干草 1 千克，玉米青贮 1.5 千克，混合精料 0.5 千克，磷酸氢钙 10 克，食盐 9 克。按程序做好饲喂、饮水、运动、试情等工作。预处理期与超排处理前每只羊分别注射一次亚硒酸钠维生素 E (3 毫升) 和维生素 AD (5 毫升)。种公羊以 18~24 月龄同品种公羊为宜，遗传性能稳定，系谱清晰，体形外貌达到了品种标准，体格结实，健康无病，雄性特征明显，精液品质良好，膘情八成以上。

2. 受体羊预处理

受体羊为本地哈萨克羊、湖羊、湖哈杂交羊，无繁殖性疾病及传染病，经检测布病均为阴性。年龄 1.5~4 岁，均为经产母羊。母羊体格健壮，体重 40 千克以上，膘情中等。处理前 2 个月做好疫病免疫与驱虫工作，然后佩戴耳标，分群饲养，确保受体羊整体质量。试情公羊为本地调教后的健康无病，性欲好的成年湖羊。

（三）供体羊超排与受体羊同期处理

1. 供体羊超排技术

一般秋季开展供体羊超排最好，采用自然观察法，用试情公羊试情一个情期，对于有自然发情的母羊再进行同期发情处理。首先对自然发情的供体羊全群注射 PG 1 毫升/只，在 24~72 小时内每天 2 次试情，做好发情记录，按照发情先后顺序分组、编制程序，在母羊情期 10~11 天采用 FSH 逐日递减法进行超排处理，FSH 总量控制在 110~350 国际单位。

2. 受体羊同期处理

对受体羊第 1 次注射 PG 时与供体羊同步，第 2 次注射 PG 时比供体羊提前 12 小时，便于鲜胚移植时调配受体羊。依据供体羊分组编号数量与顺序，按照 1 : 8 配备受体羊，第 2 次注射后 24~72 小时观察发情状况，并做好标记与记录备用。

（四）供体羊取胚、鉴定、移植、术后护理

1. 供体羊胚胎获取

供体羊配种后第 5~6.5 天进行手术法冲卵。首先将供体羊采取前低后高半仰卧姿势保定在手术架上，术部剃毛—备皮—消毒，切开皮肤和皮下组织，钝性分离肌肉，最后打开腹膜，创口为 3~4 厘米。盖上创巾，使切口暴露于创巾中部。术者将食指和中指由切口伸入腹腔，在与骨盆交界的前后位置触摸子宫角，找到后用二指夹持，牵出创口外。创口要用被生理盐水浸湿的纱布围住，循子宫角至该侧输卵管找到卵巢，观察黄体发育良好，选择在子宫角基部扎孔，将冲卵管插入，用注射器注入 5~6 毫升气体使气囊适度充满气并固定，另一端接集卵器。在子宫角的尖端插入套管针，连接吸有 50 毫升，温度在 37℃ 的冲胚液，缓缓注入，使冲胚液流向子宫角后回流到集卵器；另一侧子宫角以同样方法冲洗。用集卵器集卵，留少量冲胚液以便检胚。冲胚后为防止粘连，将子宫角用 100 毫升替硝唑冲洗后送入腹腔，并向腹腔注入 37℃ 100 毫升替硝唑注射液+青霉素

160万国际单位+链霉素100国际单位，按手术常规处理，闭合腹腔。

2. 胚胎鉴定与保存

在羊场设立实验室，采用电暖气供热，温度保持在25℃，取3个培养皿放置于29℃恒温台上，加入适量保存液备用。将收集好的冲卵液移去上层液，取底部少量液体移置平皿内，静置后，在体视镜20~40倍下检查胚胎数量，观察胚胎质量。可用胚胎1级：发育正常，胚龄与发育期相吻合，卵裂球轮廓清楚，明暗度适中，细胞密度大，卵裂均匀，细胞变性率不超过10%。2级：胚龄与发育期基本吻合，轮廓清楚，明暗度适中或稍淡，细胞密度较小，细胞变性率为10%~20%。3级：轮廓不清楚，色泽过暗或过淡，细胞细胞变性率为30%~40%。根据胚胎鉴定结果做好记录并保存胚胎。1级胚胎可单独移植，2级胚胎和3级胚胎搭配进行移植。

3. 腹腔镜法胚胎移植

将受体羊保定在手术架上剃毛—备皮—消毒后，羊体置于70°~80°倾斜倒立保定，在据乳房前下方7~11厘米，离腹中线5厘米处各切开1.0~1.5厘米的切口，一侧套管针刺入腹腔后，抽出针芯，将观察镜经管套送入腹腔；另一侧插入子宫钳，一只手固定观察镜，另一只手拿子宫钳翻动、拨开卵巢系膜，暴露卵巢，通过目镜观察黄体发育情况，按突出卵巢的直径和颜色分为优、中、差3个等级，优：0.6~0.8厘米，颜色深红；中：0.5厘米，颜色鲜红；差：0.3厘米，颜色粉红。将判定合格黄体一侧的子宫角前端用子宫钳引出腹腔切口外，用曲别针避开血管在子宫角前端扎孔，用装好胚胎的移植针，斜向子宫角方向扎入子宫腔内，注入胚胎，移植后将子宫角恢复原位，切口缝合1针，对于中级黄体注射黄体酮10~20毫克，解除保定。

4. 术后处理

供体羊术后肌内注射PG 1毫升，为防止粘连对供体羊适当放牧，归牧后圈舍应保持干燥、清洁，加强护理，防止感染，按照肉羊营养标准调整日粮，1月后开始配种。

三、典型案例与成效

哈密地区科技兴农项目《国外专用肉羊胚胎移植推广》（2014—2016）项目

根据哈密多年来引进的国外专用肉羊对哈密地理自然环境的适应性及与本地羊杂交后代的杂交优势情况进行调研，确定黑头萨福克、黑头杜泊羊作为胚胎移植品种。组织受体母羊完成肉羊胚胎移植 4 000 余例。通过项目开展，锻炼并熟练掌握了胚胎生产技术全过程。取得的成果有：一是供体羊平均提供可用胚胎数和单个种羊冲胚数居国内领先水平。供体羊平均提供可用胚胎数 7.99 枚，其中牧祥合作社有 1 只供体羊（耳号 7038）采集胚胎 57 枚，可用胚胎 53 枚，移植受体羊 46 只，产羔 33 只。二是胚胎移植受胎率居国内领先水平。受胎率鲜胚 63.3%，冻胚 49.02%。与国内肉羊胚胎移植平均受胎率鲜胚 50%、冻胚 40% 相比，提高了 13.3% 和 9.02%。三是采用微创手术、宫管结合部冲胚等方法显著降低供体羊子宫粘连。四是创建胚胎移植产业化配套技术体系。五是研究供体羊年龄及繁殖次数对冲胚效果影响，获较大成果。研究结果表明，选择经产且在 2 岁以上羊作为供体，可以获得最为理想的冲胚效果。六是研究胚胎质量对受胎率影响，获较大成果。研究结果表明：受体羊与供体羊在同一环境 6 天移植桑葚胚受孕率高，在胚胎移植质量上移植 A 级胚胎受胎率明显 B、C 级高于胚胎，胚胎利用通过 t 检验差异显著（$P<0.05$）。胚胎移植所产羔羊出生重平均达到 5.2 千克，最高达到 9 千克；3 月龄体重平均达到 34.5 千克，6 月龄羔羊活重平均达到 60 千克以上，羔羊健壮、肉用体型明显，深受广大养殖户的欢迎。该项成果《杜泊绵羊胚胎移植技术在哈密地区应用效果观察》登载于《黑龙江动物繁殖》2015，5：11-14；《萨福克羊超排处理与胚胎移植技术应用研究》登载于《中国草食动物科学》2016，36（2）：26-28。成果《优质肉羊胚胎移植技术推广》获得 2016 年度哈密地区科学技术进步二等奖。

第五节　鸡的人工授精技术

随着现代化养禽迅速发展，饲养管理制度发生改变，种禽由原来的平养改为笼养，人们纷纷采用人工授精进行家禽繁殖，使受精率大大提高，种蛋和雏禽成本大幅降低。目前，笼养母鸡人工授精种蛋受精率高达 90% 以上。

一、采精

（一）种公鸡的选留方法

选择种公鸡除考虑品种特征、生产性能、健康状况外，还要选择性欲旺盛、精液品质好的个体。

第1次选择，在公鸡60～70日龄时进行，按公母比例1：（15～20）选留。第2次选择，蛋鸡在6月龄，兼用品种和肉用品种在7月龄，按公母比例1：（30～50）选留。选留的公鸡应生长发育正常，健壮，鸡冠发达而鲜红，泄殖腔大、松弛，性发射好，乳状突充分外翻、大而鲜红，精液品质好。供采精用的公鸡，最好单笼饲养，以免因斗架、爬跨而影响采精量。遇到采精时经常排粪尿和出血的公鸡，应予以淘汰。

（二）采精操作

1. 采精和输精用具

包括保温集精杯、输精器、精密输精移液器、输精管盒、输精管盒托架、采精杯、恒温干燥箱、显微镜、毛剪以及75%的酒精、蒸馏水、生理盐水、稀释液、棉花球等。

2. 采精方法

鸡的按摩采精法。采精前，先剪去公鸡泄殖腔周围羽毛和尾部下垂羽毛，用消毒液消毒泄殖腔周围，再用生理盐水擦去残留消毒液。采精时，由两人操作，一人保定公鸡，用双手各握住公鸡一只腿，使公鸡头部向后，另一人专管按摩和挤出精液，称为双人背腹式按摩法。采精员先用左手轻轻将尾羽由前向后顺拢两次，再如此按摩数次，引起公鸡性感，采精员的右手中指和无名指间夹着集精杯，集精杯口向外。当左手按摩数次后，待公鸡有性反射时，左手迅速翻转，将尾羽背向背部压住，使拇指与食指分开，做捏住泄殖腔外缘的准备；与此同时右手掌紧贴公鸡腹部柔软处，使拇指与食指分开，置于耻骨下缘，抖动触摸数次，当泄殖腔外翻出交媾器时，左手的拇指与食指立刻轻轻挤压，公鸡就能排精。在挤压前，右手在触摸后边迅速将集精漏斗口翻向泄殖腔开口处承接精液。收集精液的集精杯多用优质茶色玻璃制成。如果采集的精液少或没有采出精液时，还可以再按以上手法进行1～2次。

采精时注意避免精液被粪便污染，或被输尿管物质所沾染。手指的挤压力不能过大，以免损伤组织，造成血液渗入后混入精液。种公鸡采精后，间隔 10～20 分钟可再进行第 2 次采精。第 2 次采得的精液和精子数比第一次采得的精液量和精子数都几乎少一半，但受精率提高 5%～10%。

3. 采精频率

家禽的采精次数以隔 1 天采 1 次为好。所采精液浓稠，呈乳白色。公禽经过 48 小时的性休息之后，精液量和精子密度都能恢复到最高水平。如果配种任务大，也可在 1 周内采精 4～5 次，或每天采精 1 次，但要注意增加蛋白质饲料、维生素 A 和维生素 E。

4. 采精注意事项

（1）在采精季节，注意公鸡的营养平衡和适当的运动，确保精液质量和射精量。

（2）采精人员最好固定专入，以便公鸡形成条件反射，有利于采精。

（3）公鸡采精的当天，应于采精前 3～4 小时停水停料，以防排出粪、尿，污染精液。

（4）采精前一定将集精杯、贮精器、输精器等用清水、蒸馏水和生理盐水清洗干净，并烘干备用。

采精前先将公鸡泄殖腔周围的羽毛剪去，并用酒精或生理盐水棉球擦干净，如用酒精则待其发挥后才可采精。精液收集后，应置于 35～40℃温水中暂存。输精一定要在 30 分钟内完成。

二、输精

笼养鸡的输精

1. 输精方法

给母鸡输精时，一定要先把母鸡泄殖腔的阴道口翻出（俗称翻肛），再将精液准确地注入阴道口内。大群进行人工授精时，输精应该由 3 人进行，两人翻肛，一人注入精液。翻肛人员用左手握住母鸡的双腿，使鸡头朝下，右手置于母鸡耻骨下给母鸡腹部施加压力，泄殖腔外翻时，阴道口在左上方露出，呈圆形，右侧开口为直肠口。当阴道口外露后，输精员将吸有精液的输精管，插入阴道口内 2~3 厘米注入精液，同时，接着对鸡腹部施加压力。

在笼养母鸡人工授精时，可不必将母鸡从笼中取出来，翻肛人员只需用左手握住母鸡双腿，将母鸡腹部朝上。鸡背部靠在笼门口处，右手在腹部施加一定压力，阴道口随之外露，即可进行输精。

输精管多为 1 毫升注射器，以一胶管与 4 厘米长塑料细管或细玻璃管相连。1 根细管装 1 个输精剂量给 1 只母鸡输精，每输完 1 只母鸡更换 1 根细管，以防止交叉感染。也有根据输精剂量选用相应的微量取样器，末端配以吸嘴，每输完 1 只母鸡更换 1 只吸嘴。输精时间一般在下午 16 时以后。此时母鸡基本上产蛋结束。

输精间隔为每 5~7 天输精 1 次，每次输入原精液 0.025~0.05 毫升，其中含精子 1 亿个。母鸡第 1 次输精时，应注入 2 倍精液量，输精后 48 小时便可收集种蛋。

2. 输精时应注意事项

（1）精液采集后，应在 0.5 小时内输精完毕。

（2）提取母鸡和输精动作要轻缓，插入输精管不可用力过猛，勿使空气进入。

（3）输精时遇有硬壳蛋时动作要轻，而且要将输精管偏向一侧缓缓插入输精。

（4）输精器材要洗净、消毒、烘干，每输 1 只母鸡更换 1 次精管或吸嘴；注入精液的同时，助手要放松对母鸡腹部的压力。

第六节　受精、妊娠与分娩

一、受精

它是精子和卵子融合形成一个新的细胞即合子的过程。

（一）精子、卵子受精前准备

（1）精子在母畜生殖道内的运行。精子和卵子受精部位在输卵管壶腹部，精子运行是指由输精部位通过子宫颈、子宫和输卵管 3 个主要部分，最后到达受精部位的过程。精子运动的动力，除其本身的运动外，主要借助于母畜生殖道的收缩和颤动以及腔内体液的作用。

（2）精子获能。精子获得受精能力的过程称为精子获能。进入母畜生殖道内的精子，经过形态及某些生理生化变化之后，才能获得受精能力。牛的精子获能始于阴道，当子宫颈开放时，流入阴道的子宫液可使精子获能，但获能最有效的部位是子宫和输卵管。牛精子获能需要 3~4 小时。精子在母畜生殖道存活时间牛 15~56 小时、羊 48 小时、猪 50 小时。

（3）顶体反应。获能后的精子，在受精部位与卵子相遇，会出现顶体帽膨大，精子质膜和顶体外膜相融合。融合后的膜形成许多泡状结构，随后这些泡状物与精子头部分离造成顶体膜局部破裂，顶体内酶类释放出来，以溶解卵丘、放射冠和透明带。这一过程称为顶体反应。精子获能和顶体反应是精子受精前准备过程中紧密联系的生理生化变化。

（二）卵子受精前准备

卵子排出后，自身并无运动能力，而是随卵泡液进入输卵管伞后借输卵管内纤毛的颤动，平滑肌的收缩以及腔内液体的作用，向受精部位运行，在到达受精部位并与壶腹部的液体混合后，卵子才具有受精能力。各种家畜卵子在生殖道内的存活时间为牛 8~12 小时、马 6~8 小时、猪 8~10 小时、羊 16~24 小时。

（1）卵子的接纳。输卵管伞充分开放、充血，紧贴于卵巢的表面。输卵管伞黏膜上摆动的纤毛将卵巢排出的卵子接纳入输卵管伞的喇叭口，再靠纤毛摆动形成的液流将卵子吸入输卵管。猪、马和犬等动物伞部发达，卵子易被接受；牛羊因伞部不能完全包围卵巢，有时造成排出的卵子落入腹腔。

（2）卵子在输卵管内的运行。卵子与精子不同，本身不能自行运动。卵子在输卵管内的运行，在很大程度上则是依赖于输卵管的收缩液体的流动及纤毛的摆动。卵子在输卵管内运行的速度、因输卵管各部位的解剖生理特点而存在差异。在壶腹部、因壶腹内表面的纤毛朝向峡部方向擅动，对卵子外面的卵丘层起推动作用，加上输卵管肌层、平滑肌、环状肌和纵纹肌分段收缩，于是将包在卵丘内的卵子朝向卵巢反方向运送。

（三）受精过程

受精过程始于精子与卵子相遇，两性原核合并形成合子时结束。

1. 精子穿过放射冠

卵子从卵巢排出后，进入壶腹部时，在透明带的外面往往还包围着一堆颗粒状的卵丘细胞，而靠近透明带的卵丘细胞呈放射状排列，称为放射冠。放射冠是精子入卵的第 1 道屏障。精子通过顶体反应释放透明质酸酶和放射冠穿透酶溶解卵丘细胞和放射冠细胞间的基质，使精子穿越放射冠与透明带接触。动物中除猪外，排卵后几小时脱去卵丘细胞和放射冠，这种"裸卵"可正常受精与发育，因此，对于这些动物来说，精子发生顶体反应所释放出酶的作用，似无实际意义，兔、犬和猫等动物卵子的放射冠，则必须由精子产生的透明质酸酶才能溶解，若在其悬浮液中加入透明质酸酶抑制剂，精子则不能穿过放射冠。

2. 精子穿越透明带

精子穿越放射冠后，以刚暴露的顶体内膜附着于透明带表面，这是精子穿过透明带的先决条件。这种附着只有获能和发生顶体反应的精子才能发生。

精子与透明带的附着，具有明显的种间特异性，异种动物的精子是不能附着和穿透透明带的。不同的精子其受精能力是不同的，这种受精选择性可能与透明带表面特异性受体位点的存在有关。精子与透明带最初接触部位是头部赤道区和核帽后区，精子通常在附着透明带后 5~15 分钟穿过透明带。因此顶体脱落可能发生在精子头按触透明带前后。

3. 精子进入卵黄

精子进入透明带后到达卵周隙，此时精子仍能活动，不过活动时间很短。一旦按触卵黄膜，活动即停止，在与卵黄膜接触后 20 分钟，即与卵黄膜融合在一起，对大鼠研究发现，精子总是头的中部和后部质膜与卵黄膜相贴。卵黄膜表面的微绒毛抓住精子的头，与此同时卵黄发生旋转，此时精子尾部全部进入卵周隙内接着两层质膜形成连续的膜，并将精子头部包起来而"拖入卵内"。除极少数动物外，整个精子尾部不进入卵子。

在精子头与卵黄膜发生融合的同时，卵子被激活，并产生一系列防御性反应。

（1）皮质反应。当精子与卵黄膜接触时，在接触点膜电荷发生改变并向周围扩大，整个膜持续去极化数分钟，在卵黄膜下的皮质颗粒向卵子表面移动，以胞吐的形式将其内容物排入卵周隙，继而引起卵黄膜和透明带结构的变化。

（2）卵黄膜反应。由于皮质反应的结果，大部分原来的卵黄膜加了皮质颗粒膜而发生膜的改组。同时，皮质颗粒所释放的黏多糖与卵黄膜表面紧密结合，在卵子周围又形成一保护层，称透明膜，从而改变了卵子表面结构，阻止第 2 个精子入卵，避免产生多精子受精观象。当 1 个精子穿入卵黄膜时，卵黄立即紧缩，卵黄膜增厚，阻止其他精子进入，这种变化称为卵黄膜反应或卵黄膜封闭作用。

（3）透明带反应。皮质颗粒内容物的释放，改变了透明带的性质从而阻止了其他精子的穿入。这种反应相当迅速与有效，作用是阻止精子再穿过透明带，称为透明带反应。小鼠、大鼠和猪由于透明带反应比较慢，卵周隙内有时看到几个甚至几十个精子，这些精子称为补充精子。兔的卵子没有透明带反应，然而有效的卵黄膜反应仅允许 1 个精子进入卵细胞内。

4. 原核形成

精子入卵后不久，头部开始膨大，核疏松，核膜消失，失去固有的形态，同时，卵母细胞减数分裂恢复释放第 2 极体。在精核疏松的同时，核内碱性蛋白质以及与精子 DNA 密切相关的所浓度精氨酸也完全消失，最后在疏松的染色质外义形成新的核膜。很多畜种雄性染色质开始疏松增大的时间比雄性早，所以，雄原核形成比雌原核大。猪的原核形成是在排卵后 6~18 小时。雌原核的特点是染色质分布不均匀。

5. 配子配合

雄原核和雌原核经充分发育，逐渐相向移动。在卵子的中央，核仁和核膜消失，两原核紧密接触，然后迅速收缩，染色体重新组合，并准备进行第 1 次有丝分裂。至此受精最后阶段"配子配合"遂告完成，形成一个称为"合子"的单细胞胚胎。

二、妊娠

受精卵沿着输卵管下行，经过卵裂、桑葚胚和囊胚、附植等阶段，形成新个体，即胎儿。胎儿在母体子宫中发育并逐渐成熟，并在成熟后通过母畜的产道排出母体的过程，即为母畜的妊娠及分娩的过程。

1. 胚胎的早期发育

合子形成后立即进行有丝分裂，进入卵裂期。

（1）卵裂。早期胚胎的发育有一段时间是在透明带内进行的，细胞数量不断增加，但总体积并不增加，且有减小的趋势。这一分裂阶段维持时间较长，叫卵裂。

（2）囊胚。当胚胎的卵裂球达到16~32个细胞，细胞间紧密连接，形成致密的细胞团，形似桑葚，称为桑葚胚。桑葚胚继续发育，细胞开始分化，出现细胞定位现象。胚的一端，细胞个体较大，密集成团称为内细胞团；另一端细胞个体较小，只沿透明带的内壁排列扩展，这一层细胞称为滋养层；在滋养层和内细胞团之间出现囊胚腔这一发育阶段叫囊胚。囊胚阶段的内细胞团进一步发育为胚胎本身，滋养控则发育为胎膜和胎盘，囊胚的进一步扩大逐渐从透明带中伸展出来，变为扩张囊胚这一过程叫作"孵化"。

（3）原肠胚和中胚层的形成　囊胚进一步发育，内细胞团外面的滋养层退化，内细胞团裸露，成为胚盘。在胚盘的下方衍生出内胚层，它沿滋养层的内壁延伸，扩展，衬附在滋养层的内壁上，这时的胚胎称为原肠胚。原肠胚进一步发育，形成内胚层、中胚层和外胚层，为器官的分化奠定了基础。

2. 妊娠识别与建立

孕体是指胎儿、胎膜、胎水构成的综合体，在妊娠初期，孕体产生的激素传感给母体，母体对此产生相应的反应，识别胎儿的存在，并在二者之间建立起密切的联系，这一过程即为妊娠识别。孕体和母体之间产生了信息传递和反应后、双方的联系和互相作用已通过激素的媒介和其他生理因素而固定下来，从而确定开始妊娠，这叫作妊娠建立。牛妊娠信号的物质形式是糖蛋白。妊娠识别后，即进入妊娠的生理状态，牛妊娠识别的时间为配种后16~17天。

3. 胚泡的附植囊胚阶段的胚胎称胚泡

胚泡在子宫内发育的初期阶段是呈游离状态，与子宫内膜之间未发生联系。因胚泡液的增多，限制了胚泡在子宫内的移动，逐渐贴附于子宫壁，随后才和子宫内膜发生组织及生理的联系，位置固定下来，这一过程称为附植（着床）。牛为单胎时，常在子宫角下1/3处附植，双胎时则均分于两侧子宫角。附植是一个渐进的过程，在游离之后，胚胎在子宫中的位置先固定下来，继而对子宫内膜产生轻度浸润，即发生疏松附植，紧密附植的时间是在此后较长的一段时间。牛的胚胎附植在排卵后 28~32 天为疏松附植，40~45 天为紧密附植。胚胎都是在子宫血管稠密，且能供给丰富营养的地方附植。

4. 胎盘和胎膜

胎盘是由胎儿胎盘和母体共同构成。胎儿具有独立的血液循环系统，不与母体循环直接沟通。但是，母体必须通过胎盘向胎儿输送营养和帮胎儿排出代谢产物。牛的胎盘为子叶类胎盘，由于胎儿子叶与母体子叶嵌合非常紧密，所以在分娩时，胎衣娩出较慢且易发生胎衣不下。胎膜为胎儿以外的附属膜，包括城毛膜、尿膜、羊膜卵黄囊。胎膜具有营养排泄、呼吸、代谢、内分泌和保护功能。脐带是胎体同胎膜和胎盘联系的渠道，其中有脐动脉两条，脐静脉两条。

（一）妊娠诊断

尽早地判断母畜的妊娠情况，应做好早期妊娠诊断工作，加强对受孕母畜的饲养管理，及时对空怀母畜配种，对提高养殖效益具有重要意义，妊娠诊断的方法主要包括以下几种。

1. 外部观察法

就是通过观察妊娠母畜的外部表现来判断母畜是否妊娠。

一般外部表现为周期发情停止，食欲增进，营养状况改善，毛色润泽，性情变得温顺，行为谨慎安稳，到一定时期（牛、马、驴 5 个月，羊 3~4 个月，猪 2 个月）后，腹围增大，且腹壁向一侧（牛、羊右侧，马左侧，猪下腹部）突出；乳房胀大，牛、马、驴腹下水肿。牛 8 个月以后，马驴 6 个月以后可以看到胎动，但牛不如马的明显。胎儿发育长大，在一定时期（牛 7 个月后，马、驴 8 个月以后），隔着左侧（马、驴）或右侧（牛、羊）或可以触摸到胎儿。在胎儿胸壁紧贴母畜腹壁时，可以听到胎儿的心音。骆驼怀孕后，除了膘情、乳房、腹部和行为与其他家畜类似的变化外，新换出的被毛、嗉毛及肘毛比空怀母驼的快，阴门周围生出光洁的短毛，外观变化是拒配。

2. 直肠检查法

它是牛、马、驴等大家畜早期妊娠诊断最常用的，手隔着直肠触摸妊娠子宫、卵巢胎儿和胎膜的变化，检查的顺序依次为子宫颈、子宫体、子宫角卵巢、子宫中动脉。

以牛为例。

（1）妊娠 30 天。两侧子宫角不对称，孕角较空角增大变粗，且较松软，有液体波动的感觉，孕角最膨大处子宫壁显著较薄，空角较硬有弹性，弯曲明显。

（2）妊娠 60 天。孕角比空角约粗两倍。两角悬殊明显，孕角有波动角间沟稍平坦。但仍能分别，可以摸到全部子宫。

（3）妊娠 90 天。孕角大如婴儿头。有的大如排球。可以明显地感到波动。空角比平时增大一倍。子宫开始沉入腹腔，初产牛子宫下沉时间较晚。偶尔可以摸到胎儿，孕角子宫动脉根部开始可以感到微弱现怀孕脉搏，角间内已摸不清楚。

（4）妊娠 120 天。子宫已全部沉入腹腔。子宫颈越过耻骨前缘，一般只能摸到子宫的背侧及该处的子叶，形如蚕豆或小黄豆。可以摸到胎儿。子宫动脉的怀孕脉搏由根部向下延伸，明显可感。寻找子宫动脉的方法是，手伸入直肠后手向上摸着椎体向前移动。在岬部的前方可以摸到腹主动脉的最后一个分支即髂内动脉，在左右髂内动脉的根部各分出一支子宫动脉。沿游离的子宫阔韧带下行至子宫角的小弯。触摸此动脉的粗细及脉搏变化。

3. 阴道检查法

根据阴道黏膜的色泽、黏液分泌及子宫颈状态等判断奶牛是否妊娠。

（1）阴道黏膜检查。妊娠 20 天后，黏膜苍白，向阴道插入开膣器时感到有阻力。

（2）阴道黏液检查。妊娠后，阴道黏液量少而黏稠，浑浊、不透明，呈灰白色。

（3）子宫颈外口检查。用开膣器打开阴道后，可以看到子宫颈外口紧缩，并有糊状黏块堵塞颈口，称为子宫栓。

4. B 超声波诊断法

将 B 超声波通过专用仪器送入直肠内，使其产生特有的波形，也可通过仪器转变成音频信号，从而判断是否妊娠。此法一般多在配种后 1 个月应用，过早使用准确性较差。

5. 其他方法（主要适用于奶牛）

（1）碘酒测定法。取配种后 23 天以上的母牛晨尿 10 毫升放入试管，加入

7%碘酒 1～2 毫升，混合均匀，反应 5～6 分钟，若混合液成呈褐色或青紫色，则可判定该牛已孕，若混合液颜色无变化，则判定该牛未孕。此法准确可达 93%。

（2）硫酸铜测定法。取配种后 20～30 天的母牛中午的常乳和末把乳的混合乳样 1 毫升于平皿中，加入 3%硫酸铜溶液 1～3 滴，混合均匀。若混合液出现云雾状，则可判断该牛已孕；若混合液无变化，则判定该牛未孕。此法准确率达 90%。

（3）激素反应法。利用妊娠母牛由于体内高孕酮水平而对适量的外源性雌激素的不敏感性，来判断牛是否妊娠。牛配种后 18～20 天，肌内注射合成雌激素 2～3 毫克，注射后 5 天内不发情可判断已妊娠，此法准确率在 80%以上。

（二）孕畜预产期的推算

1. 羊

（1）妊娠期。羊的妊娠期为 150 天左右。

（2）羊预产期推算。配种月份+5，配种日期-2。

例一：3 号羊 2018 年 3 月 28 日配种，它的预产期推算公式为：3+5＝8（月）为预产月份，28-2＝26（日）为预产日期，即 3 号羊预产期为 2018 年 8 月 26 日。

例二：5 号羊的配种日期为 2017 年 9 月 9 日，那它的预产期推算公式为：（9+5）-12＝2（月）为预产月份（超过 12 的可将分娩月份推迟 1 年，并减去 12 月，余数就是下一年预产月份），9-2＝7（日）为预产日期，即 5 号羊预产期为 2018 年 2 月 7 日。

2. 牛

（1）奶牛妊娠期。一般为 280 天左右，误差 5～7 天为正常。

（2）奶牛预产期推算。奶牛生产上常按配种月份数减 3，配种日期数加 6 来算。若配种月份数小于 3，则直接加 9 即可算出。

例一：配种日期为 2017 年 8 月 20 号，则预产期为：预产月份为 8-3＝5；预产日期为 20+6＝26，则该牛的预产期为 2018 年 5 月 26 日。

例二：配种日期为 2018 年 1 月 30 号，则预产期为：预产月份为 1+9＝10；预产日期为 30+6＝36，超过 30 天，应减去 30，余数为 6，预产月份应加 1，则该牛的预产期为 2018 年 11 月 6 日。

3. 驼

骆驼的妊娠期平均为 402 天左右，即 13 个月零 7 天，分娩期公驼羔比母驼羔多 4 天。

4. 马、驴

母马妊娠平均 340 天，预产期推算方法：月减 1 日加 1；驴的妊娠期平均为 365 天。

三、分娩

（一）分娩预兆

母畜分娩前，在生理、形态和行为上发生一系列变化，以适应排出胎儿及哺育仔畜的需要，通常把这些变化称为分娩预兆。从分娩预兆可以大致预测分娩的时间，以便做好接产的准备工作。

1. 一般预兆

（1）乳房。乳房在分娩前迅速发育，腺体充实。有的在乳房底部出现浮肿。临近分娩时，从乳头中挤出少量清亮胶状液体或挤出少量初乳，有的出现漏乳现象。乳头的变化对估计分娩时间也比较可靠，分娩前数天，乳头增大变粗，但在营养状况不良的母畜，乳头变化不很明显。

（2）外阴部。临近分娩前数天，阴部逐渐柔软、肿胀、增大，阴唇皮肤上的皱褶展平，皮肤稍变红。阴道黏膜潮红，黏液由浓厚黏稠变为稀薄滑润。某些畜种由于封闭子宫颈管的黏液栓软化，流入阴道而排出阴门外，呈透明、能够拉长的条状黏液。子宫颈在分娩前数天开始松软、肿胀。

（3）骨盆。骨盆部韧带在临近分娩的数天内，变得柔软松弛，这是由于妊娠末期，骨盆血管内的血量增多，静脉淤血，促使毛细血管壁扩张，血液的液体部分渗出管壁，浸润周围的组织。位于尾根两侧的荐坐韧带后缘由硬变得松软。荐髂韧带也变松软，因此荐骨的活动性增大，当用手握住尾根上下活动时，能够明显感觉到荐骨后端容易上下移动。由于骨盆部韧带的松弛，臀部肌肉出现明显的塌陷现象。

（4）行为。行为方面也有明显改变，分娩前数天，多数家畜出现食欲下降，行动谨慎小心，喜好安静地方，群牧时有离群现象。

2. 不同家畜分娩的特点

（1）牛。牛的乳房变化较明显。初产牛的乳房在妊娠后 4 个月即开始增大，特别是在妊娠后期胀大更快。虽然经产牛的乳房一般胀大不甚明显，但在分娩之前胀大明显。乳头表面呈蜡状的光泽，分娩前数天可从乳头中挤出少量清亮胶样的液体，至产前两天乳头中充满初乳。乳牛的体温变化可以作为判断分娩时间的依据。母牛妊娠 7 个月开始，体温逐渐上升，可达 39℃。至产前 12 小时左右，体温下降 0.4~0.8℃。

（2）驴。驴产前一个多月时乳房迅速发育膨大，乳头的变化比马明显得多。分娩前，乳头由基部开始胀大并向乳头尖端发展。临产前，乳头完全改变了原来的形状，成为长而粗的圆锥状，充满液体，并且越临近分娩，液体越多，胀得越大。乳汁先是清亮的，后变为白色。约半数的驴有漏奶现象，因乳头尖端出现乳滴，有时滴奶，或在卧地时被压出来。有时奶成股流出。若早晨发现这种现象，多在当天晚上或第二天晚上分娩，但也有少数在第 3~4 天后分娩的。但是，乳头和乳房的变化受母驴营养状况的影响较大，是否漏奶和乳头管的松紧也有密切关系，所以还要注意其他方面的变化。分娩前数小时，母驴开始不安静，来回走动，转圈，呼吸加快，气喘，回头看腹部，时起时卧，出汗和前肢刨地，食欲减退或不食。临产时，握住尾根向上拍，可以感到荐骨后端的活动性明显增大。

（3）驼。骆驼的分娩预兆主要是不安。产前一天即有轻度不安表现，如放牧时常在群边走动，吃草减少回圈后也不静卧，经常走动或站在门口，企图外逃。临产时，离群疾行，或一出圈便离群，这种现象在头胎母骆驼更为明显。有时可跑出 10~15 千米，而且习惯于向上坡跑。

（4）羊。羊临近分娩时，骨盆切带和子宫预松弛，同时子宫的敏感性和胎儿的活动性都有所增加。大约在分娩前 12 小时子宫内压开始增高，压力波随接近分娩而增强。子宫颈最先是缓慢地扩张，到分娩前 1 小时迅速扩张。羊在分娩前数小时，出现精神不安，用蹄刨地，频频转动或起卧，并喜接近其他母羊的羔羊。

（二）分娩过程

分娩是母畜靠子宫和腹肌的收缩、把胎儿及其附属物（胎衣）排出体外。分娩过程是指子宫开始出现阵缩到胎衣完全排出的整个过程。根据母畜临床表现，可将分娩过程分成 3 个连续时期，即子宫开口期、胎儿产出期和胎衣排出期，但子宫开口期和胎儿产出期之间的界限一般不明显。

1. 子宫开口期

简称开口期，是指从子宫阵缩开始，到子宫颈充分开大（牛、羊）或能够充分开张（马），与阴道之间的界限消失为止。这一时期一般仅有阵缩，没有努责，子宫颈变软扩张。开口期时，母畜寻找不受干扰的地方等待分娩初产母畜表现不安、时起时卧、食欲减退、时吃时停、转圈刨地、回头顾腹、尾根抬起、常有排尿姿势。牛、羊叫唤；马的后躯及腹下出汗；放牧母畜有离群现象，猪则衔草絮窝。但经产母畜一般表现安静，有时候看不出什么明显的表现。

2. 胎儿产出期

简称产出期，是指从子宫颈充分开大，胎囊及胎儿的前置部分楔入阴道（牛、羊），或子宫颈已能充分开张，胎囊及胎儿楔入盆腔（马、驴），产畜开始努责，到胎儿排出或完全排出（双胎及多胎）为止。在这一时期，阵缩和努责共同发生作用，努责比阵缩出现得晚，停止得早。

（1）临床表现。产畜临床表现为极度不安，急剧起卧，前蹄刨地，有时后蹄踢腹，回顾腹部，拱背努责。在最后卧下破水后，母畜呈侧卧姿势，四肢伸直，腹肌强烈收缩，当努责数次后，休息片刻，然后继续努责，脉搏呼吸加快。

（2）产出过程。由于母畜强烈阵缩与努责，胎膜带着胎水被迫向完全开张的产道移动，最后胎膜破裂，排出胎水，胎儿随着母畜努责不断向产道内移动。在努责间歇时，胎儿又稍退回子宫，但在胎头楔入盆腔之后，则不能再退回。产出期中，胎儿最宽部分的排出时间较长，特别是头部。头通过盆腔及其出口时，母畜努责最强烈，牛、羊常哞叫。在头露出阴门以后，产畜往往稍为休息。如为正生，产畜随之继续努责，将胸部排出，然后努责即骤然缓和，其余部分也能迅速排出，脐带亦被扯断（牛、羊），仅将胎衣留在子宫内。牛和羊的胎盘属于结缔组织绒毛膜胎，当胎儿排出时胎盘与母体子叶子宫仍然附着，子叶继续供应来自母体的氧，一直到胎儿产出后才与母畜的子叶脱离，因此在胎儿独立呼吸以前保证有氧的供应，不会发生窒息。而马、驴属于弥散性胎盘，胎儿与母体的联系在开口期开始不久就被破坏，切断了氧的供应，所以在产出期时应尽快排出胎儿，以免胎儿窒息。

（3）胎衣排出期。牛的胎衣排出期2~8小时，最多12小时；羊的胎衣排出期2~4小时；马、驴的胎衣排出期20~60分钟；骆驼的胎衣排出期70分钟。

四、助产

分娩是母畜正常的生理过程，一般情况下、胎儿均能自行娩出。但在人工饲养的情况下，由于母畜生产性能得到很大提高，从而使得母畜运动减少，并且饲料成分改变，加上环境因素的干预，都可使家畜的自然分娩过程受到影响。因此，为了保证母畜和胎儿的安全，提高产畜成活率，必须做好助产工作。母畜正常分娩时，不需人为帮助，助产人员的主要任务是监视分娩情况和护理幼畜。当母畜出现临产症状时，助产人员必须做好临产处理准备，应按照以下方法和步骤实施助产、保证幼畜产出和母畜安全。

（一）助产前的准备

根据配种时间及分娩预兆的综合预测，母畜在分娩前1~2周就应转入产房。事先应对产房进行环境消毒。产床上铺垫清洁柔软的干草。

产房内应准备必要的药品及用具，如肥皂、刷子、毛巾、绷带、产科绳、剪子、镊子、脸盆、消毒药（新洁尔灭、来苏儿、高锰酸钾、酒精和碘酊）等。有条件时可备有常用的诊疗器械及手术助产器等。

因母畜多在夜间分娩，所以应建立值班制度。在需要进行助产时，必须遵守卫生操作规则，做好自身的防护工作。

（二）消毒

对母畜外阴部及周围环境进行消毒，对分娩母畜的外阴部、肛门、尾根和后躯先后使用消毒水和清水洗净后擦干，对外阴部用酒精棉球擦拭消毒，母马应以缠尾绷带包扎尾根，并将尾巴拉向侧，绵羊助产时要带上橡皮手套，以防布鲁氏菌感染，奶牛产前想卧时，应使其腹侧着地。

（三）检查胎儿和产道的关系是否正常

对大家畜，为了预防难产，当胎儿的前置部分进入产道时，母畜躺卧努责，从阴门内可以看到胎胞排出时，助产人员可将手臂伸入产道检查，看胎势、胎位是否正常，以便及早发现问题及时矫正。检查时间，马在第一胎囊破裂后，牛在胎膜露出到胎水排出之间。

1. 检查胎儿的姿势是否正常

主要是通过触诊头、颈、胸、腹、背、尾及前后肢的形态特点状况，从这些方面判断胎儿的方向、位置及姿势。

（1）若两前肢露出很长时间而不见唇部，或唇部露出并不见前蹄，可能是头颈侧弯、额部前置、颈部前置或头向后仰等不正常姿势。

（2）若两前肢长短不齐，可能是肘关节屈曲或肩部前置。

（3）若只摸到嘴唇而触及不到前肢，有可能是肩部前置，两侧腕部前置或肘关节屈曲。

（4）倒生时，两后肢蹄底向下，可摸到尾巴。

（5）若在产道内发现两条以上的腿，可能是正生后肢前置或倒生前肢前置，竖向腿部前置，可根据腕关节及跗关节的差别作出判断。在检查胎儿和产道关系的同时，可对骨盆大小、阴道和子宫颈的松软扩张程度进行检查。

2. 胎膜处理

牛、羊胎儿排出时不会有完整的胎膜包被。猪的胎膜在分娩时不会在阴门外破裂。马、驴在产出时，羊膜囊在胎头及前肢排出时破裂流出羊水，若头部露出阴门而胎膜未破时，助产人员应立即予以撕破，以免胎儿发生窒息，露出的胎鼻应将鼻孔内的黏液擦净，以利于胎儿呼吸。

3. 观察母畜的阵缩和努责状态

在母畜分娩的开口期只有阵缩而没有努责，当分娩进入产出期时，母畜开始闭气努责，随之努责和阵缩同时发生，此时母畜拱背闭气，出现正常努责。助产人员应注意观察努责是否正常，如果发现下述情况，则应及时处理。

（1）母畜努责阵缩微弱，无力排出胎儿。

（2）产道狭窄，或胎儿过大，产出滞缓。

（3）正生时胎头通过阴门困难。

（4）马、牛倒生时，脐带压在骨盆底下，血流受阻。

（5）猪强烈努责，下一胎儿不能产出。

在出现上述情况的任何一种时，助产人员应立即采取适当措施，帮助牵拉出胎儿，必须遵循的原则如下。

①牵拉时胎儿姿势必须正常。

②牵引时必须配合母畜努责，还可推压母畜腹部，增加努责力量。

③按照骨盆轴的方向牵拉，马、羊牵拉两前肢可水平向后拉牛则向上向后牵拉。

④胎儿臀部将要排出时，需缓慢用力、以免造成子宫内翻或脱出。

⑤牛、羊胎儿腹部通过阴门时、要用手握住脐带与胎儿同时牵拉，以免脐带断在脐孔内。

⑥当胎儿肩部通过骨盆入口时应轮换牵拉两前肢，使肩部倾斜以缩小肩宽横径、易于拉出胎儿。

4. 保护会阴及阴唇

胎儿头部通过阴门时，若阴唇及阴门非常紧张、助产人员应用手搂住保护阴唇及会阴部，使阴门横径扩大、促使胎儿头部顺利通过，以免阴唇上联合处被撑破撕裂。

5. 避免脐血管断在脐孔内

当牛、羊腹部通过阴门时，应伸手到胎儿的腹下握住脐带根部和胎儿一起拉出，以免脐心管断在脐孔内。当胎儿排出后，在母畜站起而撕断脐带前，用手沿脐带向胎儿方向捋动片刻，等到脐动脉停止搏动后再行断脐。

6. 必要时使用药物促使胎儿产出

若母猪娩出的胎儿较多、产程延长，母猪阵缩无力时，可皮下注射催产素10~15国际单位，以利于加强子宫的收缩，使胎儿较快排出。

7. 防止新生仔畜摔伤

母畜分娩时大多数采取侧卧姿势，但如果牛、羊、马等家畜以立姿分娩排出胎儿时，助产人员必须用手接住新生仔畜，以防摔伤。

五、难产的预防

难产极易引起仔畜死亡，且因手术助产不当，使子宫及软产道受到损伤或感染，影响母畜以后的受孕。严重的则危及母畜的生命。

（一）适时配种

应勿使母畜过早配种，如果进入初情期或性成熟之后开始配种，由于母畜尚未发育成熟，所以分娩时容易发生骨盆狭窄等，因此应防止未达到体成熟的母畜过早配种。

（二）妊娠期间适当营养均衡

母畜妊娠期间进行合理的饲养，给予完善的营养，以保证胎儿的生长和维持母畜的健康，减少分娩时难产的发生。

（三）加强妊娠母畜后期管理

舍饲牛、驴产前半个月可做牵遛运动。适当的运动可以提高母畜对营养物质的利用，同时，可使全身及子宫的紧张性提高，分娩时有利于胎儿的转位以减少难产的发生，开可以防止胎衣不下及子宫复旧不全等疾病。

（四）做好早期分娩诊断

临产前对分娩母畜进行胎位诊断，检查最佳时间，牛在开始努责至胎膜露出或排出胎水这段时间，驴是尿囊膜破裂，尿水排出之后，这时期正是胎儿前置部分进入骨盆腔的时间。术者手伸进胎膜，发现顺产自然排出，胎儿不顺，立即进行校正，可有效避免难产的发生。

第三章　畜禽行为与临床诊断技术

第一节　畜禽的接近与保定

一、动物的接近

（1）接近病畜前，应向畜主询问病畜的性情，有无就踢、撕咬、抵等攻击性恶癖，然后以温和的呼唤，向病畜发出欲接近信号，再从其前侧方慢慢接近。猪轻挠痒，使其安静或卧下，然后进行检查。

（2）接近后，可用手轻轻抚摸病畜的颈侧或臀部，待其安静后，再行检查。

（3）检查时，应将一手放于病畜的肩部或髋结节部，一旦病畜剧烈骚动抵抗时，即可作为支点向对侧推动并迅速离开。

（4）接近病畜时，一般应由畜主在旁进行协助。

二、动物的保定

（一）猪的保定

1. 站立保定

先抓住猪耳、猪尾或后肢，然后做进一步保定。

2. 提举保定

抓住猪的两耳，迅速提举，使猪腹部朝前，同时用膝部夹住其颈胸部，此法用于胃管投药及肌内注射。

3. 网架保定

取两根木林或竹竿（长 100~150 厘米）的宽度，用绳织成网床。此法可用于一般临床检查、耳静脉注射等。

4. 保定架保定

将猪放于特制的活动保定架或较适宜的木槽内，使其成仰卧姿势，或行背位保定。此法可用于前腔静脉注射及腹部手术等。

5. 侧卧保定

左手抓住猪的右耳，右手抓住右侧膝部前皱褶，并向术者怀内提举放倒，然后使前后肢交叉，用绳在掌跖部拴紧固定。此法可用于大公猪、母猪去势，腹腔手术，耳静脉、腹腔注射。

6. 提举后肢保定

两手握住后肢飞节并将其后躯提起，头部朝下，用膝部夹住其背部即可固定。此法可用于直肠脱及阴道脱的整复、腹腔注射以及阴囊和腹股沟疝手术等。

（二）牛的保定

1. 徒手保定

用一手提牛角根；另一手提鼻绳、鼻环或用拇指与食指、中指控住鼻中隔即可固定。此法可用于一般检查、灌药、肌内及静脉注射。

2. 鼻钳保定

用鼻钳经鼻孔央紧压鼻中隔，用双手持钳柄加以固定，此法可用于一般检查、灌药药、肌内及静脉注射。

3. 两后肢保定

取 2 米长的粗绳一条，折成等长两段，于附关节上方将两后肢附部围住，然后将绳的一端穿过折转处向一侧拉紧。此法可用于恶癖牛的一般检查、静脉注射及乳房、子宫、阴道疾期的治疗。

4. 柱栏保定

（1）二柱栏保定。将牛牵至二柱栏内，用绳系于头侧栏柱，然后缠绕围绳，吊挂胸、腹绳即可固定。此法可用于临床检查、各种注射及颈、腹、蹄等部疾病治疗。

（2）四柱栏保定。将牛牵进四柱栏内，上好前后保定绳即可保定，必要时可加上背带和腹带。

5. 倒卧保定

（1）背腰域绕倒牛法。在绳的一端做一个较大的话绳圈，套在两个角根部，将绳沿非卧侧颈部外面和躯干上部向后牵引,在肩胛骨后角处环胸绕一圈做成第一绳套,继而向后引至胁部,再环腹一周做成第二套。由两人慢慢向后拉绳的游离端,由另一人把持牛角,使牛头向下倾斜,牛即可蜷腿而慢慢倒下,牛倒卧后,一要固定好头部,二不能放松绳端,否则牛易站起。一般情况下,不需捆绑四肢,必要时再行固定。

(2)控提前肢倒牛法。取约15米长的圆绳一条,折成长短两段,于折转处做一套结并套于左前肢系部,将短绳端经胸下至右侧并绕过背部再返回左侧,由一人拉绳;另将长绳引至左髋结节前方并经腰部返回缠一周,打半结,再引向后方,由二人牵引。牛向前走一步,正当其抬举左前肢的瞬间,三人同时用力拉紧绳索。牛即先跪下而后倒卧;一人迅速固定牛头,一人固定牛的后躯,一人迅速将缠在腰部的绳套向后拉并使其滑到两后肢的跖部而拉紧之,最后将两后肢与前肢捆扎在一起,牛倒卧保定,主要用于去势及其他外科手术。

(三)羊的保定

1. 站立保定

两手握住羊的两角或耳朵,骑跨羊身,以大腿内侧夹持羊两侧胸壁即可保定,用于临床检查、治疗和注射疫苗等。

2. 倒卧保定

保定者俯身从对侧一手抓住两前肢系部或抓一前肢臂部;另一手抓住后肋部膝前皱襞处扳倒羊体,然后改抓两后肢系部前后一起按住即可。用于治疗、简单手术和注射疫苗等。

(四)马(驴)的保定

1. 站立保定

(1)鼻捻棒保定法。用鼻捻棒的绳套套住上唇或下唇或耳部,快速拧紧,牵拉固定。

(2)耳夹子保定法。一手握耳;另一手将耳夹子夹于耳根部,以两手或一手用力夹紧固定。

(3)单柱保定法。用绳将马(驴)颈部捆于单柱或树上,以限制马(驴)的活动。颈绳必须打活结。

(4)二柱栏保定法。它是我国民间保定马(驴)的常用方法,常用于钉掌削蹄和治疗蹄病。

（5）四柱栏保定法。注意对鬐甲都要用绳压住，胸腹下也应用绳兜住。

（6）六柱栏保定法。它是一种安全、确实的保定方法，但六柱栏的结构稍复杂。

2. 倒卧保定

双环倒马（驴）法：取长 15 米的圆绳一条，在绳的中央处打一双套，在双套上各套一铁环，并将双套的结节放在颈础部下侧，使双套分别由颈的两侧引到鬐甲前上方用小木棍连接固定。然后将游离的两绳端从两前肢间通过，于跗关节上方分别绕至附关节前方，由内向外各绕过原绳，再引向前方，分别穿过铁环，将两跗关节上的绳套移到系部，随即由助手 2 人拉住穿过铁环的绳端，一齐用力向后牵引，马（驴）即坐下而倒卧。

（五）驼的保定

1. 站立保定

前肢和后肢保定基本同牛。柱栏保定常用四柱栏，一般长约 1.8 米，宽 0.75 米，高 1.8~2 米，前面的横梁可设在胸骨之下，防止骆驼卧地。

2. 倒卧保定

（1）倒驼法。可用提绳倒驼和单人绕后肢倒驼法。

（2）保定法。须伏卧保定时，可用绳子缠绕系紧一侧屈曲的腕关节后，绳子通过颈背侧再缠绕系紧另侧腕关节。也可先系紧右前肢的腕关节引绳经两峰之间向后，系紧屈曲的左附关节，此后再将绳拉向右后肢缚紧跗关节，最后仍经背部引绳固定左前肢腕关节。须侧卧保定时，可用收紧绳圈的办法，使四肢靠拢交叉，作结固定。

第二节　临床检查的基本方法与程序

一、临床检查的基本方法

（一）问诊

此诊为四诊之首。内容包括：病史及诊疗经过，发病后的食欲、饮水反刍、排粪、排尿、咳嗽、跛行、疼痛、恶寒与发热、出汗与无汗等情况、动物饲养和使役情况、病畜来源及有无疫病流行、以往病情及母畜胎产情况。兽医根据畜禽的症候有针对性进行询问，特别是新引进的畜禽要问清楚当地是否有疫病流行，既往病史、问清免疫注射、驱虫，是否怀孕等情况。在问诊中注意家畜的食欲，中兽医俗有"安谷则昌，绝谷则亡"的经验总结，平时饲养管理情况，如饲草料是否变更，出现霉变饲料中毒或其他毒物中毒时机体内外出现各种危象时，采用问诊的方式及时应用相应特殊解毒药解除病症，可收到事半功倍的效果。

（二）视诊

视诊是用内眼直接观察被检动物的状态和从畜群中发现病畜的有效方法。

1. 望整体

中兽医认为疾病的发生、发展都是由于阴阳平衡的破坏和失调，常采用"形神论"进行望诊。家畜体格形态和精神状态，常常能够反映出可能在消化、呼吸、泌尿、循环以及神经系统或是某器官存在异常。五行学说中相生相克的发展转化关系是诊断、治疗和预后的关键。

2. 望体态

用眼睛观察患畜表现，了解推断家畜病情况，一般急性病，如急性臌胀、羊肠毒血症等，病畜身体肥壮。相反，一般慢性病如寄生虫病多表现为消瘦。

3. 精神状态

中兽医有"得神者昌，失神者亡"的记载。健畜精神活泼，步态平稳，不离群，不掉队；病畜则行动不稳，或不愿行走，有人接近也不动。当羊的四肢肌肉、关节或蹄部患病时，则表现为跛行。

4. 姿势

观察家畜的举动是否与平时一样，健畜姿势自然，动作灵活而协调；病家畜表现反常，姿势异常，多因神经系统疾病、骨骼、肌肉或内脏病痛而引起。

5. 食欲

健畜抢着在食槽内吃草料；病家畜吃草时，时吃时停，有的离群呆立一隅；吃草或饮水量突然增多或减少，或喜欢舔泥土，吃草根，可能有病的表现，或可能是慢性营养不良，如维生素或微量元素缺乏等。如果反刍减少，无力或停止，则表示反刍动物的前胃有病。有时家畜不进食可能是有口腔疾病引起，如咽炎、喉炎等。健畜饮水时，争先喝水。病畜饮水时，或不喝或暴饮，均为病畜需要进一步确诊。

看局部：

1. 可视黏膜

健康羊的黏膜呈光滑的粉红色。马的口色随季节略有变化正如《元亨疗马集》所述健康马口色样"春似桃花夏似莲，秋冬桃红皆安然"。如果可视黏膜发红，则可能出现体温升高，体内发炎的地方，如果黏膜发红并带有红点、血丝或呈紫色，可能是由传染病或中毒引起的。如果黏膜苍白色，多是患贫血病；如果黏膜为黄色，多是患黄疸病；如果黏膜为蓝色，多是患肺病、心脏病。

2. 看鼻镜

健康牛鼻镜湿润、光滑，常有细微水珠。若鼻镜干燥、不光滑、无光泽，表面粗糙，是患病的症状。若口张鼻乍，气如抽锯，或呼吸深重，鼻脓腥臭者，多属重症，难医。鼻流黄脓，气味恶臭，多为肺热；鼻流黄灰色、气味腥臭的鼻液多见肺痈；鼻流灰白色豆腐脑样，尸臭味，见于肺败。危象俗有"牛发喘气似牵炉，世间仙方有莫无"。

3. 观眼睛

眼为肝之窍，肝为五脏六腑提供营养，肝血不足或肝发生炎性反应其解毒功能下降会出现下述症状。健畜眼珠灵活，明亮有神，结膜粉红，洁净湿润，无眵无泪。若两目红肿，羞明流泪多为传染性结膜炎；一侧红肿，羞明流泪，常见外伤；眼窝凹陷，多为津液耗伤，高热脱水；瞬膜外露，见于破伤风；眼睑懒睁，头低耳耷，多为过劳、慢性疾病或重病；瞳孔散大，多见脱症、中毒。常见危症："眼泪汪汪定生胆胀，一见腹大渺然无望"。此法在笔者的诊疗中效果显著，实为古人的经典之言。

4. 被毛

健畜的被毛整齐而不易脱落，富有光泽；而在患病状态下，被毛粗乱蓬松，失去光泽，容易脱落。患螨病的家畜，被毛脱落的同时，皮肤变厚、变硬，出现蹭痒现象并有擦伤。

5. 皮肤

健畜的皮肤富有弹性。观察家畜的皮肤的颜色及有无被毛脱落、皮肤是否有变厚变硬、是否有水肿、发炎、外伤等。

6. 粪便

如果家畜粪有特殊臭味，多见于各种肠炎；若粪便内有大量黏液，则表示肠道有卡他性炎症。若粪内有完整的谷粒或纤维很粗，则表示消化不良；若混有寄生虫或寄生虫节片，则体内有寄生虫。

7. 查血色

中兽医在血色鉴定中有丰富的经验总结：凡家畜下针血流鲜红者，病不重也；凡家畜行针血不流者，或血带紫色，其病难医；凡家畜发病身体沉重而脚软，血带胭脂色，眼不开神，身上温热，常头低毛顿，不治之病；俗有"血清如水者死，血如饴碳者死"。本法尤其对于判断染疫畜或炎症向纵深发展继发败血症、脓毒血症，判断疫病转轨过程具有重要意义。

（三）触诊

触诊是利用手对畜体被检部组织、器官进行触压和感觉，以判断其病理变化。

（四）叩诊

叩诊就是用手指或叩诊器敲打被检部位，并根据所产生的声音的性质来推断其病理变化的一种检查方法。

（五）听诊

它是听取病畜某些器官在活动过程中发生的声音，听声音包括叫声、呼吸音、咳嗽音、磨牙声、肠音等，借以判断其病理变化。

1. 叫声异常

听病畜的咳嗽音及特征，可借以判断病性。强咳多见于气管炎、喉头炎等。弱咳多见于胸膜炎、肺炎等；干咳见于慢性支气管炎、胸膜肺炎等。湿咳见于支气管炎中后期。

2. 胃肠音异常

山羊2~4次/分钟，绵羊3~6次/分钟，瘤胃蠕动音减少或消失，可见脾虚不磨，宿草不转，百叶干，瘤胃急性臌气，真胃阻塞，可根据具体病症加以区别论治。

（六）嗅诊

嗅诊是嗅闻排泄物、分泌物、呼出气味及口腔气味，嗅气味（口气、脓、粪、尿）从而判断病变性质的一种检查方法。健畜口内带有草料气味，无异常臭味。口气秽臭，口热，伴食欲废绝者，多为胃肠积热；口气酸臭，多为胃内积滞；若口内腥臭、腐臭，多见口膜炎、羊痘、小反刍兽疫等；粪便清稀，臭味不重，多属消化不良；粪便腥臭或恶臭，可见肠炎、痢疾等；绿色稀粪带有血色提示羊患有肠毒血症。

二、临床检查程序

为了全面而系统地搜集病畜的症状并通过科学的分析而做出正确诊断，临床检查工作应该有计划、有步骤地按一定程序进行。

1. 病畜登记

病畜登记就是系统地记录就诊动物的一般情况和特征，以便识别，同时也可为诊疗工提供某些参考性条件。

2. 病史调查

通过问诊了解现病史和既往病史，必要时需要深入现场进行流行病学调查。

3. 现症检查

现症检查包括一般检查系统检查及根据需要而选用的实验室检查或特殊检查。后综合分析检查结果，建立初步诊断，并拟定治疗方案，通过治疗进一步验证诊断。

三、一般检查

一般检查是对某些重要症状，为系统检查提供依据。一般检查是对病畜进行临床检查的初步阶段，通过检查可以了解病畜全身基本状况，并可发现疾病的某些重要症状，为系统检查提供依据。

（一）全身状态的观察

1. 精神状态

主要观察动物的神态、行为、面部表情和耳眼活动，可分为兴奋状态、抑制状态。

2. 营养

（1）营养良好肌肉丰满、结合匀称，骨不显露 被毛有光洋、精神旺盛。

（2）营养不良动物消瘦，毛焦炊吊、皮肤松弛，骨骼表露，见于消化不良，长期腹泻，代谢障碍和某些慢性传染病（如结核、鼻疽）、寄生虫病（如肝片吸虫病）等。

3. 姿势与步态

（1）正常姿势。正常姿势健康动物姿态自然，不同种类动物各有特点。

（2）异常姿势。全身僵硬表现为头颈平伸，肢体僵硬，尾根举起，呈木马样姿势。可见于破伤风。常站立病驴两前肢交叉站立而长时间不变，提示脑室积水；鸡两腿前后又开，呈劈叉姿势，提示马立克氏病；病畜单肢悬空或不敢负重，提示肢体疼痛；两前肢后踏，两后肢前伸或四肢集于腹下，提示蹄叶炎或五攒痛；站立不稳躯体歪斜，倚柱靠壁而站立，可见于脑病或中毒：鸡扭头曲颈，呈观星状可见于鸡新城疫、维生素缺乏或呋喃类药物中毒；马（骡）可表现为前肢倒地，回头顾腹，牛可见后肢踢腹、拧腰，多腹痛表现；病畜躺卧不能站立，常见于奶牛生产瘫痪、佝偻病、仔猪低血糖病等；后躯瘫痪犬坐姿势，见于脊髓损伤、马肌红蛋白尿病等；病畜呈现跛行，多为四肢疾病表现；步态不稳，运步不协调，多为中枢神经系统疾病或中毒、垂危病畜。

（二）被毛和皮肤的检查

1. 鼻盘、鼻镜及鸡冠的检查

（1）正常状态。健康牛猪的鼻镜鼻盘湿润，并附有少许水珠，触之有凉感。鸡冠和肉髯为鲜红色。

（2）病理变化。猪鼻盘干燥，常见于热性疾病；牛鼻镜干燥甚至龟裂，多见于发热性疾病、前胃弛缓、瓣胃阻塞；鸡冠和肉髯呈蓝紫色，常见于鸡新城疫；颜色变淡多为营养不良或贫血的表现；出现疱疹，见于鸡痘。

2. 被毛的检查

（1）正常状态。健康动物的被毛平顺而富有光泽，每年春、秋季脱换新毛。

（2）病理变化。被毛蓬松粗乱、失去光泽易脱落，多是营养不良和慢性消耗性疾病表现。

3. 皮肤的检查

通过视诊和触诊进行检查，注意其颜色、温度、湿度、弹性及疹泡等病变。

（1）颜色。猪皮肤上出现小点状出血，指压不褪色，多见于败血性疾病，如猪瘟；出现较大的红色充血性疹块如圆形、菱形或不规则形，指压褪色，见于疹块型猪丹毒；皮肤显青白或蓝紫色，见于猪亚硝酸盐中毒；仔猪耳尖、鼻盘发绀，见于仔猪副伤寒。

（2）温度。查皮温，宜用手背触诊。亦可触摸耳根颈部及四肢：牛、羊可检查鼻镜（正常时发凉）、角根（正常时有温感）、胸侧及四肢猪可检查耳及鼻端；禽类可检查肉髯。

（3）湿度。通过观察及触诊进行检查。

出汗见于发热性病、剧痛性疾病、日射病与热射病、有机磷中毒、破伤风及患有高度呼吸困难的疾病等。当动物虚脱、胃肠及其他内脏器官破裂及濒死期时，出大量黏腻冷汗。

（4）弹性检查。将皮肤提起成皱褶，马在颈部、牛在最后肋骨部、小动物在背部，健康动物提起的皱褶很快恢复。皮肤弹性降低时，皱褶恢复很慢，多见于营养不良、脱水等。

（5）疹泡。多发于被毛稀疏的部位，检查时应注意眼、唇、乳房、肛门、蹄部、趾间等处。牛、猪、羊的皮肤疹泡性病变，可见于口蹄疫、猪水泡病及痘病等。

（三）皮下组织的检查

1. 皮下水肿

它又称浮肿。其表面扁平，指压留痕，呈捏粉样硬度，触诊无热、痛。

2. 皮下气肿

边缘轮廓不清，触诊有气体窜动的感觉和捻发音。

四、眼结膜的检查

（一）生理性状态

眼结膜是易于检查的可视黏膜，具有丰富的毛细血管，颜色变化除反映其局部的病变外，还可推断全身的血液循环状者及血液某些成分的改变，正常状态下，健康动物双眼明亮，不羞明、不流泪、眼睑无肿胀，眼角无分泌物。马结膜是淡红色；牛的颜色较马稍淡，呈淡粉红色，羊、猪呈粉红色。

（二）病理性状态

1. 潮红

它是结膜毛细血管充血的象征。单眼潮红，可能是单侧结膜炎症；两侧潮红，多标志全身的血液循环状态发生障碍。弥漫性潮红，多见于各种热性病及某些器官、系统的广泛性炎症过程；树枝状充血，常为血液循环障碍的结果。

2. 苍白

它是贫血的征象，可见于仔猪贫血，马的传染性贫血、锥虫病、大失血、牛的血红蛋白尿病等。见于大失血及内出血。渐进性苍白，可见于慢性失血、营养不良、再生障碍性贫血等疾病过程中。

3. 黄染

它是血液中胆红素浓度增高的象征，常见于肝病、溶血性疾病及胆道阻塞等。

4. 发绀

呈蓝紫色，是血液中还原血红蛋白增多的结果。常见于肺炎、巴氏杆菌病、心力衰竭、饲料中毒（如亚硝酸盐中毒）等。

5. 出血

结膜上呈现出血斑点，是出血性素质的特征。见于马传染性贫血、梨形虫病及血斑病等。

五、浅表淋巴结的检查

淋巴结是机体的屏障机构，主要检查颌下、肩前、膝前和乳房淋巴结。当畜发生结核病、伪结核病、羊链球菌病时，体表淋巴结往往肿大，其形状、硬度、温度、敏感性及活动性等都会发生变化，浅表淋巴结的检查，在确定感染性疾病和对某些传染病的诊断具有重要意义。

六、体温、脉搏及呼吸数的测定

体温、脉搏、呼吸是动物生命活动的重要生理指标，测定这些指标，在诊断疾病和判定预后有借鉴作用。

（一）体温的测定

1. 制定方法

通常测直肠温度。如遇直肠发炎、频繁下痢或肛门松弛时，母畜可测阴道温度比直肠温度约低 0.5℃。家禽可测腋下温度（比直肠温度的低 0.5℃）。

测温时，先将体温计水银柱甩至 35℃以下，酒精棉球擦拭消毒，检温者一手将动物尾根提起并推向对侧，另一手持体温计徐徐插入肛门中，放下尾巴后，将附有的夹子夹在尾毛上。经 3~5 分钟后取出，读取度数。一般健康动物的体温，清晨较低，午后稍高；幼龄动物较成年稍高；动物兴奋、劳役后后体温比安静时略高。这些生理性变动，一般在 0.5℃内，最高不超过 1℃。

2. 正常体温（表 3-1）。

表 3-1　常见动物正常体温

动物类别	正常温度（℃）	动物类别	正常温度（℃）
马	37.5~38.5	骆驼	36.0~38.5
驴	38.0~39.0	兔子	38.0~39.5
牛	37.5~39.5	狗	37.5~39.0
绵羊	38.0~40.0	猫	38.5~39.5
猪	38.0~39.5	禽	40.0~42.0

3. 病理变化

（1）体温升高。即体温超过正常标准。体温升高 1℃称微热；体温升高 2℃称中等热体温升高 3℃称高热体温升高 3℃以上称最高热。

最高热，提示某些严重的急性传染病，如猪丹毒、炭疽、脓毒败血症以及日射病与热射病等。

高热，见于急性感染性疾病与广泛性的炎症，如猪瘟、巴氏杆菌病、败血性链球菌病、流行性感冒、马腺疫及大叶性肺炎、急性胸膜炎与腹膜炎等。

中等热，见于呼吸道、消化道一般性炎症及某些急性、慢性传染病，如小叶性肺炎炎、支气管肺炎、胃肠炎及牛结核、布氏杆菌病等。

微热，仅见于局限性的炎症，如感冒等。

（2）体温降低。即体温低于常温，主要见于某些中枢神经系统的疾病（如马流行性脑脊髓炎）与中毒、重度营养不良、严重的衰竭症、仔猪低血糖病、顽固性下痢等原因引起的大失血及陷入濒死期的病畜等。

（3）热型变化。将每日测温结果绘制成热曲线，根据热曲线特点，一般可分为稽留热、弛张热和间歇热。

稽留热：其特点是体温升高到一定高度，可持续数天，而且每天的温整变动范围较小，不超过1℃。见于猪瘟、炭疽、大叶性肺炎等。

弛张热：其特点是体温升高后，每天的温差变动范围较大，常超过1℃以上，但体温并不降至正常。见于败血症、化脓性疾病、支气管肺炎等。

间歇热：其特点是高热持续一定时间后，体温下降到正常温度，而后又重新升高，如此有规律地交替出现。见于马传染性贫血、慢性结核及梨形虫病等。

（二）脉搏数的测定

计数每分钟的脉搏次数，以次/分钟表示。

1. 部位及方法

驴可检查颌外动脉，检测者站于驴头一侧，一手握笼头，另一手将指置于下颌骨外内侧在血管切迹处。将食、中指伸于下颌支内侧，前后滑动，发现动脉管后，用指轻压即可触知；牛和骆驼可检查尾动脉，检查者站在牛（或骆驼）正后方，左手抬起尾部，右手拇指放于尾根背面，用食、中指在距尾根10厘米左右处检查（表3-2）。动物的脉搏数受年龄、兴奋、运动，劳役等生理因素的影响，会发生一定程度的变化。

表 3-2　常见动物正常脉搏数

动物类别	正常脉搏（次/分钟）	动物类别	正常脉搏（次/分钟）
马（驴）	30~45	骆驼	30~60
牛	40~80	兔子	120~140
水牛	40~60	狗	70~120
绵羊	60~80	猫	110~130
猪	60~80	禽	120~200

2. 脉搏数增出

（1）所有热性病。主要是血液温度增高和细菌毒素刺激的结果。一般体温标升高1℃，可引起脉搏次数相应地增加4~8次。

（2）各种心脏病。如除有严重的传导阻滞以外的心内膜炎、心肌炎、心包炎等，主要是机体代偿的结果使心动加快而脉数增多。

（3）疼痛性疾病。如马骡（驴）腹痛症、四肢的带痛性疾病等，可反射地引起脉搏次数增多。

（4）呼吸系统疾病。如各型肺炎、胸膜炎，由于呼吸面积减少而引起二氧化碳和氧气交换障碍，心搏动加快而脉数次数增多。

（5）各型贫血或失血性疾病。如频繁下痢而引起的严重失水，致使血液浓缩脉数次数增多。

（6）某些药物中毒或毒物中毒。如有机磷农药中毒和使用交感神经兴奋药。脉搏数增多实际上是多种因素作用的结果，在对疾病的预后判定上具有十分重要的意义。一般说来，脉搏数增多的程度可以反映心脏功能障碍和损伤的程度。通常当脉搏数比正常增加1倍以上，可提示疾病的严重性。

（三）脉搏数减少

主要见于引起颅内压增高的脑病、胆血症、中毒病（迷走神经兴奋所致）、心脏传导机他障碍的疾病（如重度的传导阻滞或严重的心律不齐），此外，老龄家畜成高度衰竭时，也可引起脉搏数减少。临床上脉搏数显著减少且弱无手感时提示预后不良。

（四）呼吸数的测定

它是计数每分钟的呼吸次数，又称呼吸频以次/分钟表示。

1. 测定方法

可根据胸腹部起伏动作而制定，一起一伏为一次呼吸，寒冷季节可观察呼出气流来测定；鸡的呼吸数可观察肛门下部羽毛起伏动作来测定（表3-3）。

表3-3　常见动物呼吸正常值

动物类别	正常呼吸（次/分钟）	动物类别	正常呼吸（次/分钟）
马（驴）	8~16	骆驼	6~15
牛	10~25	兔子	50~60
水牛	10~40	狗	10~30

（续表）

动物类别	正常呼吸（次/分钟）	动物类别	正常呼吸（次/分钟）
绵羊	12～30	猫	30～110
猪	10～20	禽	15～30

动物的呼吸数，是某些生理因素和外界条件的影响，可引起一定的变动。幼畜比成年动物稍多妊娠母畜可增多：运动、使役、兴奋时可增多；当外界温度过高时，某些动物（如水牛、绵羊等）可显著增多，奶牛吃饱后取卧位时，呼吸次数明显增多。

2. 呼吸数增加

常见于呼吸器官本身疾病，上呼吸道轻度狭窄及呼吸面积减少时可反射地引起呼吸加快。例如牛肺疫、牛结核、猪肺疫、气喘病、山羊的传染性胸膜肺炎等。多数发热性初期，包括传染性和非传染性疾病。心力衰竭及贫血、失血性疾病。某些中毒，如亚硝酸盐中毒引起的血红蛋白变性。中枢神经兴奋性增高的疾病。剧烈疼痛性疾病。

3. 呼吸数减少

临床上比较少见，主要见于引起颅内压显著升高的疾病（如慢性脑室积水、马的流行性脑脊髓炎后期），某些中毒病及重度代谢紊乱等。呼吸次数的显著减少并伴有呼吸形式与节律的改变，常提示预后不良。

七、建立诊断的方法和原则

（一）建立诊断的方法

建立诊断的具体方法对所收集到的临床症状资料进行归纳和整理，建立诊断的具体方法包括论证诊断法和鉴别诊断法。

1. 论证诊新法

就是将实际所具有的症状、资料，与所提出的疾病所应具备的症状，条件、加以比较、核对、证实。若全部或大部分及主要症状，条件相符合，所有病象变化的可用该病予以解释，则这一诊断即可成立。当疾病的病象已经充分显露，并可表现有反映某个疾病本质的特殊症状时，即可依次面提出某一疾病的诊断。

2. 鉴别诊断法

在疾病初期，对复杂的或不典型的病例，或当缺乏足以提示明确诊断的症状，可根据某一或某几个主要症状，提出一组可能的、相似的而有待区别的疾病。通过深入的分析、比较，采用排除诊断法，逐渐地排除可能性较小的疾病，缩小考虑的范围，最后留存一个（或几个）可能性较大的疾病。

论证诊新法与鉴别诊断法两者并不矛盾，实际上是相互补充、相辅相成的。当提出有几种疾病的可能性诊断时，首先进行比较、鉴别，逐个排除，再对最后留存的可能性疾病，加以论证；当提出某种疾病的可能性诊断时，主要通过论证方法，并适当与近似的疾病加以区别而肯定或否定，经论证、鉴别及判断的过程，假定的可能性诊断即成为初步诊断。

（二）建立诊断的原则

（1）提出诊断时，先从多发、常见的疾病考虑。如马易得传染性贫血病，猪易患猪瘟和喘气病、牛易发生结核等。此外，北方役马常患肢蹄病，而高产奶牛则出现酮血症和乳腺炎。然后考虑动物性别、年龄以及外界环境、条件因素对疾病的影响。如公畜易患睾丸炎、尿道结石。母畜常有子宫、阴道和乳房疾患；新生仔猪出现黄痢，2~4月龄的断奶猪常出现水肿病和副伤寒，而猪瘟、口蹄疫等则不受年龄限制、大小猪都可发病；春、秋气候多变季节常发生呼吸器官疾患，日射病和热射病在酷热的夏天多发生，冬季因寒冷常见风湿和四肢疾病。

在一定地区内，也常因其气候、土质、饲料营养成分等多方面因素而有其地区性的常发病、寄生虫病、代谢病及中毒病等。

（2）提出诊断时，必须考虑是否有传染病的可能。传染病的危害性最大，因此在提出诊断时要经常考虑是否有传染病；如某些大肠杆菌病、副伤寒、传染性胃肠炎等表现消化系统功能紊乱的症状，很像普遍的胃肠道疾病。在有传染病和普通病的双重可能时，应先假定是传染病，并进一步着重于流行病学的调查，注意易感动物的发病情况，或采取特异性检查，据此与普通病相区别。

（3）注意并发病或继发病

同一病畜可能患有几种疾病，有主要疾病又有并发病或在原发病的基础上继发某种疾病，表现症状极为复杂，常常主次颠倒。如产后血钙浓度下降的病犬，表现的临床症状为高温（达43℃），呼吸极度困难，抽搐等。如不查明血钙浓度下降这个原发病，而从临床表现错诊为传染病，显然不能达到治疗效果，同时延误治疗时间。

综上所述，在建立诊断时，一般先从常见、多发疾病着手，然后考虑稀有、少见的疾病；先从传染病着手，其次考虑普通病；在同一病畜身上，先从单一疾病，再想到混合疾病；当有几种疾病的可能性诊断时，便通过鉴别诊断过程提出假设诊断，加以讨论作为初步诊断。

第三节　投药法

一、口服给药法

将药物经口投服到动物胃内，以达到治疗疾病的目的。若动物不愿采食，特别是危重病畜，应采用适宜的方法投药。投药方法主要根据药物的剂型、剂量、有无刺激性、动物种类及病情的不同而选择。

（一）灌服给药

适用于少量水剂药物，粉剂、研碎的片剂加适量水制成的混悬液或溶液，糊剂中草药及其煎剂，以及片剂、丸剂、舔剂等经口灌给病畜，各种动物均可应用。多用橡胶瓶或长颈玻璃瓶，或以饮料瓶代用。

1. 牛的灌药法

（1）牛站立保定，助手牵住牛绳或紧拉鼻环或手握鼻中隔，必要时，用鼻钳使牛头稍抬高固定。

（2）投药者站在牛斜前方，左手食指、中指从牛的侧口角处伸入牛口腔，并轻压舌头，右手持盛满药液的灌药瓶，自一侧口角伸入舌背部，抬高瓶底，并轻轻抖动，如用橡胶瓶时可压挤瓶体，促进药液流出，在配合吞咽动作中继续灌服，直至灌完。

2. 羊的灌药法

羊通常用匙勺或注射器（不连接针头）。羔羊灌药时，助手右手握住两后肢，左手从后握住头部，并用拇指和食指压住两边口角，使动物呈腹部向前、头向上的姿势。投药者用药匙或注射器自其口角处，慢慢灌入药液。成年羊灌药时，助手握住两前肢，使腹部向前、头向上将其提起，并将后躯夹于两腿之间。灌药者一手用开口器或小木棒将羊嘴撬开；另一手用药匙或小灌角从羊舌侧面靠颊部倒入药液，等其咽下，再灌第二药匙。

注意事项：每次灌药量不宜太大，以防误咽。头部吊起的高度不宜太高，以口角和眼角呈水平线为准。灌药时如发生强烈咳嗽，应立即停止灌药，使其头部低下。灌药撬嘴需谨慎，以防咬伤。

3. 马（驴）的灌药法

通常用灌角、长颈酒瓶、竹筒等灌药器。

将马（驴）行站立保定，用吊绳系在笼头上或绕经上颚（上颚切齿后方），而绳的另一端绕过柱栏的横栏后，有助手拉紧，将马头吊起。术者一手持药盆，一手持灌药器并盛满药，自一侧口角通过门齿、臼齿的空际而插入口中并送向舌根，抬高灌药器将药液灌入，之后取出灌药器，待患马咽下后，再灌下一口，直至灌完所用药液。

（二）胃管投服法

1. 牛胃管投服法

将牛确实保定好，胃管可从牛的口腔或鼻腔经咽部插入食管。经口插入时，应该先给牛戴上木质开口器，固定好头部，将涂有润滑油的胃管自开口器的孔内送入咽喉部或持胃管经鼻腔送至咽喉部。当胃管尖端到达咽部，会感触到明显阻力，术者可轻微抽动胃管，促使其吞咽，此时随牛的吞咽动作顺势将胃管插入食管。必须通过多种方法判断，以确认胃管插入食管后才能投药。如果误将胃管插入到气管内而又不经过认真检查便盲目投药，则可能将药物直接灌入气管及肺内，引起异物性肺炎或窒息而死亡。

2. 马（驴）胃管投药法

患马（驴）置于六柱栏内保定。助手保定好其头部并使其头颈不要过度前伸；术者站于稍右前方、用左手握住一侧鼻端并掀起其外鼻翼、右手持涂擦好润滑油的胃管，通过左手的指间沿鼻中隔徐徐插入胃管。当胃管前端抵达咽部时，术者会感觉明显阻力，此时可稍停或轻轻抽动胃管以引起马的吞咽动作，并伴随其咽下动作而将胃管推入食管。当确定胃管已插入食管后、再将胃管向前送至颈部下1/3处，并在其外端连接漏斗即可装药。待投药过程结束后，要用少量清水冲净胃管内药液，然后徐徐抽出胃管。

（三）拌料与饮水给药

当发病畜禽尚有食欲，药量少且无刺激性或特殊气味时，可采用药物混入饲料或饮水中自由采食的方法投药。可在大群动物发病或进行药物预防时使用。

1. 拌料给药

用于混饲的药物一般为粉剂或散剂，无异味或刺激性，不影响动物食欲；如为片剂药物，则将其研成细粉再用。混药的饲料也应为粉末状的，才能将药物混匀。

首先，根据动物的数量、采食量、用药剂量算出药物和饲料的用量。准确称取后，将所用药物先混入少量饲料中，反复拌和；其次，再加入部分饲料拌和，这样多次逐步递增饲料，直至饲料全部混合完，让畜禽自由采食。对于一些发病动物，也可以将药片、散剂或丸剂药物放入大小适中的面团、草料块中，让动物自由吞食，但应注意药物是否被全部食入。

2. 饮水给药

易溶于水的药物可进行饮水给药。常用于家禽，可以根据动物的数量、饮水量及药物特性和剂量等准确算出药物和水的用量。一般在水中不易破坏的药物，可以在一天内饮完。在水中一定时间易被破坏的药物，宜在规定的时间内饮完，以保证药效。饮水应清洁，不含有害物质和其他异物，不宜采用含漂白粉的自来水来溶解药物。给药前可停止供水 1~2 小时，然后再饮用药水。药物充分溶解于水中，并搅拌均匀。冬季应将水加温到 25℃ 左右，再溶解药物，一般用于畜禽药物群防群治。

二、注射给药法

注射给药是使用注射器械将药物直接注入动物体内，是防治动物疾病常用的给药方法，具有用量小而准确、奏效快避免经口给药的麻烦和防止降低药效等优点。

注射前，先将药液抽入注射器内或输液瓶内。如果注射粉针剂，应事先按规定用适宜的溶剂在原药瓶内进行溶解。抽药液时，应将药瓶封口端用酒精消毒，同时检查药品名称、批号及质量，注意有无变质、浑浊。敲破玻璃瓶吸取药液时，应注意防止药瓶破碎及刺伤手指，同时防止玻璃碎片掉入瓶中，禁止敲破药瓶底部抽吸药液。如果混注两种以上的药液，应注意检查有无药物配伍禁忌。抽吸完药液后，排净注射器内的气泡。

注射时，按常规进行注射部位剪毛，用2%碘伏、碘酊或75%酒精棉球消毒，严格无菌操作。注射完毕之后，用碘伏、碘酊或用酒精棉球消毒注射部位。注射方法很多，常用的有皮内、皮下、肌内和静脉注射。特殊需要时，尚有气管、胸腔、腹腔、瓣胃、乳房注射等。

（一）皮内注射

皮内注射是指将药液注入真皮层的一种方法。主要用于某些疾病的变态反应诊断，如结核病、马鼻疽等，或进行药物过敏试验，以及炭疽Ⅱ号苗、绵羊痘苗等的预防接种。皮内注射常需用特制的注射器和短针头，常用结核菌素注射器、连续注射器、1毫升或2毫升的小注射器。

1. 部位

注射部位根据注射目的、动物种类的不同可在颈侧中部或尾根内侧。

2. 操作方法

注射部位常规消毒处理后，注射人员左手拇指与食指将注射部位皮肤捏起形成皱褶，右手持注射器并与注射部位皮肤呈30°角，刺入皮肤0.1～0.3厘米，深达真皮层，按规定量缓慢注入药液。然后拔出针头，局部消毒，注意避免压挤，以防药液流出。注射正确时会感到推动有一定阻力，同时可见注射部位形成豆粒大的隆起，即为确实注入于真皮层的标志，拔出注射针，术部消毒，但应避免压迫局部。皮内注射的部位及观察一定要准确无误，否则会影响诊断和预防接种的效果。

（二）皮下注射

将药液注入皮下组织内，经毛细血管、淋巴管吸收进入血液。凡是易溶解又无刺激性的药品及疫苗等，均可皮下注射。

1. 部位

多选在皮肤较薄、富有皮下组织、松弛或活动性较小的部位。马、牛多在颈部两侧；猪在耳根后或股内侧；羊、兔可在颈侧、肘后或股内侧；犬、猫可在颈侧及股内侧；禽类在翅膀下。

2. 操作方法

注射部位剪毛消毒，注射人员用左手捏起动物注射部位皮肤，检查针头活动自如，回抽无气无血时，缓慢注入药液。注完药液后，用酒精棉球按住刺入点，拔出针头，局部消毒即可。

3. 注意事项

刺激性强的药品不能做皮下注射。药量多时，可分点注射，注射后最好对注射部仅轻度按摩或温敷。

（三）肌内注射

所谓肌内注射就是将药液注入肌肉组织内，以达到治疗的目的。肌肉内血管多，药物吸收快，感觉神经较少，疼痛轻微，一般进行血管注射有副作用的、刺激性较强、较难吸收的药物以及油剂、乳剂等都可采用肌内注射。

1. 部位

多选在肌肉丰满处。马、牛可在颈侧或臀部；羊可在颈侧、臀部或股内侧；猪、兔可在耳根后、臀部或股内侧；禽类在胸肌或大腿部肌肉；犬、猫可在臀部、股内侧或腰背部脊柱两侧肌肉。肌内注射部位应注意避开大血管和神经的径路。

2. 操作方法

将动物保定好，注射部位剪毛消毒，注射人员左手拇指和食指轻压注射部位，右手持注射器，使针头与皮肤垂直迅速刺入肌肉 2~4 厘米，回抽无血后，缓慢注入药液。注完后，用酒精棉球压迫针孔处拔出针头。马、牛等用分解动作，即先将针头垂直刺入肌肉内，然后将注射器接上再注入药液。

3. 注意事项

为防止针头折断，刺入时应与皮肤呈垂直的角度并且用力的方向应与针头的方向一致，不可将针头的全长完全刺入肌内中，一般只刺入全长的 2/3 即可，以防针头折断时难拔出来，对于刺激性药物不宜采用肌内注射，注射针头如接触神经时，动物骚动不安，应变换方向，再注药液。

（四）静脉注射

1. 应用

主要用于大量的补液、输血；注入急需奏效的药物如急救强心药，注射刺激性较强的药物等。

2. 用具

少量注射时可用较大的（50~100毫升）注射器，大量输液时则应用输液瓶（5 000毫升）和一次性输液胶管。

3. 静脉注射的部位及法

依动物种类而不同。

（1）猪的静脉注射，常用耳静脉或前腔静脉。

（2）牛、驼、羊的静脉注射，多在颈静脉实施。

（3）马（驴）的静脉注射，多在颈静脉实施，特殊情况下可在胸外静脉进行。

（4）狗、猫的静脉注射狗多在后肢外侧面小隐静脉或前肢正中静脉实施，猫多用后肢内侧面大隐静脉。

4. 静脉注射的注意事项

（1）应严格遵守无菌操作规程，对所有注射用具、注射局部，均应严格消毒。

（2）要看清注射局部的血管，明确注射部位，防止乱扎，以免局部血肿。

（3）要注意检查针头是否通顺，当反复穿刺时，针头常被血凝块堵塞，应随时更换。

（4）针头刺入静脉后，要再顺入1~2厘米，并使之固定。

（5）注入药液前应排净注射器或输液胶管中的气泡。

（6）要注意检查药品的质量，防止有杂质、沉淀混合注入多种药液时注意配伍禁忌；油剂不能做静脉注射。

（7）静脉注射量大时，速度不宜过快；药液温度，要接近于体温；药液的浓度以接近等渗为宜；注意心脏功能，尤其是在注射含钾、钙等药液时，更要当心。

（8）静脉注射过程中，要注意动物表现，如有骚动不安、出汗、气喘、肌肉战栗等现象时应及时停止；当发现注射局部明显肿胀时，应检查回血，如针头已滑出血管外，则应整顺或重新刺入。

（9）若静脉注射时药液外漏，可根据不同的药液，采取相应的措施处理。

立即用注射器抽出外漏的药液。如为等渗溶液，不需处理。如为高渗盐济液，则应向肿胀局部及其周围注入适量的灭菌蒸馏水，以稀释之，如为刺激性强或有腐蚀性的药液，则应向其周围组织内，注入生理盐水；如为氯化钙溶液可注入10%硫酸钠溶液或10%硫代硫酸钠溶液10~20毫升，使氯化钙变为无刺激性的硫酸钙和氧化钠。局部可用5%~10%硫酸镁溶液进行温敷，以缓解疼痛。

（10）如为大量药液外漏，应做早期切开，并用高渗硫酸镁溶液引流。

（五）腹腔注射法

1. 应用

由于腹膜腔能容纳大量药液并有吸收能力，故可做大量补液，常用于猪、羔羊、狗及猫。

2. 部位

牛在右侧胺窝部；马在左胺窝部；较小的猪则宜在两侧后腹部。

3. 方法

将猪两后肢提起，做倒立保定，局部剪毛、消毒。术者把握猪的腹侧壁，另一手连接针头的注射器于距耻骨前缘3~5厘米处的中线旁，垂直刺入（2~3厘米），注入药液后，拔出针头，局部进行消毒处理。

4. 注意事项

腹腔注射宜用无刺激性的药液；如药液量大时，则宜用等渗溶液，并将药液加温至接近体温的程度。

（六）气管内注时法

1. 应用

气管内注射是一种呼吸道的直接给药方法。宜用于肺部的驱虫及气管与肺部疾病的治疗，主要用于猪或羊。

2. 部位

在颈上部，气管腹侧正中，两个气管软骨环之间。

3. 方法

动物行仰卧或侧卧保定，使前肢稍高于后肢；局部剪毛，消毒。术者持连接针头的注射器，于气管软骨环间垂直刺入；缓慢注入药液，如遇动物咳嗽，则宜暂停；注毕拔出针头，局部消毒处理。

4. 注意事项

注前宜将药液加温至近似体温程度，以减轻刺激。

（七）瓣胃注射法

1. 应用

将药物直接注入瓣胃中，可使用胃内容物软化，主要用于治疗牛的瓣胃阻塞。

2. 部位

瓣胃位于右侧第 7~10 肋间穿制点应在右侧第 9 肋间，肩关节水平线上、下 2 厘米的部位。

3. 方法

动物站立保定，局部剪毛、消毒；术者取长 15 厘米（16~18 号）三胃针头，垂直刺入皮肤后，针头朝向左侧肘突（左前下方）方向刺入深为 8~10 厘米，感到有沙沙感就是刺入了瓣胃，为证实是否刺入瓣胃内，可先接注射器回抽，如见有血液或胆汁系刺入肝脏或胆囊之中，可能是位置过高或针头朝向上方的结果，应拔出针头，另行偏向下方刺入，再往注射器注入少量 20~50 毫升生理盐水并再回抽，如见混有草屑等胃内容物抽出，即为刺入瓣胃内，可注入所需药物。注毕，迅速拔针，局部进行消毒处理。

4. 注意事项

保定应确实，注意安全；注药前或骚动后一定要鉴定针头确在瓣胃内，再行注入药物。

（八）皱胃注射法

1. 应用

主要用于奶牛的真胃阻塞或变位的诊断，另外，也可用于皱胃疾病的治疗。

2. 部位

皱胃位于右侧第 12~13 肋骨后下缘，选此处为穿制点。

3. 方法

牛站立保定，局部剪毛、消毒；取长 15 厘米（18 号）三胃针头，针头刺入上述穿刺点皮肤。朝向对侧肘突刺入 5~8 厘米深度，有坚实感觉，即表明已刺入皱胃，先注入生理盐水注射液 50~100 毫升立即回抽注入液，其中混有胃内容物，pH 值为 1~4，即可抽取皱胃内容物检验，或注入所需药物。

4. 注意事项

保定要确实，注药前或骚动后一定要鉴定针头确实在皱胃中，方可注入药液。

（九）乳房注入法

1. 应用

将药液通过乳管注入乳池内，主要用于奶牛、奶驼、奶驴、奶山羊的乳房炎的治疗。

2. 部位与用具

乳房，乳导管，50~100 毫升注射器或注入瓶。

3. 方法

动物保定，挤净乳汁，乳房外部洗净、拭干，用 75% 酒精消毒乳头。以左手将乳头握于掌内并轻轻下拉，右手持乳导管自乳头开口徐徐导入，再以左手把握乳头及导管，右手持注射器，紧控乳头管，徐徐注入药液，注毕，拔出乳导管，以左手拇指与食指紧捏乳头开口，防止药液流出；并用右手进行乳房的按摩，使药液散开。

4. 注意事项

注射前挤净乳汁，注射后要充分按摩，注药期间不要挤乳。若无特制乳导管，可选用 16 号长针头，将尖部磨平、光滑，以免损伤乳管黏膜。

三、冲洗与灌肠技术

（一）洗眼与点眼法

1. 应用

洗眼与点眼时用药液将眼内异物、分泌物、渗出物和寄生虫等清除，用于治疗结膜炎、角膜炎、眼睑炎等眼病。治疗用药有眼膏、1% 硫酸阿托品、0.5%~1% 碳酸银、醋酸可的松眼药水等。

2. 方法

保定动物头部，翻开上下眼睑，冲洗器前端斜向内眼角，向结膜上灌注药液冲洗眼内分泌物。或用细胶管由鼻孔插入鼻泪管内，从胶管游离端注入洗眼药液，更有利于洗去眼分泌物和异物。如冲洗不彻底时，可用硼酸棉球轻拭结膜囊。洗净后，术者左手使得眼睑呈一囊状，右手拿点眼药瓶，靠在外眼角眶上，斜向内眼角，将药液滴入眼内，闭合眼睑，用手轻轻按摩 1~2 下以防药液流出，或直接将眼膏挤入结膜囊内。

（二）口腔的冲洗

1. 应用

主要用于动物口炎、舌及牙齿疾病的治疗，有时也用于洗出口腔内的不洁物。

2. 方法

术者一手持橡胶管，一端从动物口角伸入口腔，并用手固定在口角上；另一手将冲洗药液的漏斗举起，药液即可流入口腔，连续冲洗。冲洗时用的药液可稍加温或者用注射器经口角将冲洗液直接注入口腔。

（三）阴道与子宫的冲洗

1. 应用

主要用于动物阴道炎和子宫内膜炎的治疗，排出阴道与子宫内分泌物及脓液，注入治疗药液，促进黏膜修复和恢复生殖功能。

2. 方法

大动物站立保定，排除直肠积粪，充分洗净外阴部。术者将手及手臂常规消毒后，把子宫冲洗管握于手掌心，手呈圆锥形伸入阴道，然后将其插入子宫颈口，再缓缓推入子宫内，提高输液瓶或漏斗，冲洗液即可流入子宫内。等冲洗液快全部流入时，迅速把冲洗器或漏斗放低，让子宫内液体自行排出，如此反复冲洗 2~3 次，直至流出液体与流入液体颜色基本一致为止。阴道冲洗时，把橡胶冲洗管的一端插入阴道内，提高漏斗，冲洗液流入阴道，借病畜努责冲洗液可自行排出，如此反复至冲洗液透明为止。阴道和子宫冲洗后，可放入抗生素或其他抗菌消炎药。

（四）灌肠法

1. 应用

灌肠时将药液、温水或营养液灌入直肠或结肠内的一种方法。通过药液的吸收、洗肠和排除宿粪，也可用于治疗直肠炎、胃肠炎、胃肠卡他和大肠便秘等疾病，也可排除肠内异物，给动物补液及营养物质。有时也可灌入镇静剂及造影剂做 X 线诊断。

2. 方法

动物站立保定，中、小动物也可侧卧保定。若直肠内有宿粪时，应通过直检或指检人工排出宿粪。肛门周围用温水清洗干净。灌肠的一般方法是将微温的灌肠液或药液盛于漏斗或吊桶内，术者一手紧捏胶管，吊挂在适当高处；另一手将胶管涂上液体石蜡，然后缓慢插入动物肛门至直肠深部。松开捏紧胶管的手，液体即可慢慢注入直肠，边流边向漏斗内倾加液体，并随时用手指刺激肛门周围，使肛门紧缩，防止注入液体流出。灌完后拉出胶管，放下动物尾巴，解除保定。中、小动物灌肠时，使用小动物灌肠器，把胶管一端插入直肠，另一端连接漏斗或吊桶，将液体注入其内，适当举高即可流入，同时压迫尾根肛门，以免液体排出。也可使用 100 毫升注射器连接在胶管另一端注入溶液，注完后捏紧胶管，取下注射器再吸取液体注入，直至注入需要量液体为止。

第四章 牛养殖技术

第一节 牛庭院养殖单体圈舍设计

一、场址选择

相关条件符合《中华人民共和国畜牧法》以及地方土地与农业发展规划。需要考虑自然条件、地形、地势、水源、土壤、地方性气候、工厂和居民点的相对位置。

四大便利原则：饲料、物资和能源供应便利；交通运输便利；产品销售便利；废弃物处理便利。

二、场地规划与布局

规划原则：考虑生产规模以及企业未来发展；减少或防止有毒有害气体、噪声及粪尿污染；减少疫病蔓延的机会。

肉牛场功能区划：生活区、生产管理区、饲养生产区和粪便处理区，各区布局见下（图4-1，图4-2）。

管理区：在牛场上风处，地势最高，与生产区严格分开，又与外界联系方便。该区设有行政和技术办公室、宿舍和食堂。

生产区：牛场的核心区，入口处设置人员消毒室、更衣室和车辆消毒池。区内道路、净污道严格分开。区内设施有牛舍、人工授精室、兽医室、饲料加工车间、料库、装牛台、卸牛台、称重装置、杂品库、配电室、水塔等。

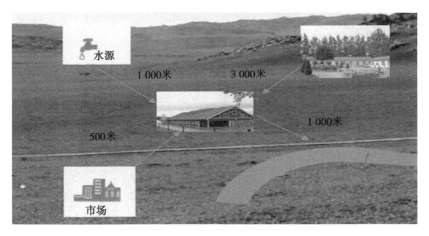

图4-1 场区距离示意图

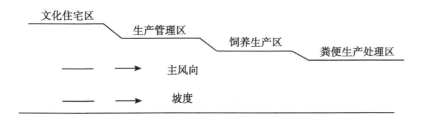

图4-2 场区风向及功能区划分

牛舍布局：各牛舍间保持适当距离，布局整齐，以便防疫和防火，应将饲料加工车间和料库设在该区与管理区隔墙处，即满足防疫要求，又方便饲料进入生产区。隔离区：位于场内最低处和最下风向或侧风向，与生产区相隔100米并有围墙。隔离区设施有病牛隔离舍、尸坑或焚尸炉、粪便污水处理等。

牛饲养场各功能区的科学合理划分与布局，除了有利于牛场的生产、管理和工作人员的生活外，主要从生物安全的角度出发，考虑各地常年主风向、舍间距离及生物安全处理区的位置因素，以利于控制污染源及病原微生物到安全范围内，减少传染源经空气流动、人流动及交叉污染而进行的传播与流行，保障人、牛和生态环境的安全。

三、牛舍类型

钟楼式牛舍外　　　　　　　　钟楼式牛舍内

图4-3　哈密市巴里坤山南开发区肉牛养殖钟楼式牛舍

四、牛舍建造要求

跨度：单列式前后跨度为7米，双列式前后跨度为12米，高4.5~5米为宜。

长度：设在100米以内，具体结合实际确定。

排污沟：沉淀池方向有1%~1.5%的坡度。

圈舍牛占地面积：每头牛应占有牛舍面积8~10平方米，每头牛应占有运动场面积20~25平方米。

五、配套设施

1. 运动场

拴系式肉牛育肥舍，一般不需要运动场，散养肉牛必须设置运动场，一般育成牛8~10平方米/头，育肥牛12平方米/头。奶牛场运动场面积一般为牛舍的面积1~2倍为宜（图4-4）。

2. 围栏

牛床靠近饲槽侧、运动场和散养肉牛场都必须设置围栏。

图4-4　单列式牛舍示意图

3. 消毒设施

牛场门口和每栋肉牛舍门口应设消毒池，宽度略小于入口处的宽度，深15厘米以上，长3~4.5米，一般用2%~4%氢氧化钠或10%生石灰水溶液做消毒剂。牛场大门旁设有消毒室，其地面设消毒池，室顶装紫外线消毒灯，人员进出通过消毒室内U型围栏通道，保持消毒时间不少于5分钟。

4. 电子监控设施

牛场各分布区、牛舍、场舍门口等生产关键安装电子监控探头，管理区处设终端视屏显示器，全天24小时监控生产区及关键环节生产、安全及管理状况。

5. 地磅

对于规模较大的牛场，应设地磅，以便于对于进场的育肥牛和饲草料等进行称重。

6. 粪尿及污水处理设施

大中型牛场应有牛粪尿和污水处理设施，这是现代舍饲牛养殖不可缺少的设施。牛粪远离肉牛场，堆积地面要求坚硬不渗水，面积按照每头牛5~6平方米规划，牛粪按高温堆肥法发酵处理后作有机肥及时施入田中。粪尿污水处理以建成粪池或沼气池，沼气作燃料，残渣作肥料。

养殖场区示意见图4-5~图4-8（参考《新疆畜牧厅畜禽养殖场建设图册》）。

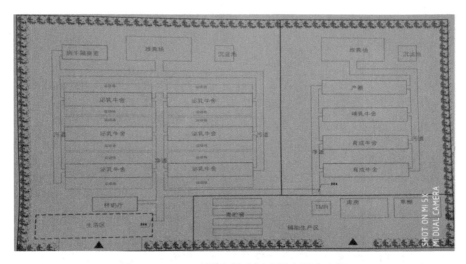

图 4-5 1 000 头奶牛养殖场建设布局示意图

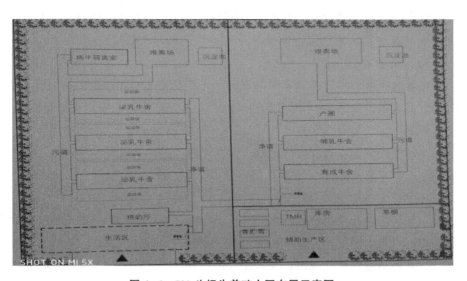

图 4-6 500 头奶牛养殖小区布局示意图

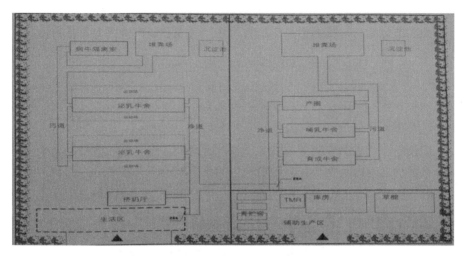

图 4-7　300 头奶牛养殖小区布局示意图

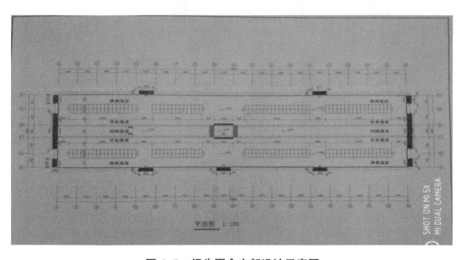

图 4-8　奶牛圈舍内部设计示意图

第二节　牛品种介绍

品种是在一定的生态和经济条件下，经自然或人工选择形成的。具有相对的遗传稳定性和生物学及经济学上的一致性。可以用普通的繁殖方法保持其恒久性。因此在适应能力、抗病力、免疫力、生产性能和经济价值上具备独特性。

一、哈密主要的肉牛品种及改良肉牛品种介绍

(一) 哈萨克牛

1. 外貌特征

哈萨克牛原产于新疆北部的阿勒泰地区青河县，中心产区为哈巴河县、布尔津县、在阿勒泰地区其他各县、哈密地区的巴里坤、伊吾县、昌吉回族自治区州的木垒县、奇台县也有分布。被毛为贴身短毛，毛色杂，以黄和黑色为主，有鳌色和无季节性黑斑点 (图4-9)。

图4-9 哈萨克牛

2. 体重

成牛阉牛426千克，母牛305.3千克。

3. 生产性能

(1) 产肉性能。公牛宰前147.5千克，胴体62.9，屠宰率42.6%。周岁母牛宰前143.1千克，胴体60.6千克，屠宰率42.3%。

(2) 产奶性能。泌乳期257天，年产乳1 259.3千克。

(3) 繁殖性能。初配年龄23月龄，妊娠期271天。

4. 品种评价

优点：耐粗饲，放牧性好，抗病力强，夏秋季节，生长增膘快，冬季枯草季

节，也能较好地保膘，繁殖性能、遗传性能稳定。

缺点：体躯结构不够良好，体格偏小，生产性能低。

（二）西门塔尔牛

原产地瑞士阿尔卑斯山区，世界上最著名的大型肉牛专用品种之一，"白头信"是该品种的特有标志。由于培育方向不同，形成了肉用、乳用、乳肉兼用等类型。在北美主要是肉用，在中国和欧洲主要为兼用（图4-10）。

图 4-10　西门塔尔牛

1. 外貌特征

西门塔尔牛毛色多为红白花或黄白花。属大型款额牛种，肌肉丰满，体型粗壮。

2. 体重

成公牛 1 000~1 300 千克，母牛 600~800 千克。

3. 生产性能

（1）产肉性能。1.5 岁公牛 440~480 千克，育肥屠宰率 60%~63%。日增重 0.9~1.0 千克。

（2）产奶性能。泌乳期 305 天，年产乳 6 500 千克，乳脂率 3.9%。

（3）繁殖性能。常年发情，妊娠期 280 天。

4. 品种评价

优点：种质好，适应性强，肉用性能好，理想生长速度，突出的牛肉质量。在北方寒冷带条件下都能表现良好的生产性能，尤其适应于我国牧区、半农半牧的饲养管理条件下，值得推广的理想品种。

（三）安格斯牛

1. 外貌特征

起源于英国苏格兰，全身毛色纯黑或全红无角；体型较小，体质紧凑结实，全身肌肉丰满（图4-11）。

图4-11 安格斯牛

2. 体重

初生重25~32千克，周岁400千克，成年公牛，700~900千克，成年母牛500~600千克。

3. 生产性能

（1）产肉性能。14.5月龄育肥日增重1.3千克，胴体重341.3千克，料重比5.7。

（2）产奶性能。泌乳力达800千克，肉牛生产中的理想母系。

（3）繁殖性能。12月性成熟，13~14月龄初配。发情周期20天，妊娠期280天。

4. 品种评价

（1）肉用性能良好，早熟，生长发育快，易肥育，分娩难产率低，易配种，饲料转化率高，被认为是世界上各种专门化肉用品种中肉质最优秀的品种。

（2）胴体品质好、净肉率高、大理石花纹明显，推广前景良好。

（3）抗寒、抗病、耐粒饲，性情温和，无角便于放牧管理，对环境的适应性强。

（4）缺点：母牛稍有神经质，黑毛色也与我国大部分地区的牛种相差大。

（四）夏洛莱牛

产地法国，世界上最著名的大型肉牛专用品种之一（图4-12）。

图4-12　夏洛莱牛

1. 体型外貌特征

全身被毛以乳白色和白色为主，少数为枯草黄色；全身肌肉发达，体躯呈圆桶状，肌肉丰满，后臀肌肉发达、向后面和侧面突出。

2. 生产性能

（1）生长发育。据法国夏洛莱牛协会对大群牛的测定，在良好的饲养管理条件下，6月龄体重公犊234千克，母犊210.5千克；12月龄体重公牛525千克，母牛360千克；18月龄体重公牛658千克，母牛448千克，阉14~15月龄体重达495~540千克，最高达675千克。

（2）产肉性能。夏洛莱牛生长速度快、瘦肉产量高，在良好的饲养条件下，平均日增重公犊1~1.2千克，母犊1.0千克，阉牛肥育期日增重达1.88千克，15月龄以前日增重超过其他品种，所以常用作经杂交的父本。产肉性能好，屠宰率达60%~70%，胴体净肉率80%~85%。

（3）产奶性能。夏洛莱牛母牛年产奶量1 700~1 800千克，个别牛达2 700千克，乳脂率4.0%~4.7%。

（4）繁殖性能。夏洛莱牛母牛初情期在 13~14 月龄，17~20 月龄可配种，但此时期难产率高达 13.7%。因此在原产地将配种时间推迟到 27 月龄，要求配种时母牛体重达 500 千克，在 3 岁时产犊。

3. 品种评价

体型大、生长快、饲料报酬高、屠宰率高、脂肪少、瘦肉率高，肉质嫩度和大理石花纹等级稍差；对环境适应性极强，耐寒暑、耐粗饲，放牧、舍饲饲养均可，但初产母牛难产率较高。

（五）新疆褐牛

属乳肉兼用型培育品种。是以当地哈萨克牛为母本，引入瑞士褐牛、阿拉托乌牛以及少量科斯特罗姆牛杂交改良，经长期选育形成。本品种是我国自主选育的第一个乳肉兼用品种（1983 年）主产区为新疆伊犁河谷和塔额盆地，是新疆最主要的牛肉和牛奶来源。2007—2009 年哈密市从伊犁河谷地区大量引入（图4-13）。

图 4-13　新疆褐牛

1. 外貌特征

体型外貌与瑞士褐牛相似毛色多为褐色角基部呈灰白色或黄白色。体格中等，体质结实，各部位发育均匀，结合良好。

2. 体重

成年公牛 970 千克，成年母牛 512 千克。

（1）产肉性能。1.5 岁公牛强度育肥，日增重 0.85~1.25 千克。屠宰率47.5%。

（2）产奶性能。150天产奶1 675.8千克，乳脂率3.54%。

（3）繁殖性能。最佳季节5—9月，初配18月龄，妊娠期285天。

3. 品种评价

泌乳和产肉性能都较好，适应性强，耐粗饲，放牧、舍饲饲养均可，耐严寒和高温，抗病力强。耐粗饲，抗寒，抗逆性好，适用于山地草原放牧、适应性强等特点深受农牧民喜爱，新疆褐牛及其杂交牛在全新疆牛总数中占到40%。

（六）荷斯坦牛

荷斯坦牛原产于荷兰，因毛公为黑白相间的花块，故又称黑白花牛，但也有部分红白花牛（图4-14）。

图4-14 荷斯坦牛

1. 外貌特征

荷斯坦牛体型高大，结构匀称，被毛贴身短毛，毛色黑白花，乳房大而丰满。

2. 体重

初生重35~45千克，成年公牛900~1 300千克，成年母牛600~750千克。

3. 生产性能

（1）产奶性能。美国荷斯坦牛9 777千克，我国F1代1 500~2 000千克，F2代2 000~3 000千克，F3代3 000~4 000千克，F4代5 000千克。

（2）繁殖性能。12月性成熟，初配14~18月龄。发情周期15~24天，发情持续期12~18小时，妊娠期278~282天。

4. 品种评价

优点：典型的乳用特征，风土驯化能力强，性情温驯，饲料转化率高。

缺点：乳脂率较低，不耐热，高温下产奶量明显下降。

二、杂交组合模式介绍

目前哈密农村的黄牛仍占相当比重，随着农业机械化的普及，大部分的黄牛将逐步向肉用方向发展，哈密黄牛具有耐粗饲、抗病力强、适应性好、遗传性能稳定，但也存在体型小，生产性能低等不足。对黄牛的改良的重点是加大体型、体重，提高生产性能，逐步向肉乳或乳肉兼用方向发展。

杂交是指2个或2个以上的品种、品系或种间的公、母牛之间的相互交配，所生的后代称为杂种。杂交较其亲本往往具有生命力强、生长迅速、饲料报酬高等特点，这是我们常说的"杂交优势"。用肉用性能好、适应性强的品种，与肉用性能较差的品种进行杂交，以期提高杂种后代的产肉性能和饲养效率，就是黄牛的杂交改良。

（一）杂交改良的目的与优点

肉牛的杂交改良的目的就是为了提高牛的生产能力和提高养殖肉牛的经济效益。因此，目前哈密还没有专门肉用牛品种，要大量地引进外来品种是不现实的，一方面是资金问题，另一方面是引进的肉用品种与我国的气候和饲料资源特点不相符。我国人多地少，粮食较紧张，应合理地利用我国现有的肉用牛、肉役兼用牛、乳肉兼用牛和本地黄牛，用杂交改良的方法，生产优质杂交牛育肥，提高以增重速度和肉品质为主的肉用性能。一般来说，我国黄牛杂交改良后具有以下优点。

1. 体型增大

我国大部分黄牛体型偏小，并且后期发育相对较差，不利于产肉。经过改良，杂种牛的体型一般比本地黄牛增大30%左右，身躯增长，腰部宽深，后躯较丰满，尻部宽平，后躯尖斜的缺点基本得到改进。

2. 生长快

本地黄牛生长速度慢，经过杂交改良，其杂种后代作为肉用牛饲养，提高了生长速度。据山东省的资料，在饲养条件优越的平原地区，本地公牛周岁体重仅为 200~250 千克，而杂交后代（利木赞或西门塔尔杂种）的周岁体重可达到 300~350 千克，体重提高了 40%~45%。

3. 出肉率高

经过育肥的杂交牛，屠宰率一般能达到 55%，一些牛甚至接近 60%，比黄牛提高了 3%~8%，能多产肉 10%~15%。

4. 经济效益好

杂种牛生长快，出栏上市早，同样条件下杂种牛的出栏时间比本地牛几乎缩短了一半。另外，杂种牛成年后体重大，能达到外贸出口标准；杂种牛的高档牛肉产量高，从而使经济效益提高。

（二）牛杂交模式推介

1. 新疆褐牛与哈萨克牛杂交改良

新疆维吾尔自治区畜牧厅资料报道新疆褐牛与当地黄牛杂交，后代杂种体尺、体重都有所提高，与当地黄牛相比体高杂交一代提高 3.9%，杂交二代提高 6.4%；体重杂交一代提高 18.1%，杂交二代提高 34.8%；产奶量提高 42%，屠宰率提高 3.2%，净肉率提高 3.4%。哈密地区 1997 年从塔城种牛场首次引进，2007—2009 年从伊犁地区引进公牛及基础母牛数量较大，现在哈密二县一区牧区采用新疆褐牛改良当地黄牛效果较好（图 4-15）。

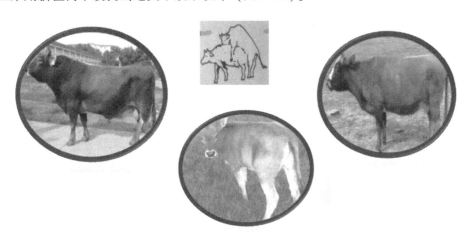

图 4-15　新疆褐牛与哈萨克牛杂交改良

2. 西门塔尔牛与哈萨克牛杂交改良

据文献报道西门塔尔牛与哈萨克牛杂交后代个体大，且体型外貌比较一致，被毛呈黄白花色，深浅不一，体躯结构协调；肌肉丰满，背腰平直，产肉性能好，抗病力强。经测定，杂交牛的体尺，体重平均值都显著超过哈萨克牛。西杂一代公牛的初生重、6 月龄、12 月龄、18 月龄、2 岁及 3 岁龄体重比哈萨克公牛提高 36.78%、22.52%、36.05%、25.75%、34.94% 及 22.45%，体重之间差异均极显著。西杂一代母牛的初生重、6 月龄、12 月龄、18 月龄、2 岁及 3 岁龄体重比哈萨克牛母牛提高了 37.92%、23.31%、33.11%、24.69%、35.95% 及 26.61%（图 4-16）。

图 4-16 西门塔尔牛与哈萨克牛杂交改良

3. 安格斯牛与哈萨克牛杂交改良

据文献报道安格斯牛其杂交后一代牛犊初生重 6 月龄、12 月龄、24 月龄、48 月龄体重进行了测定，结果引进的种公牛和当地哈萨克牛杂交，杂交后代对高原的气候条件适应性良好，在农村饲养条件下，杂交一代牛犊初生重平均为 21.21 千克，6 月龄体重平均为 134.34 千克，12 月龄体重平均为 187.18 千克，24 月龄体重平均为 268.45 千克，48 月龄体重为 324.92 千克，分别比本地黄牛提高 50.32%，57.45%，49.33%，38.89% 和 37.27%。杂交后代表现出较好的经济早熟性，效益显著（图 4-17）。

图4-17　安格斯牛与哈萨克牛杂交改良

第三节　牛饲料配方推介

饲料成本占养牛成本的70%，只有了解牛的各种饲料的特性及加工技术，才能合理利用饲草、饲料资源，降低饲养成本，提高生产性能，增加养牛经济效益。

一、科学营养调配的基本要求

（1）要按营养标准符合牲畜营养需求，平衡、全价。
（2）要力求经济实惠。
（3）要与当地资源供给情况相吻合。
（4）要力求饲草料多样性。

二、常用饲料分类

（一）青绿饲料

天然水分含量在60%以上的青绿饲料类、树叶类以及非淀粉质的块根块茎瓜果类。

（二）粗饲料

干草类、农副产品类（包括荚、壳、藤、蔓、秸、秧）及干物质粗纤维含量为 18% 以上的糟渣类、树叶类，糟渣类中水分含量不属于天然水分者应区别于青绿饲料。

（三）青贮饲料

用新鲜的天然植物性饲料调制成的青贮及加有适量糠麸类或其他添加物的青贮饲料，包括水分在 45% 以上的低水分青贮（半干青贮）。

青贮是调制和贮藏青饲料的有效方法，是发展畜牧业生产的有力措施。规模可大、可中、可小，既适用于大型牧场，也适用于中小型养殖场，更适合于奶牛养殖专业户。

1. 优点

①青贮饲料能有效地保存青绿饲料植物的营养成分。②青贮能保持原料青绿时的鲜嫩汁液。③青贮可以扩大饲料资源。④青贮是保存饲料的经济而安全的方法。⑤青贮可以消灭害虫及杂草。⑥青贮饲料在任何季节为家畜所采食。

2. 一般青贮方法

将已选定的青贮原料进行适时收获，对已经用过的青贮设备在用之前，进行清扫，把脏物清除，将新鲜的植物适度铡碎或粉碎，一般以 3～5 厘米为佳，添装于修建好或已清扫好的青贮窖内，青贮物装约 450 千克/平方米，也可用厚塑料代进行青贮，控制好原料的水分，一般掌握在用手抓起压挤后慢慢松开，此时原料团球的状态，团球展开缓慢，手中见水不滴水，说明原料含水量符合青贮的要求。每装至 20～30 厘米后进行压实（可以是人工踩压或机械压实），然后撒匀一层尿素按 3‰ 和 5‰ 牧业盐，以此类推进行，至装满压实，最后用厚塑料布封口，用土压至 30～50 厘米，巴里坤、伊吾县及哈密市寒冷地方应压至 50～100 厘米。一般 45 天后即可开窖饲喂。特点：青贮饲料能保持青饲料中的营养成分，适口性好，易消化，便于贮存和运输。原料：哈密目前有玉米、多穗玉米、甜高粱等。

3. 青贮饲料品质鉴定

（1）气味。具有酸香味，略有醇酒味，给人以舒适的感觉，品质良好，可饲喂各种家畜香味极淡或没有；具有强烈的醋酸味，品质中等，除妊娠家畜及幼畜和马匹外，可喂其他各种家畜；具有一种特殊臭味，腐败发霉，品质低劣，不适宜喂任何家畜，洗涤后也不能饲用。

（2）等级。上等：黄绿色、绿色酸味较多芳香味柔软、稍湿润；中等：黄褐色、黑褐色酸味中等或较少酸味很少芳香、稍有酒精味或酪酸味柔软、稍干或水分稍多；下等：黑色，酸味很少，臭味，干燥松散或黏结成块。

（四）能量饲料

在绝干物质中粗纤维含量低于18%，同时粗蛋白质含量低于20%的谷实类。糠麸类、草籽树实类、淀粉质的块根块茎果类。

1. 玉米

它是应用最广泛的精饲料，玉米的产量高；饲用价值亦高，所含能量在谷实饲料中列首位。玉米含无氮浸出物约为70%，消化率高达90%。粗蛋白质含量低，氨基酸不足，与其他蛋白质含量高的饲料配合后饲喂家畜效果更好。

2. 大麦

其能量水平比玉米稍低，粗蛋白质和粗纤维含量高于玉米，适口性好，易消化，饲喂育肥牛可获得优质的硬脂胴体。

3. 高粱

其营养特性与玉米接近，但因含单宁，有涩味，而且易引起便秘。

4. 麸皮

麸皮适口性好，质地蓬松，是畜禽能量饲料的重要来源，但具有轻泻性，配合饲料时，饲料中的麸皮比例不宜太多。

（五）蛋白质饲料

绝干物质粗纤维含量低于18%，同时粗蛋白质含量为20%以上的豆类、油饼类、动物性饲料类。

1. 豆饼

它是畜禽主要的蛋白质饲料，一般含粗蛋白质40%~50%，其氨基酸含量是饼粕饲料中最高的，但蛋氨酸含量低。一般机榨豆饼经高温处理后，饼中的有害物质会全部破坏，而溶剂浸提法生产的油粕，一定要加热处理后再用，否则会引起拉稀。

2. 棉籽饼

棉籽饼的蛋白质含量较高，达32%~37%，在新疆棉籽饼数量最多，使用最广泛。棉籽饼含毒素——棉酚，长期饲喂可使棉酚在动物体内累积而中毒，棉籽饼在饲喂时，最好先脱毒，脱毒的方法有蒸煮去毒法、化学去毒法（如用硫酸亚铁、尿素、碱等方法）。饲喂反刍家畜时只要不过量，可不脱毒而直接按比例加入到饲料中。

3. 菜籽饼

其蛋白质含量达30%以上，并且品种较好，矿物质和维生素含量也丰富，但是味苦而辣，适口性差，并且含有毒素，主要含芥子苷，为保证使用安全，使用时应先去毒，其方法有汽蒸、焙炒、坑埋等。

4. 葵饼

包括去壳饼和带壳，去壳饼的粗蛋白质含量超过40%，粗纤维含量低于15%；而带壳饼粗蛋白质含量只有30%左右，粗纤维含量超过20%，这两种饼都无毒性，是优良的蛋白质饲料。

（六）矿物质饲料

包括人工合成、天然单一的矿物质饲料、多种混合的矿物质饲料，以及配合含有载体量、微量、常量元素的饲料。

（七）维生素饲料

指工业合成或提纯的单一种维生素或复合维生素，但不包括某些维生素含量较高的天然饲料。

（八）添加剂

不包括矿物质饲料和维生素饲料在内的所有的添加剂，如防腐剂、着色剂、矫味剂、抗氧化剂、各种药剂、生长促进剂、营养性添加剂（如氨基酸、脂肪酸等）。

三、奶牛饲料配方

奶牛饲料配方设计与原料选择，要根据当地饲草料资源、群体大小和实际养殖状况，合理设计日粮配方。日料的种类是多种多样的。粗饲料主要包括：青贮饲料、青干草、青绿饲料、农副产品、糟渣类饲料等。精饲料主要有：玉米、麦类谷物、饼粕类、预混料等。

（一）犊牛断奶期（断奶至 6 月龄）

1. 推荐精料配方

配方一。玉米 47%；豆饼或脱酚棉蛋白 6%；热榨菜籽饼 3%；棉籽饼 4%；碎大豆、豌豆 17%；小麦麸 19%；磷酸钙：2%；碳酸钠 1%；食盐 1%。

配方二。玉米 35%；麸皮 10%；豆粕 25%；乳清粉 10%；全（脱）脂奶粉 8%；过瘤胃脂肪 5%；磷酸氢钙 3%；石粉 2%；食盐 1%；维生素微量元素预混料 1%。（适宜于 15~30 日龄犊牛使用）。

配方三。玉米 40%；麸皮 15%；豆粕 26%；乳清粉，5%；全（脱）脂奶粉 5%；过瘤胃脂肪 2%；磷酸氢钙 3%；石粉 2%；食盐 1%；维生素微量元素预混料 1%。（适宜于 31 日龄至断奶犊牛使用）。

配方四。玉米 45%；麸皮 20%；豆粕 15%；其他杂粮 13%；磷酸氢钙 3%；石粉 2%；食盐 1%；维生素微量元素预混料 1%。（适宜于断奶犊牛使用）。

配方五。玉米 30%；燕麦 20%；小麦麸皮 20%；豆粕 20%；亚麻籽饼 10%；酵母粉 7%；维生素微量元素预混料 3%。

配方六。玉米 50%；小麦麸 12%；豆粕 30%；酵母粉 5%；碳酸钙 1%；磷酸氢钙 2%；食盐 1%；维生素微量元素预混料 1%。

配方七。玉米 50%；小麦麸 15%；豆粕 15%；酵母粉 3%；棉籽饼 13%；磷酸氢钙 2%；食盐 1%；维生素、微量元素、氨基酸复合添加剂 1%。

2. 饲喂方法

粗料：自由采食优质青干草，细嫩苜蓿干草及少量小麦秸。精料添加 2 周龄 75 克，3 周龄 175 克，4 周龄 275 克，5 周龄 500 克，6 周龄 600 克，7 周龄 800 克，8 周龄 1 千克，逐渐至 1.5 千克。

青贮料可在 2 月龄开始饲喂，日喂 100~150 克/天，3 月龄时 1.5~2 千克，4~6 月龄 4~5 千克。应保证青贮料品质优良，防止用酸败、变质及冰冻青贮料喂犊牛。

（二）育成牛（7~15 月龄）饲料配方

1. 推荐精料配方

配方一。玉米 48%；豆饼或脱酚棉蛋白 5%；棉籽饼 3%；葵饼 20%；小麦麸 20.3%；磷酸钙 1.5%；食盐 1%；氧化镁 0.2%；预混料 1%。

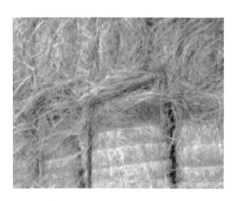

图 4-18　苜蓿草和饲草料颗粒

配方二。玉米 70%；棉籽饼 21%；麸皮 5%；贝壳粉 3%，食盐 1%。

配方三。玉米 46%；小麦麸 31%；高粱 5%；大麦 5%；酵母粉 4%；叶粉 3%；磷酸氢钙 4%；食盐 2%。

配方四。玉米 40%；小麦麸 28%；豆粕 26%；尿素 2%；食盐 1%；预混料 3%。

配方五。玉米 33.7%；小麦麸 26%；葵花籽饼 25.3%；高粱 7.5%；碳酸钙 3%；磷酸氢钙 2.5%；食盐 2%。

2. 饲喂方法

粗料：全株青贮玉米 4~6 千克；小麦秸 2~3 千克；苜蓿干草 2 千克；青干草 1~2 千克。

精料：1~2.5 千克。

（三）头胎怀孕牛饲料配方

1. 推荐精料配方

配方一。玉米 48%；豆饼或脱酚棉蛋白 4%；棉籽饼 3%；葵饼 20%；小麦麸 21.2%；磷酸钙 1.5%；食盐 1%；氧化镁 0.3%；预混料 1%。

配方二。玉米 52%；饼类 20%；小麦麸 25%；食盐 1%；石粉 1%；预混料 1%。

配方三。玉米 50%；饼类 30%；小麦麸 10%；高粱 7%；食盐 1%；石粉 2%；预混料 1%。

2. 饲喂方法

粗料：全株青贮玉米 10~15 千克；小麦秸 2.5~3 千克；苜蓿干草 1.5~2.5 千克；青干草 2.5~3 千克。

精料：2~2.5 千克。

（四）干奶期（停奶至产前 15 天）饲料配方

1. 推荐精料配方

玉米 48%；豆饼或脱酚棉蛋白 7%；葵饼 19%；小麦麸 21.2%；磷酸钙 1.2%；石粉 0.8%；食盐 1%；氧化镁 0.3%；预混料 1%。

2. 饲喂方法

粗料：全株青贮玉米 10~12 千克；小麦秸 3 千克；苜蓿干草 1 千克；青干草 2 千克。

精料：2.5~3 千克。

3. 备注

对泌乳时期体重下降过大奶牛，精料量应增加至 3~4 千克。

（五）围产期（产前 15 天和产后 15 天）

1. 产前 15 天推荐精料配方

（1）配方。玉米 49%；豆饼或脱酚棉蛋白 8%；葵饼 21%；小麦麸 20%；磷酸氢钙 0.7%；氧化镁 0.3%；预混料 1%。

（2）饲喂方法。

粗料：全株青贮玉米 10~12 千克；小麦秸 3 千克；苜蓿干草 1 千克；青干草 2 千克。

日喂精料：3~4 千克，粗饲料按标准混合，自由采食。

2. 产后 15 天内推荐精料配方

（1）玉米 49.5%；豆饼或脱酚棉蛋白 8%；葵饼 21%；小麦麸 19%；磷酸氢钙 1.2%；氧化镁 0.3%；预混料 1%。

（2）饲喂方法。

粗料：全株青贮玉米 10~12 千克；小麦秸 3 千克；苜蓿干草 1 千克；青干草 2 千克。

精料：3~4 千克，粗饲料按标准混合，自由采食。

（六）泌乳盛期（产后15~100天）日粮配方

1. 推荐精料配方

配方一。玉米49.5%；豆饼或脱酚棉蛋白8%；葵饼21%；小麦麸19%；磷酸氢钙1.2%；氧化镁0.3%；预混料1%。

配方二。玉米50%；熟豆饼10%；棉籽饼20%；胡麻饼5%；花生饼4%；葵花籽饼4%；小麦麸20%；磷酸钙0.5%；食盐0.9%；微量元素和维生素添加剂0.1%。

配方三。玉米50%；熟豆饼20%；小麦麸12%；玉米蛋白10%；酵母饲料粉5%；磷酸钙1.6%；碳酸钙0.4%；食盐0.9%；微量元素和维生素添加剂0.1%。

2. 饲喂方法

粗料1：全株青贮玉米15~22千克；小麦秸2.5千克；苜蓿干草4~6千克；青干草1.5~4千克。

粗料2：全株青贮玉米15~22千克；小麦秸2.5千克；苜蓿干草4~6千克；青干草1.5~4千克；胡萝卜：2~3千克；马铃薯3~4千克。

精料：为"基本日粮"中精料，即产后15天内的精料。在原精料量的基础上产奶量每增加1千克牛奶，需要增加精料量0.4~0.45千克。精料量超过9千克时，每日在每头日粮中另添加0.1千克苏打（碳酸氢钠），每日精料量不可超过13.5千克。

（七）育肥牛推荐配方

配方一。玉米50.8%；棉籽饼22%；小麦麸24.7%；磷酸氢钙0.3%；石粉0.2%；食盐1%；小苏打0.5%；微量元素和维生素添加剂1%。

适宜于300千克体重育肥牛，每日补饲精料4~5千克，麦草或玉米秸3~4千克。

配方二。玉米51.3%；大麦21.3%；棉籽饼10.3%；小麦麸14.7%；磷酸氢钙0.14%；石粉0.26；食盐1.5%；小苏打0.5%；微量元素和维生素添加剂1%。

适宜于400千克体重育肥牛，每日补饲精料5~7千克，麦草或玉米秸5~6千克。

配方三。玉米 56.6%；大麦 20.7%；棉籽饼 6.3%；小麦麸 14.2%；磷酸氢钙 0.14%；石粉 0.2%；食盐 1.5%；小苏打 0.5%；微量元素和维生素添加剂 1%。

适宜于 450 千克体重育肥牛，每日补饲精料 6~8 千克，麦草或玉米秸 5~6 千克。

第四节　奶牛饲养管理技术

在集约化奶牛场牛生产要存活下去并获得利润，就必须加强管理。当多头牛养在小面积的圈舍内，牛只的直接或间接接触要增加，引起疾病的可能性呈几何级数增加，另一方面在提高生长速度的育种和饲养措施使得病的可能也增大。再一方面，随着牛群的增大，每头牛得到的护理减少，疾病被发现时间延长，治疗成活率降低，如果不改善管理，死亡率也要增加。特别是舍饲奶牛，处在不同的生理阶段，营养需求和管理方式都有差异，我们更应该按照奶牛不同生长时期、生产阶段，按不同生长时期分为犊牛哺乳期（0~60 日龄）；犊牛断奶期（断奶至 6 月龄）；育成牛（7~15 月龄）；头胎怀孕牛；成年牛等进行分类介绍。

一、犊牛的管理

犊牛哺乳期（0~60 日龄）

新生犊牛较脆弱，适应能力差，出生后前一周更是如此，需要加强管理，提供良好环境。

（1）初生犊牛的护理。犊牛出生后迅速清除口腔鼻腔黏液，让母牛舔舐牛犊身体黏液，有助于胎衣排出，有助于刺激母牛泌乳，另外可对犊牛身体和肌肉进行自然的良好按摩，使犊牛亲近新环境，快速活跃清醒。尤其是在环境温度较低的情况下，舔舐有助于保温并使牛犊身体快速干燥，防止受凉。牛犊被舔舐干净后要与母牛和母牛环境分离，以隔绝环境中寄生虫和其他病原体对犊牛的侵袭，同时有助于犊牛形成饮奶习惯。要求一犊一栏，以防犊牛相互舔舐，吮吸脐带和尾部，造成相互感染。

（2）断脐，距犊牛腹部 5~10 厘米处，用消毒过的剪刀剪断或扯断脐带，断端涂 5% 的碘酊。

（3）人工呼吸救助假死犊牛或弱胎犊牛（方法：①有节律的按压犊牛的胸廓；②有节律的提两后肢，抬高后躯，18~36 次/分，同时肌内注射安钠咖或樟脑磺酸钠 10 毫升）。

（4）脐带处理后，鉴定犊牛公母、称重、编号、填写系谱和登记犊牛卡片。

（5）饲喂初乳，犊牛出生 2 小时内哺喂初乳 1.5~2 千克，犊牛不食，可用胃导管导入初乳 2 千克，间隔 6~8 小时再哺喂 1 次，3 次/日，目前由于奶牛场限于设备条件一般用奶桶喂初乳。一般保育员采用洗净的食指、中指蘸些奶，让犊牛吮吸，逐步学会奶桶饲喂（图 4-19）。

图 4-19　犊牛的护理

（6）哺喂奶时，做到"三定"，即定时、定量、定温（35~40℃）。

（7）单圈饲喂，产房定期更换垫草并消毒；每次奶具用后都要严格进行清洗消毒，程序为：冷水冲洗，小苏打洗涤剂擦洗，温水漂洗干净，晾干，使用前用 85℃ 以上热水或蒸汽消毒。

（8）犊牛拉稀时，应减喂奶量 1/3~1/2，同时积极配合药物治疗。

（9）去角基。犊牛出生后，在 20~30 天用电烙铁去角基。方法一：先用电动去角器通电升温至 480~540℃，然后用充分加热的去角器处理角基，每个角基处理 5~10 秒即可；方法二：先剪去角基周围的被毛，在角基周围涂上一圈凡士林，然后用苛性钠棒在角根上轻轻地擦磨，直至皮肤发滑及有微量血丝渗出为止，约 15 天结痂不再长角（图 4-20）。

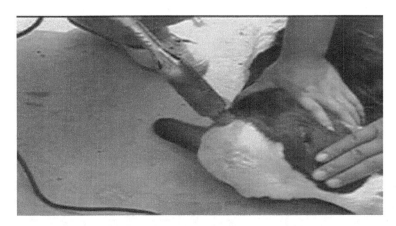

图 4-20　犊牛去角

（10）去副乳头。犊牛6月龄之内可去副乳头，最佳时间在2~6周，这时痛感不强，不易造成伤害。最好避开夏季。用2%碘酒消毒副乳头周围，再轻拉副乳头，沿着基部剪除副乳头。去副乳头有助于预防成年后乳房炎的发生。

（11）补料，出生后的第5天开始补喂犊牛料。

一、小牛的管理（断奶至6月龄）

保持高营养饲喂以替代断乳后的营养需求及适应断乳后的消化机能，促使犊牛充分生长发育。

（1）1.5~2月龄时可以植物性饲料，如苜蓿，青干草，胡萝卜。

（2）断奶，根据月龄、体重、精料采食量确定断奶时间，2~3月断奶，按照体重1%的比例添加犊牛料。

三、育成牛（7~15月龄）

育成牛由于肌肉、骨骼、和内部器官都处于最快的生长时期也是体格体重变化最大的时期，在正常的饲养条件下，1岁体重可达初生重的7~8倍，到配种年龄可达成年体重的70%，实践中要获得育成牛较为理想的生长指标。需要做到以下方面。

（1）分群饲养。不论采取拴系饲养还是散栏饲养，公母牛都要分群管理，并根据牛群大小，应尽量把年龄相近的牛分为一群（图4-21）。

育成牛群

图4-21　育成牛分区饲养

（2）饲养要点。精心饲养，细心管理大量饲喂粗料，扩充瘤胃容积，增进瘤胃机能，培养耐粗饲性能，适时进行配种。

（3）选育要点。对后备牛的选择与培育，不能采用粗放饲养犊牛，按品种标准进行选留后备母牛。

（4）繁育要点。在良好的饲养管理条件下，一般15~16月龄或体重达到成年母牛体重70%即可配种。奶牛体重达到360~400千克，进行第一次配种。饲养好、适龄投入，可降低饲养成本，提高经济效益。

四、妊娠牛的饲养管理

（一）初次妊娠母牛的饲养与管理

（1）及时做好妊娠诊断，由配种员进行直肠孕检或B超检测，确定怀孕后做好保胎工作。

（2）要求母牛保持中等以上体况，怀孕初期，其营养需要与配种前差异不大。怀孕的最后4个月，其营养较前有较大差异，应按照奶牛营养标准进行饲养，每日以优质粗饲料为主，并增加精料2~3千克，粗蛋白质维持在13%~15%，奶牛仍处在生长过程中，要确保生长营养和胎儿生长发育营养（图4-

22）。

图 4-22 头胎牛的早期妊娠检查与饲养

（二）经产牛的饲养管理

（1）产奶牛的饲喂原则。先粗后精，以精带粗，少喂勤添，不空槽、不堆槽。先喂适口性差的草料，后喂适口性好的草料。有条件的牛场采用全混饲日粮饲喂技术（TMR），可以有效杜绝饲草料浪费。

（2）饲喂时间和饲喂量。各奶牛场均不同，一般为 2~3 次/日，高产奶牛的饲喂时间每 6~8 小时饲喂一次。

（3）产奶牛的基础料。3~4 千克/日。每产 3~3.5 千克奶增加 1 千克精料。采用引导饲喂法，10~15 天开始，饲养标准外增加 1~2 千克，最多不超过 12 千克，过多饲喂精饲料，会引起奶牛瘤胃酸中毒或真胃变位。

五、成年奶牛阶段性饲养管理

通过从事牛场工作实践证明，按照阶段性饲养是提高牛群产奶量，增加经济收入的有效方法。根据《高产奶牛饲养管理规范》规定，泌乳奶牛划分一下 5 个阶段：妊娠干奶期、围产期、泌乳盛期、泌乳中期、泌乳后期。

（一）干奶期母牛饲养管理

妊娠干奶期是指从停止挤奶到产犊前 15 天的经产牛和妊娠 7 月龄以上到产犊前 15 天的初孕牛。干乳期多安排在预产期前 60 天左右。

1. 干乳的意义

（1）体内胎儿后期快速发育的需要。母牛妊娠后期，胎儿生长速度加快，胎儿近60%的体重在妊娠最后两个月增长的，需要大量的营养。

（2）乳腺组织周期性修复的需要。母牛经过10个月的泌乳期，使器官系统一直处于代谢的紧张状态，尤其是乳腺细胞需要一定时间的修复与更新。

（3）恢复体况的需要。母牛经过长期的泌乳，消耗了大量的营养物质，也需要干奶期以便母牛体内亏损的营养得到补充，并且能够贮集一定的营养，为下一个泌乳期更好的泌乳打下良好的体质基础。

（4）治疗乳房炎的需要。由于干奶期奶牛停止泌乳，这个阶段是治疗隐性乳房炎和临床性乳房炎的最佳时机。

2. 干奶的方法

（1）逐步干奶法。在预定干奶期的前10~20天，开始变更母牛饲料，减少青草、青贮、块根等青饲料及多汁饲料的喂量，多喂干草，并适当限制饮水，停止母牛运动和乳房按摩，改变挤奶时间，减少挤奶次数，有每天3次改为2次或1次，以后再隔日或隔二三日挤奶一次，待产奶量降至4~5千克时停止挤奶。

（2）快速干奶法。与逐步干奶基本相同，只不过时间为14天左右。最后一次挤奶后，给奶牛每个乳区注入干奶牛专用的长效乳炎制剂，乳头蘸封乳头剂。

（3）骤然干奶法。在奶牛干乳日突然停止挤乳，乳房内存的乳汁经4~10天可以吸收完全。对于产奶量过高的奶牛，待突然停奶7天再挤一次，但挤奶前不按摩，挤奶后注入抗菌药物，封闭乳头。

3. 干奶期的管理

（1）在这阶段不采血，不做预防，不修蹄。

（2）不可喂腐败变质精粗饲料以及冰冻块根饲料，以免引起流产或瘤胃膨胀。

（3）冬季水温不得低于10℃，否则容易造成流产。

（4）每天可以在运动场运动2~3小时，以利于分娩和预防产前瘫痪、难产和产后胎衣不下。

（二）分娩期管理

（1）适当调整日粮矿物质结构，以减少产后瘫痪，乳房水肿，保证产后奶牛恢复体况。

（2）将母牛移入产房，有专人饲养和看护，发现临产征兆，按照预产期估计分娩时间，准备接产。母牛分娩后，由于大量失水，要立即饮用温热足量的麸皮盐水（小麦麸 1~2 千克，盐 100~200 克，碳酸钙 50~100 克，温水 10~15 千克），可以起到暖胃、充饥、增腹压的作用。同时饲喂优质干草 1~2 千克。

（3）为了促进子宫恢复和恶露排除，还可以补给益母草红糖水（益母草 250 克，水 1.5 千克，煎成水剂后，加红糖 1 千克，水 3 升），每日一次，连喂 2~3 天。

（4）产奶头几次挤奶，尤其是头 3 次挤奶特别注意，每次只能挤出奶量的一部分。第一次挤奶为 2.0~2.5 千克，第二次应挤 2.5~4 千克，第三次应挤 5.5~6 千克，第四次可以挤净。可以有效防止产后瘫痪的发生。

（5）做好产后监控

见表 4-1。

表 4-1　奶牛产后监控

产后时间（天）	观察内容	预防疾病
0~1	胎儿产出情况和产道有无创伤、失血等注意观察胎衣排除时间和是否完整，以及母牛的努责情况	预防子宫外翻和产后瘫痪、胎衣不下等
1~7	观察恶露的颜色、气味、内含物的变化、早晚测体温	预防子宫内膜炎
7~14	观察恶露的数量、颜色、气味、异味、炎性分泌物	预防产科疾病
15~30	直肠检查母牛子宫复旧进程卵巢形态，描述卵巢形状、体积、卵巢和黄体的位置和大小	预防繁殖性疾病
31~60	直肠检查卵巢活动和产后首次发情出现	预防卵巢囊肿、卵巢静止
60 以上	观察有无发情症状	查明原因及时治疗，适时配种

（三）围产后期

调整饲料配方中的钙磷比例 2:1，其中钙为 0.6%，磷为 0.3%，应让奶牛只尽快提高采食量，适应泌乳牛日粮；排尽恶露，尽快恢复繁殖机能。

哺乳母牛的主要任务是多产奶，以获得经济效益。母牛在哺乳期所消耗的营养比妊娠后期多，每产 3 千克含乳脂率 3.2% 的奶，约消耗 1 千克配合饲料的营养物质。按照母牛产奶量补饲精料的数量。

（四）泌乳盛期饲养管理

（1）泌乳盛期，随着乳牛产奶量的上升乳房体积膨大，内压增高，乳头孔内充满乳汁，乳房容易感染病原菌引起乳房炎，所以要严加预防。一要继续做好挤乳前乳头的清洗，包括乳头淋洗、擦干、按摩。二是挤乳废弃最初的 1~2 把奶。三是正确使用，并观察挤奶器是否正常运转，挤奶时严防空挤造成乳房受损。手工挤奶应尽量缩短挤奶时间。四是挤奶后药浴乳头，使消毒液附着在乳头上形成一层保护膜，可以大大降低乳房炎的发生。

（2）加强饲养管理。注重精料采食能力恢复，减少体况负平衡，尽力提高产奶高峰；搞好产量测定，按需供给日粮；搞好产后监控，及时进行配种。

（五）泌乳中期的饲养管理（产后 101~200 天）

在满足能量和蛋白质营养需要的前提下，适当减少精料，逐步增加优质青粗饲料的喂量，粗饲料的摄入量应占干物质摄入量的 50%~55%，为维护瘤胃正常功能和正常乳脂率，应提供高质量的饲草，延长高产时间。

（六）泌乳后期的饲养管理（产后 201 天至停奶）

（1）以恢复牛只体况为主，预防流产，做好停奶准备工作。

（2）对与头胎、二胎牛考虑生长的营养需要，所以，一胎母牛维持需要基础上按饲养标准增加 20%，二胎母牛增加 10%。

（3）产间距。最短产间距：45 天（产后配种时间）+275 天（怀孕时间）= 320 天，理想产间距：305 天（泌乳时间）+60 天（干乳时间）= 365 天。平均产间距应保持在 400 天左右。理想成年奶牛中怀孕牛所占比例应为 75%。

（七）使用正确的挤奶程序

（1）温和的对待牛如果在挤奶前，粗暴对待牛只或大声叫喊，使牛受到惊吓，牛则会释放肾上腺素，而肾上腺素抑制催产素的释放使乳汁排不完全，影响产奶量。

（2）清洗乳头。清洗乳头有三个过程：淋洗、擦干、按摩。淋洗时应注意不要洗的面积太大，因为面积太大会使乳房上部的脏物随水流下，集中到乳头，使乳头感染的机会增加。淋洗后用干净毛巾或纸巾废报纸擦干，注意一只牛一条毛巾或一片纸，毛巾用后清洗、消毒；然后按摩乳房，促使乳计释放。这一过程要轻柔、快速，建议在 15~25 秒内完成。

（3）废弃最初的 1~2 把奶。可在清洗乳头前进行，也可在清洗乳头后进行，建议在清洗乳头前进行，因为这样可提早给乳牛一个强烈的放乳刺激。废弃奶应用专门容器盛装，减少对环境的污染。

（4）乳头药浴。挤奶前用消毒药液浸泡乳头，然后停留 30 秒，再用纸巾或毛巾擦干。乳头药浴的推荐程序如下：用手取掉乳头上的垫草之类的杂物，废弃每一乳头的最初 1~2 把奶，对每一乳头进行药浴，等待 30 秒，擦干。注意：如果乳头非常肮脏，应先用水清洗，再进行药浴。

（5）挤奶。如果是机器挤奶，应注意正确使用挤奶器，并观察挤奶器是否正常工作，机器运转不正常会使放乳不完全或损害乳房。手工挤奶则应尽量缩短挤奶时间。

（6）挤奶后药浴。乳头挤完奶 15 分钟之后，乳头环状括约肌才能恢复收缩功能，关闭乳头孔。在这 15 分钟之内，张开的乳头孔极易受到环境性病原菌的侵袭。及时进行药浴，使消毒液附着在乳头上形成一层保护膜，可以大大降低乳房炎的发病率。

（八）生鲜牛乳的初步处理

生鲜牛奶初步处理是奶牛场必不可少的一个环节，为了保持牛奶在运输到奶站或销售前不变质，对刚挤下的鲜牛奶必须进行初步处理，即包括过滤、冷却与贮藏等环节。

1. 过滤

在挤奶过程中，尤其是手工挤奶过程中，牛奶中不免落入尘埃、牛毛、粪屑等，因而会使牛奶加速变质。所以刚挤出的牛乳必须用多层纱布（3~4 层）后过滤器进行过滤，以除去牛奶中的污物和减少细菌数目。纱布或过滤器每次用后应立即洗净、消毒、干燥后存放在清洁干燥处备用。

2. 牛奶的冷却

刚挤出的牛奶，虽然经过过滤清除了一些杂质，但由于牛乳温度高，适宜于细菌的大量繁殖。所以过滤过的牛奶应在 2 小时内冷却到 0~4℃，冷却降温可以有效抑制微生物的繁殖速度，延长牛奶保存时间。最佳冷却温度 4~5℃ 保质期 24~36 小时。

常用的制冷设备和方法有：

（1）水池冷却法，这是最简易的方法。即将牛奶桶放入水池内，用冷水或冰水进行冷却。水池冷却应不时地搅拌，并根据水温进行排水和换水。

（2）冰柜冷却法，适宜于牛奶比较少的家庭牧场，对于农户比较适宜。

（3）直冷式奶罐，通过制冷机制冷奶罐罐壁，使进入的牛奶冷却。优点是冷却和贮存集合在一体中，作为挤奶设备的配套设备，期贮存的容量与制冷机的功率与奶牛场产奶高峰期最高一次产奶量相匹配。

3. 运输

（1）奶桶。将牛奶装入 40~50 升奶桶中用卡车运输，在夏季可采用早晚运输，避免高温天气，运输前奶桶必须装满并盖严紧，以防牛奶震荡。使用奶桶运输，必须保持其清洁卫生，并加以严格消毒，送奶结束后，奶桶必须及时清洗消毒并晾干。

（2）奶罐车运输。奶罐车一般是将输奶软管与牛场冷却罐的出口阀相连接。奶罐车装有一台计量泵，能够自动记录接收牛奶的数量。

六、奶牛繁殖管理

奶牛繁殖管理的重要性"抓奶先抓配"要想让奶牛高产，必须抓好配种关，否则品种再好的奶牛产犊第二年产奶量也会急剧下降。对于一个牛场来讲，繁殖技术管理的好坏将直接影响着整个牛群的生产水平，而繁殖水平的高低绝不是做好某一项工作而奏效。只有不断改善繁殖管理，提高繁殖技术水平，以及与繁殖技术有关的各个环节必须采取综合技术措施，才能取得预期的生产效果。

（一）种公牛育种指标

俗话说"好公牛好一坡，好母牛好一窝"，说明父系选择的重要性。种公牛遗传性能稳定，三代以上系谱清楚，育种值高，经农业部专家评审鉴定为特级种公牛，冷冻精液检验符合《牛冷冻精液》GB 4143—2008 规定。冻精采购来源于国家认证种公牛站。

（二）奶牛母牛繁殖指标

年受胎率≥90%；年平均情期受胎率≥55%；年平均胎间距≥390 天；年繁殖率≥85%。

（三）人工授精技术管理

1. 配种母牛要求

育成母牛满 16 月龄或体重达到 360 千克以开始配种；成年母牛产后第一次配种时间掌握在产后 60 ~ 90 天，膘情中等以上；配种前要对母牛进行检查，对患有生殖疾病的牛不予配种，应及时治疗或淘汰。

2. 发情鉴定

以外部观察法为主，结合直肠检查。外部观察，母牛阴门肿胀并流出玻璃棒状透明黏液；食饮减退，精神兴奋，哞叫不停；接受其他牛爬跨，站立不动。直肠检查，触感卵泡上有明显滤泡发育者为发情牛。

3. 人工授精技术

验精室要求保持干净卫生，不能存放有刺激气味物品，禁止吸烟，除操作人员外，其他人一律禁止入内。室温应保持 18 ~ 25℃。所用输精器械必须严格消毒，玻璃用具应在每次使用后彻底洗涤、冲洗，然后放干燥箱内经 170℃ 消毒 2 小时或蒸煮消毒 0.5 小时；使用带塑料外套细管输精器输精时，塑料外套应保持清洁，不被细菌污染，仅限于一次使用。

输精前进行精液品质检查，精子活力达 0.35 以上，细管精液在 1 000 万以上方可输精。

采用直肠把握输精，输精时机掌握在发情中、后期，一个发情期输精 1 ~ 2 次，每次 1 个剂量精液。配种全过程严格按照人工授精卫生操作要求进行。

（四）妊娠诊断和管理

（1）妊娠诊断进行两次，第一次于输精后 60 天进行，第二次在停奶前进行。

（2）采用直肠检查法、腹壁触诊法、超声诊断法等确定怀孕与否。

（3）妊娠母牛要加强饲养管理。保持中上等体况，做好保胎工作。

（五）产科管理

（1）母牛应以自然分娩为主，需助产时严格按产科要求进行。

（2）产后 12 小时内，观察母牛努责情况，发现努责强烈，要注意子宫内有无胎儿和子宫脱征兆，发现子宫脱要及时处理。

（3）产后 24 小时内观察胎衣排出情况。发现胎衣滞留应及时处理。

（4）产后 6 天内，观察母牛产道有无损伤、发现损伤要及时处理。

（5）产后 15 天左右观察恶露排净程度及黏液的清净程度。发现异常的情况要处理。

（6）产后 30~40 天通过直肠检查子宫复旧情况，发现子宫复旧不全要及时治疗。

（7）为促进母牛产后生殖机能恢复，提早发情配种时间，对产后母牛加强饲养管理。

（六）繁殖障碍牛的管理

（1）对产后 60 天未发情或发情后 40 天以上不再发情的未配牛、妊娠检查发现的未妊娠牛要查明原因，必要时进行诱导发情。

（2）对输精两次以上未妊娠的牛，要进行直肠检查，发现病症及时处理，对产后半年以上的未妊娠牛要组织会诊。

（3）对早期胚胎死亡、流产、早产牛，要分析原因、必要时进行流行病学调查、并采取相应措施。

（4）对屡配不孕（3 个情期以上）或屡配不育的母牛要及时淘汰。

（七）繁殖记录及统计报表记录

（1）建立发情配种、妊娠、流产、产犊、产科管理及繁殖障碍牛检查、处理等记录。原始记录必须真实可靠。

（2）要认真做好各项繁殖指标的统计，数字要准确，建立繁殖月报、季报和年报制度（表 4-2~表 4-4）。

表 4-2 配种日记

日期	牛舍	牛号	配种时间		卵泡		公牛号	配次	受孕与否	备注
			初配时间	复配时间	左	右				

表4-3　月受胎报表

年　　　月　　　日

牛舍	牛号	配种时间	预产期	公牛号	牛舍	牛号	配种时间	预产期	与配公牛

表4-4　奶牛场配种繁殖记录统计表

母牛号：　　　　　　　　出生　　年　　月　　日

胎次	发情时间	配种时间	与配公牛			配种方式	妊娠日期	预产期	实际产犊期	妊娠天数	犊牛情况		
			牛号	品种	等级						牛号	性别	初生重

七、典型案例与成效

2010 年哈密地区科技兴农《奶牛标准化养殖示范与推广》项目，通过标准化饲养管理科技指导，制定了相关制度与规程，完善了奶牛的 DHI 档案建立与管理工作。项目区通过环境消毒，圈舍饮水设施改进，消灭了奶牛蹄病；通过分群管理，夏季奶牛酒精阳性乳，由原来的46.7%，20 天全部治愈；对怀孕后期母牛科学补饲精料，犊牛成活率达98%；通过清宫、妊检、加强饲养管理、及时配种，奶牛繁殖率由原来怀孕率的70%达到85%以上，缩短产间距；通过分阶段饲养管理奶牛产奶量由原来 17千克/天，上升到 22 千克/天。项目区产奶牛年增加效益 109.5 万元。

第五节　肉牛饲养管理技术

一、肉牛的生长发育规律

（一）体重增长的一般规律

胎儿在前 4 个月生长速度缓慢，以后加快，分娩时速度最快。胎儿阶段各部分的生长具有明显的不均衡性，用于维持生命需要的重要器官（如头、内脏、四肢骨等）发育较快，而肌肉、脂肪增长较慢。在保证充足营养的条件下，出生后犊牛体重在性成熟时呈加速增长趋势，到发育成熟时增重则逐渐变慢，即12月龄前的生长速度很快，以后逐渐变慢，但从出生到6月龄的生长强度要远大于从6月龄到12月龄。在生产上，应掌握牛的生长发育特点，利用其生长发有快速阶段给予充分的营养，使牛能够快速增长，提高饲养效率。在肉牛性发育成熟、生长速要变慢时，适合屠宰较为经济。一般肉牛在1.5~2岁时屠宰。体重的补偿增长规律，就是幼牛在生长发育的某个阶段，由于营养不足而使生长速度下降，仍能恢复正常体重。在补偿生长阶段、补偿生长牛的生长速度、采食量、饲料转化率均高于正常生长的牛，架子牛育肥常获得较好的经济效益，就是利用这原理。如果生长受阻阶段在胚胎期或初生至3月龄时，补偿效果不好。

（二）体组织生长规律

1. 骨骼

在胎儿期间骨骼发育较快。出生后骨骼的生长一直比较稳定。初生犊牛的骨骼已能担负整个体重，四肢骨的相对长度比成年牛高，以保证出生后能跟随母牛哺乳。

2. 肌肉

在胎儿期间肌肉的增长速度低于骨的增长速度，但出生后肌肉生长加快，生长速度高于骨骼的生长速度。肌肉生长主要由于肌肉纤维体积的增大，使肌纤维束相应增大。随着年龄增长，肉质的纹理变粗。

3. 脂肪

从出生到1岁期间脂肪增长速度较慢，仅稍快于骨骼的生长，以后逐渐加快。肥育初期体腔脂肪增加较快，以后皮下脂肪积蓄加快，最后才加速肌纤维间的脂肪沉积，使肉质变嫩。

4. 各种体组织占胴体比例的变化

各种体组织的比例因品种水平和饲养水平不同而有所不同。饲养水平高，牛的生产性能好，则肌肉和脂肪占的比例大。肌肉占胴体的比例先增加，然后下降；脂肪占胴体的比例持续增加；骨骼占胴体的比例持续下降。

5. 体组织生长与屠宰率的关系

肌肉和脂肪组织的生长性偿生长特性决定屠宰率。同一品种在相同饲养条件下，体重越大，肌肉和脂肪的比例越大，屠宰率越高。100~400千克期间屠宰率增加明显，400~500千克期间屠宰率增加不明显。

6. 体组织生长与品种和性别的关系

早熟品种体重较轻时就能达到成熟年龄的体组织比率；晚熟品种达到成熟年龄体组织的比率较晚，因此育肥期较长；公牛骨、肌肉较多，脂肪的生长延迟。公牛、阉牛、母牛在生长前期，肌肉、脂肪和骨的生长趋势相似、但生长后期，母牛脂肪生长速度明显加快，阉牛次之公牛明显较慢。

（三）不同部位体组织的沉积规律

1. 肌肉

最初四肢肌肉特别是后肢肌肉较发达。以后，随着年龄的增长，四肢肌肉占全身肌肉的比例有所下降，而颈部、背腰部、肩部肌肉的比例增加。公牛颈部、肩胛部肌肉所占整个肌肉的比例均高于母牛。

2. 脂肪

脂肪沉积强度的顺序是肾脂肪、骨盆腔脂肪和肌内间脂肪，最后为皮下脂肪。肉牛各部位脂肪占胴体的比例，在幼龄时期肾脂肪、骨盆腔脂肪和肌肉间脂肪占有较高的比例，皮下脂肪的比例很低，但随着体重的增加，皮下脂肪的比例明显增大，肌内间脂肪比例明显下降。

3. 饲养水平对组织的影响

高饲养水平时，脂肪所占比例很高、肌肉比例下降，低水平饲养时，肌肉的比例较高。骨骼所占的比例以低饲养水平时为最高。当饲养水平很低、体重减轻时一般情况下，先是脂肪减少，而后是肌肉。当体重恢复时肌肉恢复最快。

二、犊牛的饲养管理

（一）舍饲养殖肉牛犊牛的管理

1. 犊牛的接产

清除口腔黏液、断脐消毒。

2. 早吃初乳

初乳的营养丰富，尤其是蛋白质、矿物质和维生素A的含量比常乳高在蛋白质中含有大量的免疫球蛋白，对增强犊牛的抗病力具有重要作用。初乳中镁盐较多，有助于犊牛排出胎粪。初乳中还含有溶菌酶，具有杀灭各种病菌功能，同时初乳进入胃肠具有代替胃肠壁黏膜作用，阻止细菌进入血液。从犊牛本身来讲，初生犊牛胃肠道对母体原型抗体的通透性在生后很快开始下降，约在 18 小时就几乎丧失殆尽。在此期间如不能吃到足够的初乳，对犊牛的健康就会造成严重的威胁。因此，犊牛出生后应在 0.5~2 小时尽量让其吃上初乳，方法是在犊牛能够自行站立时，让其接近母牛后躯，采食母乳。对个别体弱的可人工辅助，挤几滴母乳于洁净手指上，让犊牛吸吮其手指，而后引导到乳头助其吮奶。

3. 开食

出生 7~10 天训练采食干草，14 天饮 36~38℃ 的温开水，逐渐过渡至常温水。15~20 天训练采食精饲料，在饲槽内放入麦麸、玉米，加入少量食盐混合成干粉料让其舔食，或将胡萝卜等切成碎块补饲，8 周龄前不宜多喂青贮饲料和秸秆。在温暖季节里，让犊牛自由饮用常温清洁水。

4. 做好断奶工作

进行断奶前 2 周将犊牛与母牛群一起赶入犊牛断奶栅栏内进行饲养，使犊牛习惯于新的环境。同时，对犊牛进行补饲、使犊牛习惯于补饲。

另外进行必要的疫苗注射和其他管理措施。断奶时，将犊牛留在原地不动，把母牛群赶到母子互相听不到声音和看不到地方。

（二）自然哺乳犊牛饲养

1. 肉用母牛分娩后 2~3 周泌乳量达高峰期，以后逐渐开始减少，哺乳期的犊牛第 4 胃特别发达，对母乳的消化力强。

2. 在草场良好的夏季，母牛乳量多、无须补饲补饲。但在冬、春季节犊牛生长至 2 月龄左右时，仅靠母乳很难满足发育需要，需要补精饲料 0.5~1 千克。

（三）自然哺乳犊牛断奶

肉用犊牛的断奶范围一般情况下为 5~8 月龄，平均为 6 月龄。

这时期母牛产奶量下降，为下胎准备必要的营养物质的储存，如果继续哺乳，就直接影响母牛以后繁殖能力。

犊牛断奶后采食足够粗饲料有利于犊牛瘤胃发育，同时每日补饲精料 1.0~1.5 千克，促进犊牛的生长发育。

三、母牛饲养管理技术要点

（一）基础母牛的放牧饲养

（1）大多数地区一般采用全年放牧饲养技术，冬季根据当地情况，寒冷地区采用舍饲。

在放牧期尽量不喂精料，但应补饲矿物质饲料、春季和夏初应补饲精饲料0.5~1.0千克。冬季给予干草、青贮饲料和适当补饲精饲料0.5~1.5千克。

在分娩前2~3个月应开始增加营养水平，营养水平的好坏直接影响犊牛的初生重和断奶成活率。营养水平差时，犊牛的初生重降低6千克左右，断奶率降低19%。因此，需补饲精饲料0.5~1.0千克。

（2）产犊时期。

分娩前2周。根据母牛膘情和牧草品质供给精饲料，通常补饲量0.5~1.5千克/天，使母牛膘情维持在中等偏上。

分娩后2周内。母牛体质较弱，生理机能差，饲养上应以恢复体质为主。在优质草场放牧，加少量的精饲料。精饲料哈萨克牛最高给予量不要超过1.5千克/天，西门塔尔杂交牛2.0~2.5千克/天。

（3）哺乳期母牛饲养。母牛分娩2周以后，泌乳量迅速上升，身体已恢复，应以放牧为主，适量补饲精饲料。

以优质草场放牧为主，精料的给予量根据粗饲料和母牛膘情而定，一般精料的饲喂量0.5~2千克/天。

（二）繁殖母牛的舍饲饲养

1. 空怀母牛

以粗饲为主，补少量精料。

保证配种前母牛体况中等以上，切忌过肥，舍饲养殖需提供足够阳光和运动场地。

对瘦弱母牛配种前2~3个月要加强营养，增加补饲精饲料1.0~2.0千克/天。

2. 妊娠期

（1）妊娠前期。从受胎至妊娠2个月之间的时期为妊娠前期。

胎儿生长速度缓慢，对营养需要量不大。饲养原则：以优质粗饲料为主，精饲料为辅。保证饲料的质量做好保胎工作，预防流产或早产。

一般混合精料的补饲量为 1.0~2.0 千克/天。

（2）妊娠中期。从妊娠 2~7 个月的时期为妊娠中期。

胎儿生长迅速，需要母体供给大量营养。故此期应增加精饲料饲喂量，多饲喂蛋白质含量高的饲料。

一般混合精料的补饲量为 1.5~3 千克/天。

（3）妊娠后期。从妊娠 8 个月至分娩的时期为妊娠后期。

胎儿生长迅速，需要母体供给大量营养。同时母牛也需储存一定营养物质，使日增重达 0.3~0.4 千克。故此期应增加精饲料饲喂量，多饲喂蛋白质含量高的饲料。

3. 产犊时期

分娩前 2 周：根据母牛膘情和粗饲料品质供给精饲料，通常补饲量 2~3 千克/天，使母牛膘情维持在中等偏上。将母牛转入待产区特别护理，并准备接产工作；产犊后缓慢驱赶母牛站起，然后饮用收集保存的温热羊水，再喂给用适量的温水（36~38℃）加入麸皮 0.5~1 千克，红糖 500 克，食盐 100~150 克调成的稀粥饮水。

分娩后 2 周内：母牛体质较弱，生理机能差，饲养上应以恢复体质为主。自由采食优质青干草，补给少量的精饲料。精饲料最高给予量不要超过 2 千克/天。

4. 哺乳期母牛饲养

母牛分娩 2 周以后：泌乳量迅速上升，身体已恢复，应增加精饲料。

干物质进食量 9~11 千克/天，日粮粗蛋白质 10%~11%。

以优质粗料为主，精料的给予量根据粗饲料和母牛膘情而定，一般精料的饲喂量 2~3 千克/天。精饲料、粗饲料要多样化，各由 3~4 种组成。尽量饲喂青绿、多汁饲料，以保证泌乳需要量。

（1）哺乳初期。母牛产犊后前 7 天（或 15 天）。

2 天内以优质干草为主，适当添加麸皮和玉米。3~4 天后可饲喂精料，量控制在 0.5~1.0 千克/天。3~8 天后精饲料的饲喂量恢复到 1.5~2.0 千克/天。

（2）哺乳盛期。产犊后 2~8 个月，精料饲喂量 2~3 千克/天，精粗最高比为 50：50。

（3）哺乳中期。产犊后 2~3 个月，增加粗料、减少精料的给予量，精料饲喂量 2.5~1.5 千克/天，精粗比为 40：60。

哺乳后期：产犊后 3 个月至犊牛断奶的时期，精料饲喂量控制在 2.0 千克，精粗比为 30：70。产后 60~90 天发情及时配种。

四、肉牛育肥技术

（一）肉牛育肥的方式

1. 放牧育肥方式

指从犊牛育肥到出栏为止，完全采用草原放牧而不补充任何饲料的育肥方式。夏季水草茂盛，是放牧的最好季节，充分利用野生青草的营养价值高、适口性好和消化率高的优点，采用放牧育肥方式。当温度超过 30℃，注意防暑降温，可采取夜间放牧的方式提高采食量，增加经济效益。春、秋季应白天放牧，夜间补饲一定量的青贮、氨化和微贮秸秆等粗饲料和少量精料。冬季要补充一定的精料，适当增加能量饲料，提高肉牛的防寒能力，降低能量在基础代谢上的比例。

2. 半舍饲半放牧育肥方式

夏季青草期牛群采取放牧育肥，寒冷枯草期舍饲育肥，这种半集约的育肥方式称为半舍饲半放牧育肥。在牧草条件较好的牧区，犊牛断奶后，以放牧为主，根据草场情况，适当补充精料或干草，使其在 18 月龄体重达 400 千克。要实现这一目标，犊牛在哺乳阶段，平均日增重应达到 0.9~1 千克，冬季日增重 0.4~0.6 千克，第二个夏季日增重在 0.9 千克。在枯草季节，对育肥牛每天每头补饲精料 1~2 千克。放牧时应做到合理分群，每群 50 头左右，分群轮牧。我国 1 头体重 120~150 千克的牛需 1.5~2 公顷草场，放牧育肥时间一般在 5—11 月份，放牧时要注意牛的休息、饮水和补盐。夏季防暑，狠抓秋膘。

3. 舍饲育肥方式

肉牛从育肥开始到出栏为止全部实行圈养的育肥方式称为舍饲育肥。此法适用于 9—11 月份出生的秋犊牛。犊牛出生后随母牛哺乳或人工哺乳，哺乳期日增重 0.6 千克，断奶时体重达到 70 千克用断奶后以喂粗饲料为主，进行冬季舍饲，自由采食青贮料或干草，日喂精料不超过 2 千克，平均日增重 0.9 千克，到 6 月龄体重达到180千克。然后在优良牧草地放牧日增重保持0.8千克，到12月龄可达到325千克，转入舍饲，自由采食青贮料或青干草，日喂精料2~5千克，平均日增重0.9千克，到18月龄，体重达490千克。

（二）育肥牛的挑选

大多数育肥牛都是从牧区或外地收购来的。为了保证育肥的效果，在收购牛时要注意下列事项。

（1）首先是牛的发育正常，无明显疾病。

（2）体躯发育饱满、四肢直立正常，身体各部位无畸形。

（3）胸深、背阔、臀宽、腹部饱满紧凑，肋骨开张良好。

（4）收购时最好收良种牛和杂种牛，再收土种牛。因前两种牛的育肥效果明显好于土种牛。本地杂交组合有：夏洛莱与本地牛杂交后代，西门塔尔牛与本地牛杂交后代，安格斯牛与本地牛杂交后代，新疆褐牛与本地牛杂交后代，荷斯坦牛与本地牛杂交后代等。特点具有体型大，增长快，成熟早，肉质好。在相同的饲养管理条件下，杂交牛的增重、饲料转化率和产肉性能都优于本地黄牛品种。

（三）牛短期快速育肥技术

（1）分阶段育肥。

（2）饲养饲喂次数，早晚各一次，间隔12小时，确保牛有充分的休息、反刍时间，减少牛的运动。

饲喂方法，饲喂全混合日粮，定时、定量。

（3）管理。做好编号、分群、驱虫、消毒和防疫等工作。

（4）育肥牛的合理分群。育肥牛到位以后要进行分群。收来的牛年龄、体膘、体格大小都不一样，饲喂方法也不一样，所以必须分群。分群采用下列原则：

①按年龄划分分为犊牛、青年牛、成年牛；

②按性别划分为公牛、淘汰母牛、阉牛；

③按膘情划分为差膘、中等膘。

在实际工作中，一般按上述3种原则将牛分成小群，分群后的牛最好拴系喂。

（5）驱虫健胃。育肥前要进行驱虫，常用的驱虫药有伊维菌素、阿维菌素、丙硫苯咪唑等；同时用健胃散进行健胃。驱虫后 3 天内的粪便收集起来，堆积发酵，用 10%石灰水、强碱消毒剂对地面进行消毒杀虫处理。

（四）草原放牧肥育技术要点

1. 预饲期（7~10 日）

在预饲期开始做肥育准备工作，改变牛的饲喂日粮结构，让肥育牛适应新肥育环境，另外观察肥育牛的个体差别，适口性及采食饲料的习惯等特点。

2. 肥育前期（30~70 日）

提高肥育牛的采食量，尽可能利用好粗饲料和放牧草场。在营养上满足蛋白质的需要量，精料的饲喂量控制在最低限，根据粗料和草场牧草的品质来调正。

3. 肥育中期（30~70 日）

继续提高肥育牛的采食量，尽可能多得用粗饲料和放牧草场。提高增重效果，开始逐渐增加精料的饲喂，加快脂肪的贮存，改善肉的品质和结构适当增加饲料的饲喂次数。

4. 肥育后期（30 日）

肥育后期的饲养技术是以贮存脂肪为目的，改善肉的品质和等级，提高高能能量饲料的饲喂量控制运动、肥育后期注意采食量和牛的食欲和消化情况增加饲喂次数。

5. 肉牛育肥的目标出栏体重

表 4-5　肉牛育肥的目标出栏体重　　　　　　　　　（千克）

	小型品种	中型品种	大型品种
育肥起始体重	135~180	180~230	230~270
目标出栏体重			
阉　　牛	450~500	500~570	550~640
青年母牛	390~430	430~480	450~500

（五）舍饲肥育技术要点

1. 饲喂要求

牛刚进圈要适应新的环境和饲喂方法了为了减少应激必须有预饲期。预饲期一般为 10~15 天。

（1）饮水。收购牛以后第一次饮水量每头 15~20 千克，补盐 100 克。第二次饮水量在第一次后 3~4 小时，自由饮水，水质符合 NY 5027—2008《无公害食品畜禽饮用水水质》标准。

（2）饲喂。精料每天 1~1.5 千克、青贮 8~10 千克、干草自由采食。如用秸秆做粗饲料，要将其粉短用水软化并和精料、青贮混匀一同饲喂。少喂勤添，每 3~4 次。

（3）饲喂方案。育肥前期（15 天预饲期后 30 天）：精料 35%~45%、粗料 55%~65%、精料用量占体重 0.9%~1%。

育肥中期（40 ~ 60 天）：精料 55%、粗料 45%、精料用量占体重的 1%~1.2%。

育肥后期（70~90 天）：精料 75%~85%、粗料 15%~25%、精料用量占体重的 1.2~1.5%。

（4）饲喂方法。每天饲喂三次，每次间隔 6~8 小时。定时、定量，不能随意变动。

干草如麦秸秆，粉短后用水软化 4~5 小时，并与青贮、精料混匀饲喂。

2. 青年牛强度育肥管理技术要点

青年牛强度育肥：杂交犊牛断奶后经过 1 个月的适应期后转入强度育肥阶段。以玉米、黑面、麸皮等原料配制混合精料，喂量按体重的 1% 计算；以青贮玉米、氨化或微贮秸秆、苜蓿草等为粗饲料，粗饲料粉碎 2~4 厘米 与精饲料混合拌匀为混合日粮饲喂。保证饮水充足，适当限制运动。育肥到 12 月龄左右，体重达 350~400 千克出栏。

3. 架子牛育肥

犊牛自然哺乳到断奶后，充分利用青粗饲料饲喂到 16~20 月龄，体重达到 250~400 千克，然后再经过 3~6 个月的育肥，体重达到 500 千克左右出栏。小架子牛（体重 250~300 千克）育肥 5~6 个月，大架子牛（体重 300~400 千克）育肥 3 个月左右。在青草期以喂青草为主，补精饲料 1.5~2 千克，后期 2 个月可日补精料 3 千克。在枯草期以青贮、氨化秸秆和干苜蓿为粗饲料，切短后配成"花草"与精饲料制成混合日粮饲喂，前期混合精料用量 2~3 千克/天，后期可增到 3.5 千克/天。

4. 成年牛育肥

对 2.5 岁以上的杂种肉牛、当地黄牛及各类老龄牛进行育肥，矿物质的需要略高于维持需要，采取舍饲短期强度催肥 60~90 天，最长不超过 120 天。根据牛体增重和体内组织变化情况，可分前期、中期、后期 3 个阶段进行。

（六）效果评估

牛是否肥育好了，育肥期是否结束，通常有以下几种判断方法。

（1）从牛的采食量判断。无疾病等原因，日采食量连续数日下降，达到正常量的 1/3。

（2）从育肥度判断。体重/体高×100 = 育肥指数，育肥指数在 526 左右为最佳。

（3）从体型外貌判断。主要部位：胸垂、腹肋部、腰部、臀部脂肪沉积是否厚实、圆润。

总的来说育肥工作以经济效益为主，取得最大利益是育肥工作的根本。所以要密切注意市场，将育肥效果与市场紧密结合以期达到效益最佳。

五、典型案例与成效

2012 年哈密地区巴里坤山南开发区普生养殖基地利用自治区科技转化专项资金项目《标准化养殖示范小区生产技术集成与示范》项目的实施，逐步在肉牛标准化育肥中实现十统一（品种标准、育肥牛收购标准、饲草料营养搭配标准、饲养管理、饲草料加工、疫病防疫、出栏标准、环境卫生、屠宰加工、创建牛肉品牌）。促进养殖业技术支撑体系的建立和完善推动畜牧产业的升级，带动哈密地区养殖业和畜牧业标准化生产。

在《生产管理规章制度》和《各环节生产操作规程》的基础上，由哈密地区畜牧工作站技术人员的帮助制定《DB6522/T 001—2013 肉牛养殖育肥小区（厂）环境控制技术规范》《DB6522/T 002—2013 秸秆加工与利用技术规范》《DB6522/T 003—2013 肉牛养殖育肥全混合日粮（TMR）配制操作规程》《DB6522/T 004—2013 畜禽养殖档案管理规范》，并完成编制《哈密地区肉牛养殖育肥生产标准体系总则》。2011—2013 年累计育肥生产商品肉牛 23 459 头，累计出栏商品肉牛 20 176 头，平均日增重达 1.3 千克以上，新增销售收入 2 250.17 万元，新增总成本 1 608.46 万元，新增总利润 821.86 万元。

第六节　牛常见病防治

一、口蹄疫

口蹄疫是由口蹄疫病毒引起的以偶蹄动物为主的急性、热性、高度传染性疫病。偶蹄动物，包括牛、水牛、牦牛、绵羊、山羊、骆驼、猪等动物均易感。

（一）临床症状

潜伏期平均 2~4 天。初期表现精神沉郁，食欲减退，体温升高 40~41℃，运动减缓或跛行。病牛体温上升，高达，闭口，流涎。几小时后在唇内面、齿龈、舌面和颊部黏膜上出现水泡。首先出现直径 1~2 厘米的白色水泡，水泡迅速增大，病畜此时大量流涎。水泡易于破溃，液体溢出，露出明显的红色糜烂区。发病后期，水泡破溃、结痂，严重者蹄壳脱落，恢复期可见瘢痕、新生蹄甲；如继发性感染，则可能出现局部化脓和败血症（图 4-23）。

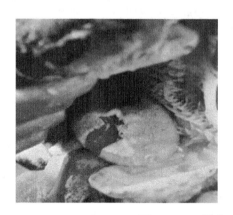

图 4-23　口蹄疫口腔坏死与蹄部溃烂

（二）综合防治措施

预防

以"早、快、严、小"为防控方针，采取封锁、隔离、消毒、捕杀和无害化处理、免疫、监测、流行病学调查等综合防控措施。

有条件的规模场，应开展免疫效果监测，制定科学合理的免疫程序，指导本场免疫工作。非疫区的牛在接种疫苗21天后方可移动或调运。

二、布鲁氏杆菌病

布鲁氏杆菌病是由布鲁氏杆菌引起的一种人畜共患的传染病。

（一）临床症状

多为怀孕期病牛，该病多在2周内发病，大多数病例属于隐性感染，孕后3~4个月内发生流产，流产前病牛食欲减退，口渴，精神委顿，阴道流出黄色黏液，有时掺杂血液。此外还可能因患关节炎和滑液囊炎而引起跛行；亦可患乳房炎和支气管炎。

（二）诊断

布病的诊断方法有临床诊断、细菌学诊断、血清学诊断及综合诊断法。目前最常用的诊断方法当属牛布病血清学诊断法。

1. 虎红平板凝集试验

取洁净玻璃板一块，用玻璃铅笔化成约4平方厘米小格，每行5格，或直接采用纸质一次性卡片，供检一个血清样品，然后按照格子加待检血清、抗原。用牙签或火柴棍自血清量最小的格子开始，一次向前搅拌混合完毕后，置于凝集反应箱上，加热至30℃左右，于5~8分钟内判断结果。无凝集现象，液体均浑浊，为阴性；可见凝集块，液体完全透明为阳性（图4-24）。

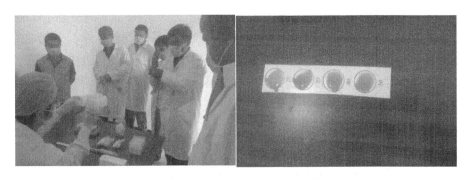

图4-24 简易虎红平板凝集试验

2. 对于平板凝集反应

可疑者可以采用试管凝集试验确诊。具体规定标准如下：牛血清 1∶100 稀释度（含 1 000 国际单位/毫升）出现 50%（++）凝集现象时，判定为阳性反应；1∶50 稀释度（含 50 国际单位/毫升）出现 50%（++）凝集时，判定为可疑反应。可疑反应的牛，经 3～4 周后重新采血检验，如仍为可疑反应，则判定为阳性。

（三）防治措施

（1）对牛群每年应定期进行布鲁氏杆菌病的血清学检查，对阳性牛只捕杀淘汰，必要时隔离治疗。对圈舍、饲具等要彻底消毒。

（2）对于未感染的畜群而言，防治该病的最佳方法为自繁自养，必须引入的，应严格按照检疫标准执行。

三、结核病

结核病是由结核杆菌引起的人畜共患的一种慢性传染病，其特征是病牛逐渐消瘦，在组织器官内形成结核结节和干酪样坏死。

（一）病原特征

结核分枝杆菌分为 3 个类型，即人型、牛型和禽型，其中以牛型对牛的致病性最强，牛型结核杆菌是一种细长杆菌，呈单一或链状排列，革兰氏染色阳性、无芽孢和荚膜、无鞭毛、不运动。

（二）流行特点

病牛是主要的传染源，致病菌可随呼出的气体、痰、粪便、尿、分泌物及乳汁排出体外，可通过呼吸道、消化道、生殖道感染，有时也可通过皮肤感染，一年四季均可发生，如饲养管理不良、牛群拥挤、牛舍阴暗潮湿、营养缺乏、环境卫生条件差等均可促进本病的发生与传播。

（三）临床症状

本病呈慢性经过，潜伏期数年或数月，部位不同，表现各异。

（1）肺部结核时，病初短促干咳，后逐渐加重，变为湿咳，鼻液呈黏液性或脓性，呼吸加快，胸部听诊可听到啰音，叩诊呈浊音、病牛逐渐消瘦、产奶量降低。

（2）乳房结核时，乳房上淋巴结肿大，乳房中可触摸到局限性的硬固的结节，无热无痛，泌乳量减少。乳汁稀薄，含有絮片，色黄而污浊，放置后有较多的沉淀。

（3）肠结核时，表现消化不良，顽固性下痢，很快消瘦，粪便稀薄，有时混有黏液或脓液。波及肠系膜、腹膜和肝脾时，直肠检查可见异常。

（4）生殖器官结核时，病牛表现性欲亢奋，不断发情，屡配不孕，即使受孕也易流产。

（四）诊断

结核菌素试验主要包括提纯结核菌素（PPD）诊断方法和老结核菌素（O.T）诊断方法。

1. 提纯结核菌素（PPD）诊断方法

我国研制的提纯结核菌素（PPD）多用于皮内试验。按每毫升含50 000国际单位的提纯结核菌原液0.1毫升，使用注射用水或灭菌蒸馏水稀释成每毫升含25 000国际单位的PPD 0.2毫升注射于牛颈侧中部皮内，在注射后72小时观察反应，局部皮肤出现肿、热痛等炎症反应。阳性反应——皮差为4毫米，但局部呈弥漫性水肿的可判为阳性。疑似反应——皮差为2.1~3.9毫米，炎性水肿不明显的判为疑似反应。阴性反应——皮差为≤2毫米，无炎性水肿的，或仅有坚实冷硬小结或呈纽扣状肿的判为阴性反应。

2. 老结核菌素（O.T）诊断方法

在牛的颈部皮内注射老结核菌素0.2毫升（小牛0.15毫升）。在注射前用标尺测量好皮的厚度。注射后72小时观察反应，除阳性牛不做第二次注射外，凡阴性牛及疑似牛在原注射部位，按前注射量注射，第二次注射后在48小时观察反应。

阳性反应——局部发热，有疼痛并呈现界线不明显的弥漫性水肿，软硬度如面团或硬片，其肿胀面积在3.5毫米×4.7毫米以上者，或少有轻微的肿胀，皮厚差为8毫米者为阳性。疑似反应——炎症肿胀面积35毫米×45毫米者，皮厚差在5.1~8毫米者为疑似反应。阴性反应——无炎性反应，皮厚差不超过5毫米的或仅有坚硬的界线明显的硬结者为阴性反应。

对可疑的病例进行确诊，有赖于细菌学检查，可用病料直装涂片，用抗酸法染色镜检，发现有病原即可确诊。

（五）防制措施

定期检疫，于春、秋进行 2 次检疫，对开放型的病牛和症状不明显的阳性牛一般进行捕杀处理，不给予治疗。被病牛污染的场所和用具都用 20% 的新鲜石灰乳进行消毒，培养健康犊牛。对受威胁的犊牛可进行卡介苗接种，每年 1 次。生产区出入口设消毒池，犊牛移出隔离舍时，清除并烧毁全部垫草，产房每半月一次大消毒，分娩牛床消毒。

四、牛巴氏杆菌病

牛巴氏杆菌病又名牛出血性败血病（牛出败），常以高热，肺炎、急性胃肠炎以及内脏器官广泛出血为特征。秋、冬季或长途运输抵抗力下降时容易引发此病。

（一）临床以本病常表现为急性败血型、浮肿型、肺炎型等类型

1. 急性败血型

病牛初期体温可高达 41~42℃，精神沉郁、反应迟钝、肌肉震颤、呼吸、脉搏加快，眼结膜潮红，食欲废绝，反刍停止。病牛表现为腹痛，常回头观腹，粪便初为粥样，后呈液状，并混杂黏液或血液且具恶臭。一般病程为 12~36 小时。

2. 浮肿型

除表现全身症状外，特征症状是颌下、喉部肿胀，有时水肿蔓延到垂肉、胸腹部、四肢等处。眼红肿、流泪，有急性结膜炎。呼吸困难，皮肤和黏膜发绀、呈紫色至青紫色，常因窒息或下痢虚脱而死。

3. 肺炎型

主要表现纤维素性胸膜肺炎症状。病牛体温升高，呼吸困难，痛苦干咳，有泡沫状鼻汁，后呈脓性。胸部叩诊呈浊音，有疼感。肺部听诊有支气管呼吸音及水泡性杂音。眼结膜潮红，流泪。有的病牛会出现带有黏液和血块的粪便。本病型最为常见，病程一般为 3~7 天。

（二）防治

（1）全群紧急接种牛出败疫苗或牛巴氏杆菌组织灭活疫苗。

（2）平时注意饲养管理，提供全价营养，尤其注意补充微量元素，搞好环

境卫生，增强机体抵抗力，防止家畜受寒。

（3）经常消毒，可用5%漂白粉、10%石灰乳、二氯异氰尿酸钠、复合酚类消毒剂等，交替使用之。

（4）及时隔离病畜或可疑病畜。

（5）治疗。牛巴氏杆菌的防治可选择氨基糖苷类、四环素类、头孢类、氟苯尼考、氟喹诺酮类或磺胺类。

五、气肿疽

该病是一种急性热性败血性传染病，又叫黑腿病以组织坏死，产气和水肿为主要特征。

（一）临床症状

各种牛均发病，黄牛最易感，常见于3月龄至4岁的牛。全年均可发病，但以温暖多雨季节较多。病牛体温升高、不食、反刍停止、呼吸困难、脉搏快而弱、跛行。肌肉丰满部发生肿胀、疼痛。局部皮肤干硬、黑红，按压肿胀部位有捻发音，叩之有鼓音。病死牛的肌肉切面色暗，多孔，呈海绵状。肝表面有大小不等的淡黄色坏死灶。

（二）防治

（1）在本病流行地区定期注射气肿疽甲醛灭活疫苗，每头牛肌内注射5毫升，免疫期6个月，春、秋两季各注射一次。

（2）隔离病畜，污染的畜舍和场地用3%氢氧化钠溶液消毒；切开肿胀处，用3%双氧水冲洗或将双氧水注入肿胀部周围皮下。

（3）10%磺胺嘧啶钠200~400毫升，+糖盐水1 000毫升+40%乌洛托品100毫升，静脉注射，一日两次，连用5~7天。

六、大肠杆菌病

它是由致病性大肠杆菌所致的犊牛的急性传染病，临床上以败血症、肠毒血症和下痢为特征。

（一）临床症状

一周龄以内的犊牛易感，10日龄以上少见发病。

（1）败血症。常于症状出现后数小时内死亡。仅见发热及精神委顿，或见腹泻。无明显病变，可见肠道出血、充血。

（2）下痢和肠毒血症。剧烈腹泻，粪便稀薄，灰白色含凝乳块，有很多气泡，酸臭，最后死于脱水和酸中毒。肠毒血症可能有神经症状。下痢型真胃内大量凝乳块，黏膜有充血、出血、水肿，肠系膜淋巴结肿大，肠内容物混有血液和气泡。

（二）防治

（1）加强饲养管理，改善环境、圈舍和产房的卫生与消毒，及时处理被污染的环境和用具。

（2）加强营养，整个畜群合理补充微量元素，注新生犊牛或吃足初乳。

（3）有本病的畜群，可在幼畜饲料中添加适宜的抗菌药物，如新霉素、土霉素等进行预防，败血型可用多价菌苗或自家菌苗于产前接种。

（4）治疗。

处方1：10%磺胺嘧啶钠注射液200～300毫升，静脉注射，1日2次。直至体温下降，全身好转后，再继续用药2日。

处方2：10%～20%磺胺二甲基嘧啶钠注射液100～200毫升，肌内或静脉注射。

处方3：牛蒡子45克，玄参35克，桔梗30克，白矾20克，水煎灌服。

七、牛皮蝇蛆病

牛皮蝇和纹皮蝇等的幼虫寄生于牛的背部皮下组织而引起的一种慢性外寄生虫病。主要发生于放牧肉牛，舍饲养殖肉牛很少发生。

（一）临床症状

牛皮蝇幼虫钻入皮肤时，牛表现瘙痒不安。在背部皮下寄生时发生瘤状隆起，皮肤穿孔，牛皮蝇的第三期幼虫从隆包中钻出。幼虫移行造成所经组织，如口腔、咽、食道损伤、发炎。第三期幼虫引起局部发炎和结缔组织增生，形成肿瘤样结节。

（二）防治

（1）预防。夏季蝇类活动季节，用0.005%敌杀死溶液或0.0067%杀灭菊酯溶液等杀虫剂喷洒牛体、畜舍及活动场所，杀死幼虫和成蝇。

（2）治疗。

处方1：2%敌百虫水溶液涂擦病牛背部或3%倍硫磷0.3毫升/千克，或4%蝇毒磷0.3毫升/千克，或8%皮蝇磷0.33毫升/千克沿背中线浇注。

处方2：伊维菌素，0.2毫克/千克体重，一次颈部皮下注射。

处方3：氯氰碘柳胺钠，0.2毫克/千克体重，一次皮下注射。

八、奶牛酮病

本病是因奶牛体内碳水化合物及挥发性脂肪酸代谢紊乱，导致酮血症、酮尿症、酮乳症和低糖血症（图4-25）。

病因

饲料中含蛋白质、脂肪过高而含碳水化合物不足。运动不足，前胃迟缓、肝脏疾病、维生素缺乏、消化紊乱和大量泌乳是本病的诱因。常发于经产而营养良好的高产奶牛。

图4-25 奶牛酮病

1. 临床症状

常在产后数天或数周内出现，以消化紊乱和神经症状为主。患畜食欲减退，不愿吃精料，只采食少量粗饲料，或喜食垫草和污物，反刍停止，最终拒食，很快消瘦。皮肤、呼出气、尿、乳有烂苹果味（酮味）。

2. 诊断

乳酮体检验阳性即可确诊。

3. 防治

（1）在妊娠后期增加能量供给，但又不要使母牛过肥。在泌乳期间或产前28~35天应逐步增加能量供给，并维持到产犊和泌乳高峰期，这期间不能轻易更换饲料配方。

（2）治疗。治则：解除酸中毒，补充葡萄糖，提高酮体利用率，调整瘤胃机能。

①补糖。静脉注射50%葡萄糖。口服丙酸钠，每天250~500克，分2次，连用10天。饲料中拌以丙二醇或甘油，2次/天，每次225克，连用2天，随后日用量降为110克，1次/天，连用2天。口服或拌饲前静脉注射葡萄糖疗效更佳。

②对于体质较好的病牛，肌内注射促肾上腺皮质激素200~600国际单位。解除酸中毒：静脉注射5%碳酸氢钠300~500毫升，2次/天。调整瘤胃机能：内服健康牛新鲜胃液3 000~5 000毫升，2次/天，或促反刍散250克。

③中药疗法。补中益气汤：党参60克，炒白术60克，茯苓60克，炙甘草30克，炙黄芪90克，当归90克，陈皮60克，升麻50克，柴胡50克，石菖蒲60克，混为末，开水冲调，温后去渣一次灌服，每日一剂。

九、前胃弛缓

各种原因导致前胃兴奋性降低，收缩力减弱，瘤胃内容物运转缓慢，菌群紊乱，产生大量腐败分解有毒物质，引起消化障碍和全身机能紊乱的一种综合征。

（一）临床症状

1. 急性型

多呈现急性消化不良，食欲减退或废绝，表现为只吃青贮饲料、干草而不吃精料或吃精料而不吃草。严重者，上槽后，呆立于槽前。反刍缓慢或停止，瘤胃蠕动次数减少，声音减弱。瘤胃内容物柔软或黏硬，有时出现轻度瘤胃臌胀。网胃和瓣胃蠕动音减弱或消失。粪便干硬或为褐色糊状；全身一般无异常，若伴发瘤胃酸中毒时，则脉搏、呼吸加快，精神沉郁，卧地不起，鼻镜干燥，流涎，排稀便，眼球下陷，黏膜发绀，发生脱水现象。

2. 慢性型

多为继发性因素引起，病情时好时坏，异嗜，毛焦肷吊，日见消瘦。便秘、腹泻交替发生，继发肠炎时，体温升高。病重者陷于脱水与自体中毒状态，最后衰竭死亡。

（二）预防

应注意饲料选择、保管和调理，防止霉败变质，改进饲养方法。奶牛依据饲料日粮标准，不可突然变更饲料或任意加料。注意适当运动。保持安静，避免不利因素的刺激和干扰。

（三）治疗

病初禁食1~2天后，饲喂适量富有营养、容易消化的优质干草或放牧，增进消化机能。

方法1。兴奋副交感神经，促进瘤胃蠕动，皮下注射：氨甲酰胆碱1~2毫克，或新斯的明10~20毫克，或毛果芸香碱30~50毫克。病情危急、心脏衰弱或妊娠病牛禁用，以防虚脱和流产。

方法2。10%氯化钠100毫升，5%氯化钙200毫升，20%安钠咖10毫升，静脉注射。促进瘤胃排空：用液体石蜡1 000毫升一次内服。导胃法和胃冲洗法也可排除瘤胃内有毒物质。

方法3。静脉注射25%葡萄糖500~1 000毫升，或5%葡萄糖生理盐水1 000~2 000毫升+40%乌洛托品20~40毫升+20%安钠咖注射液10~20毫升或皮下注射胰岛素100~200国际单位。

方法4。10%的氯化钾，于后海穴注射，大牛15~30毫升，小牛5~10毫升。

十、瘤胃酸中毒

瘤胃酸中毒是由于突然超量采食谷物等富含可溶性糖类的饲料，导致瘤胃内产生大量乳酸而引起的急性代谢性酸中毒，常发于大量饲喂青贮饲料或过食精料的牛。

（一）临床症状

本病发病急，病程短，常无明显前躯症状，多于采食后3~5小时内死亡。

慢性者卧地不起，头、颈、躯干平卧于地，四肢僵硬，角弓反张，呻吟，磨牙，兴奋，甩头，然后精神极度沉郁，全身不动，眼睑闭合，呈昏迷状态。

（二）预防

增加精料应逐步过渡，避免突然大幅度加量。防止家畜偷食精料。精料使用量大时，可加入缓冲剂和制酸剂，如碳酸氢钠、氧化镁和碳酸钙等，使瘤胃内容物 pH 值保持在 5.5 以上。

（三）治疗

（1）纠正瘤胃 pH 值，瘤胃冲洗，灌服制酸药，氢氧化镁或氧化镁或碳酸氢钠 250~750 克，常水 5~10 升，一次灌服，对轻症病畜有效。重症瘤胃切开，彻底冲洗或清除胃内容物，然后加入少量碎干草，对瘤胃内容物 pH 值 4.5 以下的危重病畜，效果较好。

（2）纠正脱水和酸中毒。补液补碱，5%碳酸氢钠 1 000~2 000 毫升，5%葡萄糖氯化钠或复方氯化钠 3 000~4 000 毫升，一次静脉注射。

（3）严重病例。5%葡萄糖 1 000 毫升，5%氯化钙 200 毫升，10%安钠咖 10 毫升；低分子右旋糖酐 1 000 毫升；碳酸氢钠 500 毫升；分别静脉缓慢注射，每日一次，连用 3 天。

十一、牛创伤性网胃心包炎

由于金属异物（针、钉、碎铁丝）混杂在饲料内，被采食吞咽落入网胃，导致急性或慢性前胃弛缓，瘤胃反复臌胀，消化不良。并因异物穿透网胃刺伤膈或腹膜，引起腹膜炎，或继发创伤性心包炎（图 4-26）。

（一）临床症状

病初前胃弛缓、食欲、反刍减少或废绝，瘤胃蠕动音减弱，有时臌胀异嗜，不断嗳气，常呈周期性瘤胃臌胀。肠蠕动音减弱，有时发生顽固性便秘，后期下痢，粪恶臭。病牛的行动和姿势异常，站立时，肘头外展，左肘后部肌肉颤抖，多取前高后低姿势；起立时，多先起前肢，卧地时，表现非常小心；初期体温中度升高，网胃区触诊有疼痛反应，颌下、腹腔下水肿，药物治疗无效。

图 4-26 创伤性网胃心包炎牛

（二）诊断

1. 站立姿态异常。

2. 颈静脉怒张呈结索状，颌下及胸前水肿。

3. 采用金属探测仪探测，有滴滴的报警声，即可确诊。

（三）防治

1. 预防

防止饲料中混杂金属异物。不在村前屋后、铁工厂、作坊、仓库、垃圾堆等地放牧。从工矿区附近收割的饲草和饲料，也应注意检查。在加工饲料的铡草机上，应增设清除金属异物的电磁铁装置，除去饲料、饲草中的异物。

2. 治疗

（1）保守疗法。将病牛保持前高后低的姿势，减轻腹腔脏器对网胃的压力，促使异物退出网胃壁。同时按 0.07 克/千克内服磺胺类药物或肌内注射青霉素 600 万国际单位，链霉素 200 万国际单位，2 次/天，连用 3 天；或肌内注射庆大霉素 2 毫克/千克，林可霉素 10 毫克/千克，2 次/天，连用 3 天。

（2）手术疗法。创伤性网胃腹膜炎，在早期如无并发症，可施行瘤胃切开术，从网胃壁上摘除金属异物，同时加强护理。

非手术法：采用牛瘤胃取铁法操作步骤为：第一步，仔细检查牛的心跳，体温和精神状态，如无危重现象、可与畜主协商好，把牛禁食 1 天，只供饮水，保持空腹饥饿状态。第二步，把牛胃取铁器仔细安装好、确保系于磁铁的绳子不滑脱，不扯断，保特足够的长度一般在2米以上，准备好足够的温水，一般在8升左右可加入少量的高锰酸钾，配成0.01%溶液备用。第三步，把牛保定好：一般在宽敞的地点，采用徒手保定，保证牛站立站正，即使牛的头、颈部、躯干，尾根保持同一直线。第四步，把开口器放入牛口腔，系好系紧绳索，保证开口不能咀嚼，并防止牛开口器滑脱。第五步，由畜主提起牛头，助手准备好灌水器具，然后术者用手柄把有绳索的磁铁送入牛喉部，发现牛发生吞咽动作时，叫助手马上灌水，以便磁铁随水顺利吞入牛胃中，当磁铁到达牛胃时，系在磁铁上的绳子不在入口，此时把绳索的一头系于开口器上。第六步，牵遛病牛，最好选择上下坡行走，快慢相结合，以便磁铁在牛胃中运动，充分接触异物，一般需要40~60分钟。第七步，取出磁铁和异物，把牵遛后的牛稍作休息，让牛保持头颈、躯干、尾根同一直线上站立用手缓慢拉出磁铁，如遇到阻力时，不可硬拉，需灌水，再慢慢试几下，直到徐徐拉出为止，此时多数情况下磁铁尾部粘满了铁钉等异物，达到治疗的目的。

十二、子宫内膜炎

本病由于产后恶露不净、胎衣不下、死胎、子宫弛缓、子宫脱、剖腹产或输精消毒不严，或继发于结核、布病、胎儿弧菌病、滴虫病等引起。

（一）临床症状

患牛病初从阴道内流出少量带有恶臭的污红色或褐色液体，内含有组织碎片。阴道检查时母畜不安，阴道黏膜干燥、肿胀呈污红色。直肠检查：子宫复旧迟缓，子宫壁厚肿胀，按压子宫体，从阴道流出污红色或灰白色分泌物，初期乳房水肿，表面发红，乳汁稀薄如水。病畜有食欲、反刍减少，中期体温突然上升至40~41℃，脉搏100次/分钟以上，呈稽留热，泌乳量剧减。后期四肢末端与耳鼻厥冷，体温降至38℃，有时出汗，肌肉稍有震颤，患牛常卧地、呻吟、结膜反绀、略带黄色。脉搏微弱56~61次/分钟，呼吸浅快。患牛磨牙、食欲、反刍消失，精神沉郁，逐渐消瘦，眼窝下陷，乳房松软、下垂。

（二）防治

1. 预防

人工授精时必须严格遵守操作规程，防止感染。分娩接产及难产助产时，注意消毒。

2. 治疗

（1）局部疗法。用子宫冲洗器向子宫内关注药物，方法为：第一天向子宫注入10%浓盐水，0.9%盐水各500毫升混合加入水溶性土霉素粉50克；第二天采用10%浓盐水500毫升，加入水溶性土霉素粉50克；第三天采用5%盐水500毫升加入油剂青霉素300万×3支；通过直肠按压子宫体使炎性产物排出，第四天后向子宫内灌入宫乳糜康20毫升。子宫逐渐收缩体积变小，炎性物质变样为蛋清样、无异臭，这时就可停止用药。

（2）全身疗法。发病初期应用大剂量的磺胺类药物抑制细菌扩散，效果明显。处方如下：10%磺胺嘧啶钠600毫升，葡萄糖氯化钠2 000毫升，40%乌洛托品100毫升，5%碳酸氢钠500~1 000毫升；10%葡萄糖1 000毫升，维生素C 50~100毫升，安乃近30毫升；5%葡萄糖1 000毫升，宫乳癣克30毫升；分别一次静脉注射，直至体温降至常温。

发病中期处方为：复方头孢噻肟钠15克，0.9%生理盐水1 000毫升；地塞米松2毫克×5支；10%葡萄糖1 000毫升，葡萄糖氯化钠1 000毫升+维生素C 100毫升，10%安钠咖20毫升分比静脉注射，一日两次。

对于后期病畜处方为：每日静脉注射10%浓盐水300~500毫升；5%碳酸氢钠液500~1 000毫升；10%葡萄糖100毫升，葡萄糖氯化钠1 000~2 000毫升，安钠咖50毫升，维生素C 50毫升；右旋糖酐1 000毫升；0.9%生理盐水1 000毫升+氨苄青霉素12克，地塞米松2毫升×5支；促反刍液500毫升；分别静脉注射，一日1~2次，连用数日，血液有黑色黏稠状变为鲜红色，病畜体温回升，食欲逐渐强出现反刍时，逐渐减药直至停药。

（3）中药疗法。对于恶露不行，子宫迟缓者，灌服益母生化散，方剂为：益母草50克，当归120克，川弓45克，桃仁45克，干姜（炮）10克，灸草10克开水冲调，候温灌服每日一次，连用5天。

十三、产后瘫痪

产后瘫痪又叫生产瘫痪，中医学上叫"乳热症"是成年母牛分娩后突然发生的急性低血钙为主要特征的一种营养代谢障碍病。此病多发生于高产奶牛。

（一）临床症状

1. 典型的生产瘫痪

病初通常是食欲减退或废绝，不反刍，排粪、排尿停止，泌乳量迅速降低，精神沉郁，表现轻度不安；不愿走动，后肢交替踏脚，站立不稳，四肢肌肉震颤；鼻镜发干，四肢及身体末端发凉，体温降低；呼吸变慢。初期症状出现数小时，病畜出现瘫痪症状，病畜以一种特殊的姿势卧地，即伏卧，四肢屈于躯干以下，头向后弯到胸部一侧，用手将头颈拉直，但一松手，又重新弯向胸部；时间一长，出现瘤胃臌气。不久出现意识抑制和知觉丧失的特征症状。病牛昏睡，眼睑反射减弱或消失，瞳孔散大，对光线照射无反应，皮肤对疼痛刺激无反应。肛门松弛，反射消失。心音及脉搏减弱；个别的发生喉头及舌麻痹，舌伸出口外不能缩回。病畜死前处于昏迷状态，死亡时安静，个别的出现挣扎。

2. 非典型生产瘫痪

头颈姿势不自然，头颈部呈现"S"状弯曲，病牛精神极度沉郁，但不昏睡，食欲废绝，各种反射减弱，但不完全消失。病牛有时能勉强站立，但站立不稳，且行动困难，步态摇摆。体温一般正常或低于37℃。

（二）防治

1. 预防

产前2周开始补充低钙高磷饲料，钙磷比为1.5∶1。分娩前2~8天一次性肌内注射维生素$D_2$1000万国际单位，可收到较好的效果。产后及时补钙可防止本病的发生。可静脉注射葡萄糖酸钙，也可口服金蟾速补钙。分娩后不要急于挤奶。如乳房正常可在产犊后3~4小时初次挤奶，但不能挤净，只挤出乳房内乳量的1/3~1/2。

2. 治疗

（1）糖钙疗法。10%氯化钙200毫升，25%葡萄糖1000毫升，地塞米松磷酸钠20毫克，混合缓慢静脉注射，一日一次。

（2）水乌钙法。10%水杨酸钠200毫升，40%乌洛托品80毫升，10%氯化钙200毫升，10%葡萄糖1 000毫升，混合缓慢静脉注射，一日一次，同时肌内注射维丁胶钙20毫升。

（3）钙磷疗法。10%葡萄糖酸钙800～1 400毫升；15%磷酸二氢钠250～300毫升；50%葡萄糖3 000毫升；分别一次静脉注射，连用3天。

（4）中药疗法。中兽医主要以祛风舒筋，活血补肾为主。独活寄生汤：独活25克，桑寄生30克，秦艽25克，防风25克，细辛10克，川芎25克，当归25克，熟地25克，桂枝25克，茯苓25克，炒杜仲30克，牛膝25克，党参25克，甘草15克。研末腹或煎剂，每天一次，连用2～3剂。

（5）士的宁糖钙疗法。50%葡萄糖200毫升，5%葡萄糖1 000毫升，20%安钠咖20毫升，10%葡萄糖酸钙400毫升，混合一次静脉注射。硝酸士的宁5毫升（2毫克/毫升）作荐尾硬膜外腔注射。该法可以缩短疗程，提高效果。

（6）乳房送风法。送风时，先用酒精棉球消毒乳头和乳头管口，先注入青霉素注射液80万国际单位，然后用乳房送风器往乳房内充气，充气的顺序是先充下部乳区，后充上部乳区，然后用绷带轻轻扎住乳头，经2小时后取下绷带。若送风的同时静脉注射钙剂效果更佳。

（7）乳房内注入鲜奶法。即向乳房内注入新鲜的乳汁，每个乳区各500～1 000毫升，其原理与乳房送风相同，效果比送风更好，具有恢复快、不易复发的特点，但必须保证注射的乳汁无乳房炎且要严格消毒。

十四、胎衣不下

母畜在分娩后的12小时内应将胎儿附属膜（胎衣）排出，否则称为胎衣不下。

（一）临床症状

胎衣下垂于阴门外，时间长而恶臭，严重时出现全身症状。

（二）防治

1. 预防

饲喂含钙及维生素丰富的饲料。加强运动。尽可能灌服羊水，并让母畜自己舔干仔畜身上的黏液。产后饮服益母草煎剂。产后选用下述处方之一及时处理，效果很好。

2. 治疗

牵引时可挂轻物，但不能挂重物以防子宫内翻及脱出。

处方一。先用雌激素 20~30 毫克，6 小时后用催产素 100 国际单位，肌内注射注射；灌服中成药益母生化散 350 克/天，连用 3~5 天；身体瘦弱牛，25% 葡萄糖 500 毫升+维生素 C 4 克，葡萄糖酸钙 350~500 毫升，一次静脉注射，一般都可以自动排除。

处方二。往子宫内灌入，与体温接近的 5%~10% 氯化钠盐水 2 000~3 000 毫升。

处方三。手术法剥离后，向子宫内投放土霉素或环丙沙星等抗菌药物。

处方四。选用加味益母散：当归 40 克，川芎 40 克，益母草 40 克，山楂 40 克，党参 40 克，香附 35 克，红花 35 克，茯苓 30 克，陈皮 30 克，青皮 30 克，厚朴 30 克，黄芪 30 克，枳壳 30 克，五灵脂 30 克，大黄 30 克，金银花 30 克，蒲公英 35 克，连翘 30 克，白术 30 克，甘草 20 克，研为细末，开水冲调，候温灌服，每天 1 剂，连用 7 天。

十五、乳房炎

乳房炎是指奶牛乳腺叶间结缔组织和乳腺体发生炎症，伴有乳汁产量和理化性质的改变，特别是乳汁中的白细胞数增加、乳汁颜色异常和乳汁中出现乳凝块。

（一）临床症状

患病乳区红、肿、热、痛，乳房淋巴结肿大，乳量减少或停止，乳汁稀薄如水或呈脓样、黏液样，有的混有絮状物、乳凝块或血液。

（二）治疗

（1）患病乳区注入。0.1% 雷佛奴尔溶液或 0.02% 呋喃西林或 0.1 高锰酸钾溶液 100~200 毫升。过 2 小时后轻轻挤出。每天二次，直至脓絮消失为止。

（2）5% 葡萄糖 2 000 毫升+红霉素 15~25 毫克/千克+维生素 B_6 300 毫克，静脉滴注，2 次/天。

（3）公英散。蒲公英 60 克，金银花 60 克，连翘 60 克，丝瓜络 30 克，通草

25 克，芙蓉叶 25 克，浙贝母 30 克，水煎服，一日一次，连用 3~5 天，用于乳房炎初期有良效。

（4）公英地丁汤。蒲公英 150 克，地丁 150 克，二花 80 克，连翘 70 克，乳香 50 克，青皮 50 克，当归 50 克，川芎 30 克，通草 40 克，红花 40 克，水煎灌汤，每日一剂，连用三剂。

（5）瓜蒌柴胡汤。全瓜蒌 30 克，柴胡 20 克，藕节 40 克，黄芩 10 克，二花 30 克，蒲公英 30 克，赤芍 15 克，青皮 10 克，皂角刺 10 克，紫花地丁 20 克，王不留行 20 克，三菱 20 克，莪术 20 克，白术 20 克，茯苓 20 克，生甘草 10 克，水煎温候灌服，每日一剂，连用三剂。

（三）预防

（1）使用正确的挤奶程序。

（2）控制环境污染。乳房炎是由于环境中的病菌通过乳头进入孔除而引起的感染，所以，给牛提供个舒适、干净的环境有利于乳房炎的控制。环境控制应注意以下几方面：研究证明维生素和矿物质在抗感染中起重要作用，体内缺硒、维生素 A 和维生素 E 会增加临床性乳房类的发病率，在配制高产乳牛日粮时，应特别注意。牛舍、牛栏潮湿、脏污的环境有利于细菌的繁殖。因此，牛舍应及时清扫，运动场应有排水条件，保持干燥。牛栏大小设计要合理，牛床设计尽量考虑牛卧床时的舒适，牛床应铺上垫草，沙子锯末等材料以保持松软，坚硬的牛床易损伤乳房，引起感染。

十六、腐蹄病

奶牛腐蹄病是危害奶牛生产、导致奶牛生产性能下降的重要疾病之一。其特征是真皮坏死与化脓，角质溶解，病牛疼痛，跛行。

（一）临床症状

病初表现为一肢或多肢跛行，喜卧；强行站立时频频提举病肢，患蹄刨地或踢腹；患蹄系部和球节屈曲，免负体重，后蹄患病时蹄尖轻轻着地，前蹄患病时患蹄前伸；趾（指）间皮肤和蹄冠呈红色或暗紫色、发热、肿胀、敏感，皮肤裂开，有恶臭味；蹄底不平整，角质呈黑色。若病情进一步发展，炎性肿胀可蔓延至系部、球节或掌（趾）部，当炎症波及腱、趾（指）间韧带、冠关节或蹄关节时表现为体温升高（有时达41℃），食欲下降或废绝，精神沉郁，产奶量急剧下降，起卧困难，机体逐渐消瘦等。严重者蹄角质分离，甚至造成整个蹄匣脱落。

（二）防治

1. 预防

（1）每年春秋季节对成母牛修蹄，定期普查牛只蹄形，及时修整变形蹄，保持牛蹄干净；搞好环境消毒卫生，创造干净、干燥的环境条件，保护牛蹄健康。

（2）保持牛舍、运动场地面应平整，无坚硬异物，防止牛受伤；及时清理粪便，排除污水，经常消毒，保持牛舍清洁卫生、干燥。

（3）加强对牛蹄的监测，以及时治疗蹄病，防止病情恶化。当畜群中发生感染时，应将病畜从畜群内隔离，以控制感染。定期用5%硫酸铜、0.1%高锰酸钾、0.1%新洁尔灭等药物浴蹄。药浴前必须将蹄清洗干净。

（4）加强饲养管理，维持日粮平衡，钙磷的喂量和比例要适当，以减少腐蹄病的发生。

2. 治疗

（1）蹄趾间腐烂。以10%~30%硫酸铜溶液，或10%来苏儿水洗净患蹄，涂以10%碘酊，用松馏油涂布（鱼石脂也可）于蹄趾间部，装蹄绷带。如蹄趾间有增生物，可用外科法除去，或以硫酸铜粉、高锰酸钾粉撒于增生物上，装蹄绷带，隔2~3天换药1次，常于2~3天次治疗后痊愈，也可用烧烙法将增生肉烙去。

（2）全身疗法。可用抗生素、磺胺等药物。

处方一。青霉素320万~400万国际单位，肌内注射，每天二次，连用7天。

处方二。10%磺胺嘧啶钠200~300毫升+0.9%氯化钠溶液1 000毫升+40%乌洛托品溶液100毫升；5%碳酸氢钠500毫升，分别一次静脉注射，每天1次，连续3~5天。

处方三。普鲁卡因青霉素300万国际单位，肌内注射，每天一次，连用5~7天。

十七、牛参考免疫程序

见表4-6~表4-10。

表4-6 奶牛免疫程序

日龄	疫苗种类	免疫方法	备注
30日龄后	牛流行热灭活苗	颈部皮下注射	每年4月底5月初，间隔21天，免疫2次
37	Ⅱ炭疽芽孢苗或无荚膜炭疽芽孢苗	颈部皮下注射	近三年有炭疽发生的地区使用，一年加强一次
44	牛羊伪狂犬疫苗	颈部皮下注射	弱毒苗仅用于疫区及受威胁区，牛免疫期1年，山羊免疫期6个月以上
51	牛出血性败血症疫苗	颈部皮下注射	疫区使用
90	口蹄疫疫苗	颈部皮下注射	
120	口蹄疫疫苗	颈部皮下注射	以后每隔6个月免疫一次
130~180	牛传染性鼻气管炎疫苗	颈部皮下注射	
150~180	牛布氏杆菌19号菌苗	颈部皮下注射	疫区及污染场使用
180~240	牛副流感Ⅲ型疫苗	颈部皮下注射	
180~2岁	牛病毒性腹泻弱毒疫苗	颈部肌内注射	免疫期1年以上，受威胁区较大的牛群每隔3~5年接种一次。育成母牛和种公牛于配种前接种一次，多数可获得终身免疫

表4-7 奶牛空怀期及妊娠期免疫程序

免疫时间	疫苗种类	免疫方法	备注
配种前40~60天	Ⅱ炭疽芽孢苗或无荚膜炭疽芽孢苗	颈部皮下注射	近三年有炭疽发生的地区使用，一年加强一次
	牛传染性鼻气管炎疫苗	颈部皮下注射	
	牛病毒性腹泻弱毒疫苗	颈部肌内注	

（续表）

免疫时间	疫苗种类	免疫方法	备注
分娩后 30 天	牛传染性鼻气管炎疫苗	颈部皮下注射	
	牛病毒性腹泻弱毒疫苗	颈部肌内注射	
配种前	口蹄疫疫苗	颈部肌内注射	
	牛黏膜病弱毒疫苗	颈部肌内注射	

表 4-8　肉牛主要传染病免疫程序

免疫时间	疫苗种类	免疫方法	备注
一周龄以上	Ⅱ炭疽芽孢苗或无荚膜炭疽芽孢苗	颈部皮下注射	近三年有炭疽发生的地区使用，一年加强一次
1~2 月龄	牛气肿疽灭活疫苗	皮下或肌内注射	放牧牛，免疫期 6 个月
3 月龄	牛口蹄疫三价苗（O 型、A 型、亚洲Ⅰ型）	皮下或肌内注射	免疫期 6 个月
4 月龄	牛口蹄疫三价苗（O 型、A 型、亚洲Ⅰ型）	皮下或肌内注射	加强免疫，以后每个 4~6 个月免疫一次
4~5 月龄	牛产气荚膜梭菌病灭活苗	皮下或肌内注射	免疫期 6 个月
6 月龄	牛气肿疽灭活疫苗	皮下或肌内注射	强化免疫，免疫期 6 个月
成年牛	牛流行热灭活疫苗	颈部皮下注射	每年 4~5 月免疫二次，每次间隔 21 天，6 月龄一下注射剂量减半，免疫期 6 个月

表 4-9　防疫、检疫与病症记录表

牛号	免疫		检疫		患病种类	
	免疫日期	免疫注射种类	检疫日期	检疫种类	患病时间	患病种类

表 4-10　用药记录表

序号	品种	年龄	性别	用药时间	药品名称	生产厂家	批号	剂量	用药原因	疗程	反应情况	休药期

注：本表适用于畜禽用药，各畜禽养殖场用药与休药期符合（NY/T 5030—2016）《无公害农产品 兽药使用准则》

第五章　驴养殖技术

第一节　驴产业的发展现状及趋势

一、国内驴产业现状

我国疆域辽阔，驴的分布面广，品种资源丰富。自 20 世纪末以来，由于驴的商业性开发做得很少，从而使它仅具有以前的役用价值，而逐渐失去它的经济价值，从而影响了农民的养殖积极性，进而造成存栏量逐渐下降。

（一）驴的存栏量变化趋势

自 1998 年来，毛驴存栏量呈下降趋势，年复合增长率−2.91%，由 1998 年的 956 万头降至 2014 年的 582.6 万头（图 5-1）。

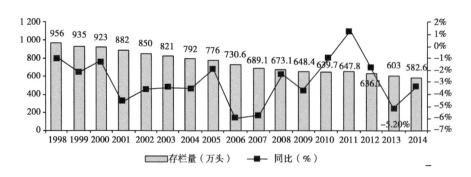

图 5-1　我国驴存栏曲线图

（二）驴的养殖区域

毛驴养殖区域集中在东北、陕甘宁、新疆、内蒙古自治区（全书简称内蒙古），合计占比为74%。

（三）驴皮供不应求

根据产能以2：1的原料出胶率计，整个阿胶行业驴皮需求量为12 450吨，折合355.7万张驴皮，供不应求，实际缺口达到70%左右（图5-2）。

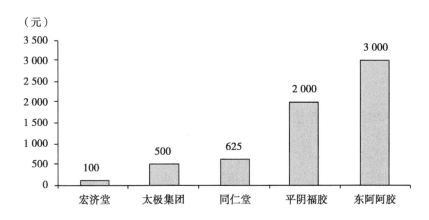

图5-2 我国驴阿胶产能柱状图

（四）驴的品种与类型

驴的品种杂，分布广，中大型驴主要分布在东北、陕甘宁、内蒙古，小型驴分布在新疆、云南。

（五）价格走势

近5年，驴肉价格的复合增长率为18%，目前驴肉价格已经超过牛肉价格。在社会需求的推动下，驴驹的价格也翻了一番，并且有加速上涨的趋势（图5-3）。

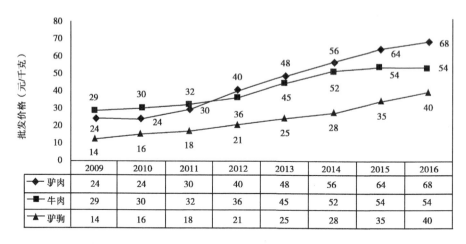

	2009	2010	2011	2012	2013	2014	2015	2016
◆ 驴肉	24	24	30	40	48	56	64	68
■ 牛肉	29	30	32	36	45	52	54	54
▲ 驴驹	14	16	18	21	25	28	35	40

图 5-3　驴肉价格曲线图

二、驴产品的营养价值

(一) 驴乳

科学研究表明,驴乳与人乳极为相近,营养成分比例几乎占人乳所含成分的99%,是人乳的最佳替代品;是天然的富硒食品,它的硒含量是牛奶的5.2倍之多。硒是人体发育和生长不可缺少的物质,能激发人体免疫球蛋白及抗体的产生,消除不利于人体的物质,保护细胞膜和染色体,保护核糖和核酸大分子结构及功能。

(二) 驴肉

民间有"天上龙肉,地上驴肉"的谚语,以此来形容驴肉之美。驴肉味道鲜美,营养丰富,是典型的高蛋白、低脂肪的绿色安全肉食品。驴肉肉质细嫩,具有补气、补虚功能,是较为理想的保健食品之一。驴肉的营养极为丰富,含有许多易于人体吸收的营养物质,每100克驴肉中含蛋白质18.6克、脂肪0.7克、钙10毫克、磷144毫克、铁13.6毫克。另外,还含有碳水化合物、钙、磷、铁及人体所需的多种氨基酸。有效营养成分不亚于牛、兔、狗等肉。

驴肉蛋白质含量比牛肉、猪肉高,而脂肪含量比牛肉、猪肉低,是典型的高蛋白质低脂肪食物，另外，它还含有动物胶、骨胶原和钙、硫等成分，能为体弱、病后调养的人提供良好的营养补充。驴肉具有补气血、益脏腑等功能，对于积年劳损、久病初愈、气血亏虚、短气乏力、食欲不振者皆为补益食疗佳品。

（三）驴皮

国药瑰宝功效非凡的阿胶制品，就是用驴皮做主要原料熬制而成的，具有很好的补血补气功效，对女性养颜护肤更有特效。

（四）驴骨、驴血、驴脂等

据本草纲目记载，驴骨熬汤可"治多年消渴（即糖尿病）"。驴血、驴脂等副产品也都具有很高的药用和保健价值。

三、发展前景

驴具有抗病力强、适应性强，养驴风险小，且饲料来源广泛，投入少、见效快、效益高等优势，引进和培育优良驴品种，大力发展养驴这一特色产业，对调整农业产业结构、开展精准扶贫，增加农牧民收入具有重要意义。

（一）药用价值

驴个体大、驴皮厚、出胶率高，是熬制中药材阿胶的上等原料。阿胶不仅畅销国内，还远销东南亚各国和欧美市场。我国生产阿胶年需驴皮 350 万张左右，市场缺口较大。

（二）乳用价值

驴乳的营养价值很高，鲜驴乳在哈密售价约 80 元/千克，且供不应求。由此可见驴乳的市场很大，前景乐观。

（三）肉用价值

驴肉市场供不应求，价格连年走高。中国畜产品加工研究会有关专家算了一笔养驴效益账：养一头商品驴，扣除饲草成本可有 2 500 元以上的收益。据山东农业大学罗欣教授介绍，驴肉仅通过分级分割，就能提高商业价值 40%以上。食驴肉之风也在广东、广西、新疆、陕西、北京、天津、河北、山东等地兴起，这表明开发饲养肉驴大有潜力。加上驴天生特有的对恶劣环境生活条件的忍耐度，是所有家畜中最突出的，一旦改变它的生活条件，给予短期优饲或优化饲养其养殖效益均会有较大幅度的提高，是一种值得加以关注和开拓的新型饲养业。

（四）驴骨等副产品

驴骨等副产品是生产药品及保健品的辅助原料，产量不及需求量的40%，目前价格已较前几年上涨了2~3倍。

四、新疆驴产业现状

新疆是我国驴资源丰富的地区之一，目前全区饲养量123余万头，具有发展养驴业的巨大潜力。喀什地区岳普湖县有"中国毛驴（疆岳驴品牌）之乡"之美誉，疆岳驴体型高大，品种优良，有较好的抗病能力，适应性强，容易养殖。疆岳驴是以新疆喀什地区的母驴为母本，引进我国大型驴品种关中驴为父本，形成的选育品种，疆岳驴公驴平均体高为141.2厘米，母驴平均体高135.5厘米，具有耐粗饲、耐干旱等优良特性，是哈密独有的品种资源之一。

新疆具有发展产品养驴业具有得天独厚的优势，但目前整个产业发展中未能将品种资源优势和数量资源优势转化为经济优势，这与哈密养驴业目前所处的时期有一定的关系。哈密养驴业正处于从以役用为主的传统养驴业向多用途、多产品的现代养驴业转变的转型时期。

五、哈密市驴产业现状与存在问题

（一）发展现状

2016年年底，哈密市内驴群饲养量1.1万头，存栏0.9万头，其中基础母驴0.6万头，已成为新疆驴的养殖、繁殖与驴奶系列产品的主产区之一。2016年2月哈密鑫源骞驴养殖专业合作社注册资金1 200万元，是一家专业从事新疆驴及杂种驴的养殖、繁育，肉制品及驴奶生产加工及销售的养殖合作社。2017年修建了奶粉加工厂，成立玉龙奶业股份有限公司，潜心研究驴奶的各种功用及驴奶粉的生产加工工艺，逐步形成了奶驴养殖、驴奶研发、生产、销售为一体的现代化畜产品企业。

发展特色养殖业，依托当地资源优势，构建了以山北巴里坤县、伊吾县为中心的养殖基地和驴奶系列产品生产基地。逐步形成"公司+合作社+农户"产业体系，引导农户纷纷加入了驴养殖行业。同时在政府和企业的扶持下，农民积极投入驴养殖行业，推进了养驴业新的发展机遇。养驴已由单纯的役用向产业化、商品化、市场化方向稳步发展。

（二）存在的问题

目前，全市养驴产业发展存在的主要问题：一是饲养总量少，饲养方式以分散养殖为主，全市驴的饲养数量长期徘徊在 1 万头左右，没有形成规模优势。二是现有的驴产品加工企业主要以驴奶系列产品加工、销售为主，没有从事屠宰加工肉驴的生产企业。三是驴的种质退化，生产效益低。长期以来，全市范围里群众养驴以自繁自育为主，品种退化严重，加之饲养方式落后，经济效益不高。

六、哈密市驴产业发展思路

（一）发展重点

（1）按照"驴群良种化、养殖设施化、生产规范化、防疫制度化、粪污处理无害化、病死畜禽无害化处理"的要求，加大政策支持引导力度，加强关键技术培训与指导，深入开展驴养殖标准化示范创建工作，进一步完善标准化规模养殖相关标准和规范。

（2）适当引进新品种，积极采用新技术，在稳定常规品种产量的同时，按照"保种打基础、育种上水平、供种提质量、引种强监管"的要求，增强自主育种和良种供给能力，逐步改变驴群良种长期依赖引进的局面。

（3）加快推进现代驴产业服务体系建设。完善驴产业监测预警体系，加大信息引导产业发展力度；深入推进养殖技术推广体系改革和建设，完善利益联结机制；加大活驴保险力度，提高养殖业抗风险能力。

（4）发挥龙头企业的引导和带动作用。除在毛驴养殖基地、毛驴繁育、品种推广上下功夫外，还应针对目前驴肉价值低、缺乏消费主流、无品牌的问题，在驴肉的销售和开发渠道上做文章，调动农牧民的养殖积极性。

（二）特色养殖规划

（1）建立良种繁育基地。以巴里坤县、伊吾县为重点，建立良种驴繁育基地。

（2）扶持规模养殖户。依托龙头企业，选择有生产经验、掌握先进养殖技术的农户，进行重点指导和扶持，培育养驴骨干大户，组建规模化的养驴合作社。

（3）扶持驴奶、驴肉、驴皮加工业。支持驴资源系列产品深加工销售企业的建设和创新技术的引用，与农户驴养殖生产和驴产品的企业化生产相结合，为农民驴奶及驴肉等产品的销售提供较稳定的销售道路。以驴乳加工为龙头，进一步开发驴肉、驴皮、驴蹄、驴内脏等产品为一体的联合加工工艺，加大驴产品研究和开发力度。

（4）将奶驴和商品驴作为我市特色畜产品品牌，通过培育优质种公驴、母驴，创建标准化生产示范基地、修订驴产品地方标准等措施，打造知名品牌，扩大市场影响力。

七、典型案例与成效

2017年哈密市科技局立项的《奶驴高效健康养殖产业化集成与推广》，在哈密伊吾鑫源骞驴养殖专业合作社实施，项目结合新疆现代畜牧业发展要求和哈密市特色畜牧业发展实际，充分利用现代畜牧业科技发展的丰硕成果，按照项目总体要求，参照课题组的实施方案，示范点和技术服务单位根据各自的工作特点，制定出项目实施方案，从奶驴生活环境调控、优良品种培育、营养调控、饲养管理、疫病防控五个方面入手，利用选种选配、品系繁育、高效饲养、规模化养殖、疫病防控等关键技术，建立起成熟完整的适合本地情况配套技术，形成奶驴健康养殖技术集成体系。兴建驴乳产品精加工，延伸产业链条，提高产品附加值，增强辐射带动能力。积极推行"公司+基地（协会）+农户"的产品发展模式，大力发展合作经济组织，增强农牧民进入市场的组织化程度。加大无公害产品认证和产地认证，注册产品商标，培育奶驴系列产品品牌。通过科技推广运用，有效地推动哈密特色朝着高产、优质、高效方向发展进步，提高畜牧业产值和经济效益在国民经济收入和农牧民人均收入中的比重（图5-4）。

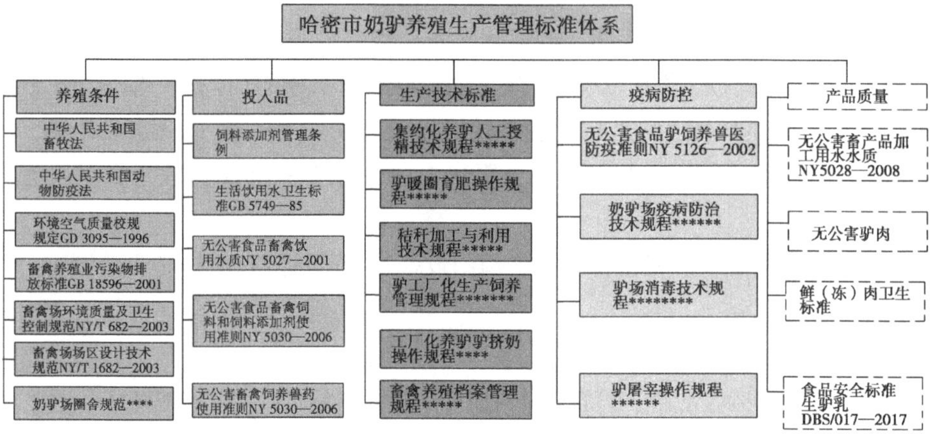

图 5-4　哈密市奶驴养殖生产标准化体系建设

第二节　驴实用型养殖场筹建

一、奶驴场选址与设计

（一）场址选择

（1）场址地势高燥，背风向阳，水源充足，水质符合饮用水标准，排水方便。整个功能区布局合理，分为生产区、管理区、废弃物及无害化处理区三大部分，管理区和生产区应处在上风向，废弃物及无害化处理区应处于下风向。

（2）距主要交通干线和居民区的距离满足防疫要求，取得动物防疫条件合格证，交通方便，远离主要交通公路、村镇、工厂500米以外，须避开屠宰加工和工矿企业。

（3）周围要有隔离带，布局、设计、建筑符合动物防疫要求。

（4）附近应有条件获得足够的青粗饲料供应。

（二）设施与设备

（1）有车辆消毒池、更衣消毒室、兽医室、隔离区、病死驴无害化处理设施等兽医防疫设施。

（2）有必要的育种设施和测量设备。

（3）有饲料加工或贮存间、档案资料室、青贮窖等生产及管理配套设施。

（4）有污水排放、粪便堆放及无害化处理设施等，内部净道和污道要严格分开，净道主要用于驴群周转、饲养员行走和运料等，污道主要用于粪污等废弃物出场。

（5）圈舍朝向、规格及各栋圈舍距离合乎国家有关标准及规范要求，有充足的运动场区。

（6）有运输设备、青粗饲料加工调制设备、兽医诊疗器械等必要的设备。

二、布局

奶驴场应包括生活区、管理区、生产区、粪污处理区、病畜隔离区。

生活区：指职工文化住宅区，应在养殖场上风向和地势较高地段，并和生活区保持 100 米距离，依保证良好地卫生环境。

生产区：是奶驴场的核心，驴舍、饲料加工、贮存、初加工等畜牧生产建筑应设在场区的下风位置，入口处设人员消毒室和车辆消毒池，饲料库、干草棚、加工车间，要布置在合理位置，便于车辆运送。种驴和商品驴应分场饲养。驴舍间距以 7~9 米为宜，按主导风向驴舍排列顺序依次为产房、驴驹舍、育成驴舍、种驴舍、育肥驴舍和隔离舍。各种生产类型奶驴舍要布局合理，设有净道、污道，避免交叉污染（图 5-5）。

图 5-5　奶驴场草料棚

管理区：包括经营管理、产品加工销售的建筑物。管理区和生产区严格分开，相距50米以上，外来人员只能在管理区活动。

病畜隔离区：主要包括兽医室、隔离舍、病死驴处理及粪污贮存与处理设施。应设在生产区外围下风处，与生产区保持300米以上的间距。

三、驴场建筑的基本要求

（一）圈舍建设

在哈密市内奶驴棚圈，应选择干燥、平坦、向阳、宽敞、取水排水方便，远离居民区500米以上，独立封闭的养殖区。冷凉地区棚圈要采光保温性能好材料，棚圈方向应坐北向南修建。

（二）棚圈建设

在哈密以双列式，南北走向，槽位以双排槽为宜。棚圈间留有净道与污道，间隔不少于8米。棚圈长度以50米为宜，高度以2.5～3米为宜，棚圈宽度8米。在伊吾和巴里坤，棚圈以坐北向南，单列式，槽位以向南单列槽（图5-6）。

图5-6　适宜于北方冬季的保暖驴舍

（三）奶驴棚圈外要有充分的活动场地

活动场地设置固定的饮水设施，清理不必要的设施，不妨碍奶驴活动（图5-7）。

（四）湿度

舍内相对湿度不超过75%。

（五）供水

有稳定的水源，水质良好。冬季水槽中的水温应保持在0℃以上。

图5-7　驴舍运动场及夏季遮阳棚

（六）舍温、湿度和光照

成年驴舍温度为10~20℃，驴驹舍为18~24℃，育肥舍为16~21℃。舍内湿度为50%~70%，采用自然光照。

（七）饲养密度

每只肉驴最低占有面积：种公驴1.5~2平方米、成年母驴0.8~1.6平方米、育成驴0.6~0.8平方米、怀孕或哺乳驴2.3~2.5平方米。

（八）粪污处理

距棚圈50米以上的下风向设堆粪场，对粪便集中处理。

（九）防疫

应严格按照兽医卫生防疫要求进行。

（十）防火

草料堆或草料库宜设在棚圈侧风向处，并保持20米以上距离。确保安全用电，并配备必要的防火设施、设备及工具等。

每个棚圈都应该有充分的活动场地。活动场地内设置固定的饮水设施。

第三节　驴品种介绍

驴品种主要有新疆驴、疆岳驴、德州驴，国内其他驴种有晋南驴、泌阳驴、广灵驴、关中驴等。

一、新疆驴

新疆驴主要分布在喀什、和田、克孜勒苏柯尔克孜自治州、巴音郭楞蒙古自治州等地，在吐鲁番、哈密市也有分布（图5-8）。

图5-8 新疆驴

（一）体型外貌特征

体格矮小，体质干燥结实，头略偏大、耳直立、额宽、鼻短、颈薄、背平腰短、胸宽深不足、肋扁平；四肢较短，蹄小质坚；毛多为灰色、黑色。

（二）生产性能

新疆驴1岁时有性行为，公驴2~3岁、母驴2岁开始配种。在粗放饲养和重役下，很少发生营养不良和流产。幼驹成活率在90%以上。

（三）推广应用情况

全疆均有推广。

（四）品种评价

新疆驴的适应性强，抗病力好，不论酷暑严寒，也不论饲养条件多么恶劣，它都能生存。一旦条件得到改善，也会取得良好的生长发育。

二、疆岳驴

以关中驴为父本，新疆驴为母本改良的后代驴，经自然交配，按照选种、配种、接驹分等级等技术手段培育出了疆岳驴这一新品种，属役肉兼用，主要分布在新疆喀什的岳普湖（图5-9）。

图5-9　疆岳驴

（一）体型外貌特征

体格高大、结构匀称、动作灵敏，体型略呈长方形，头颈高扬，眼大而有神，前胸宽广，肋弓，尻短斜，90%以上为黑毛。

（二）生产性能

在正常饲养管理条件下，1.5岁能达到成年驴体高的93.4%，并表现性成熟。3岁时公、母驴均可配种。公驴以4~12岁时交配最好。

疆岳驴耐粗饲、适应性强、繁殖快、饲养成本低、经济效益高。

（三）推广应用情况

2000年岳普湖县"疆岳"牌毛驴正式被国家商标管理局注册命名。因岳普湖县"疆岳"驴品系纯正、数量多，繁殖已成规模，2001年岳普湖县又被农业部授予"中国毛驴（'疆岳'驴品牌）之乡"，新疆各地均有引进。

（四）品种评价

疆岳驴耐粗饲、适应性强、繁殖快、饲养成本低、经济效益高，适宜于药品加工，又适宜田间耕作和作脚力，深受农牧民的喜爱。据肖国亮等报道，疆岳驴在一个泌乳期内，最高挤奶量可达893千克，具有选育为乳用型品种的潜力。

三、德州驴

原产于山东省无棣县，又称"无棣驴"，德州驴以庆云县为中心、宁津、乐陵、滨州市的无棣、惠民等县也有饲养，后经山东丰收牧业进行杂交改良，进行大量繁育。2007 年已被国家列为地方品种保护名录（图 5-10）。

图 5-10 德州驴

（一）体型外貌特征

体格高大，结构匀称，外形美观，体型方正，头颈躯干结合良好。毛色分三粉（鼻周围粉白，眼周围粉白，腹下粉白，其余毛为黑色）和乌头（全身毛为黑色）两种，成年公驴体高 140 厘米，成年母驴体高 135 厘米。

（二）生产性能

1. 产肉性能

成年驴 268 千克，屠宰率可达到 53%，出肉率较高。

2. 生长性能

生长发育快，在良好的饲养条件下，1 岁驴驹体高、体长可以达到为成年驴的 90%、85%以上。

3. 繁殖性能

一般 15 月龄时达到性成熟，母驴 2.5 岁、公驴 3 岁开始配种，母驴一般发情很有规律，一生可产驹 10 头左右，25 岁老驴仍有产驹的；公驴性欲旺盛，在一般情况下，射精量为 70 毫升，有时可达 180 毫升，精液品质好。

（三）推广应用情况

德州驴现已被新疆、陕西、辽宁等 24 个省市引为种畜，同时也给养殖户带来了可观的经济效益。

（四）品种评价

有很强的适应能力，耐粗饲、抗病力强等特点，深受各地农民的喜爱（参考GB/T 24877—2010）。

四、国内其他驴品种介绍

（一）晋南驴

1. 体型外貌

体型长方形，体质紧凑，外貌清秀细致，是有别于其他驴种的特点。头部清秀，大小适中，颈部宽厚而高昂，鬐甲稍低，背腰平直，尻略高而斜，四肢细长，关节明显，肌腱分明，前肢有口袋状附蝉。尾细长，似牛尾。皮薄而细，以黑色带三白为主要毛色（图5-11）。

图 5-11　晋南驴

2. 生产性能

晋南驴产肉性能较好，幼驹生长发育较快，1岁以内发育更快，1岁时体高可达成年体高的90%左右。据测定，老龄淘汰驴平均胴体重125.9千克，平均屠宰率为52.7%，净肉率平均为40.4%。

3. 繁殖性能

晋南驴8~12个月有发情表现，初配年龄为2.5~3岁，发情周期平均为22天，发情持续期为4~8天，妊娠期为12个月，母驴以3~10岁生育能力最强。种公驴3岁时开始配种，平均一次采精量为70.5毫升，活力0.80以上，密度

1.5亿~2亿，人工授精一年可达150~200头以上。

4. 推广应用情况

晋南驴是我国特色优良种驴，且每年有大量种驴向省内外输出。因此，持续不断地做好晋南驴的选育，使其向肉用方向发展具有重要的现实意义。

（二）泌阳驴

图5-12　泌阳驴

1. 体型外貌

公驴富有悍威，母驴性温驯。体型中等，呈方形或高方形。结构紧凑、匀称，灵俊清秀，肌肉丰满，多双脊双背。背腰平直，头干燥、清秀，口方正；耳大适中，耳内中部有一簇白毛；头颈结合良好，腰短而坚，尻高宽而斜，四肢直，系短而立，蹄质坚实。毛色以三粉为主。

2. 生产性能

公驴1~1.5岁表现性行为，2.5~3岁开始配种，母驴性成熟期为9~12月龄，初配年龄2~2.5岁，发情季节不明显，但多集中于3—6月份，发情周期18~21天，发情持续期为4~7天，受胎率70%以上，繁殖年限可达15~18岁。成年公驴每天采精或配种一次，平均射精64毫升。屠宰率可达50%左右，净肉率为35%，背最长肌中大理石状结构明显，肉味鲜美。

（三）广灵驴

1. 体型外貌

体型高大，骨骼粗壮，体质结实，结构匀称，耐寒性强。驴头较大，鼻梁直，眼大，耳立，颈粗壮，甲宽厚、微隆，背部宽广平直，前胸宽广，尻宽而短，尾巴粗长，四肢粗壮，肌腱明显，关节发育良好，管骨较长，蹄较小而圆，质地坚硬，被毛粗密。被毛黑毛，但眼圈、嘴头、前胸口和两耳内侧为粉白色，当地群众叫"五白一黑"，又称黑画眉。还有全身黑白毛混生并有五白特征的，群众叫做"青画眉"，这两种毛色均属上等（图5-13）。

图5-13 广灵驴

2. 生产性能

繁殖性能与其他品种近似，大多在2—9月份发情，3—5月份为发情旺季，此时也是最适宜的配种时期。终生可产驹10胎。经屠宰测定，平均屠宰率为45.15%，净肉率30.6%。有良好的种用价值，曾推广到全国13个省区，以耐寒闻名。

3. 推广与选育情况

广灵驴是我国唯一一个体大而粗壮、且适于抗寒的优良驴种。加强选育，进一步扩大数量，不断提高质量是其今后育种的重点。

（四）关中驴

1. 体型外貌

关中驴体型高大，结构匀称，体型略呈长方形。头颈高扬，眼大而有神，前胸宽广，肋弓开张良好，尻短斜，体态优美。90%以上为黑毛，少数为栗毛和青毛（图5-14）。

图 5-14 关中驴

2. 生产性能

在正常饲养情况下，幼驴生长发育很快。1.5 岁能达到成年驴体高的 93.4%，并表现性成熟。3 岁时，公、母驴均可配种。公驴以 4~12 岁配种能力最强，母驴终生产 5~8 胎。

3. 繁殖性能

母驴发情周期平均为 20.3（17~26）天，发情持续期平均 6.1（3~15）天，产后发情排卵期为 7~27 天，母驴怀驴驹期为 350~365 天，怀骡驹期为 365~375 天。母驴性欲旺盛，繁殖力高。公驴配母驴的准胎率一般为 80%以上，公驴配母马一般为 70%左右。

4. 适应性

关中驴对干燥温和的气候及平原地区适应性很好，耐粗饲，少疾病。但其耐严寒性较差，在引种到严寒和高寒地区时，应注意防寒、保温工作。

5. 推广情况

关中驴遗传性稳定，种用价值高，改良小型驴效果明显。今后在作为保种工作的同时，应加强肉用性状的选择，向肉用驴方向发展。

第四节　驴营养调控技术

驴的营养调控就是根据驴的消化系统的生理功能，所需维生素和矿物质，以及平衡的蛋白质、碳水化合物和脂肪。在配制日粮和决定饲喂量时，必须考虑驴的年龄、妊娠状态、是否哺乳以及生理状态。

一、驴的消化系统生理特点

（一）采食慢

驴采食慢，但咀嚼细，这与它有坚硬发达的牙齿和灵活的上下唇有关，适宜咀嚼粗硬的饲料，但要有充足的采食时间。驴的唾液腺发达，每千克草料可由4倍的唾液泡软消化。

（二）驴胃小

驴的胃只相当于同样大小牛的1/15。驴胃的贲门括约肌发达，而呕吐神经不发达，故不宜喂易酵解产气的饲料，以免造成胃扩张。食糜在胃中停留的时间很短，当胃容量达到2/3时，随不断地采食，胃内容物就不断排至肠中。驴胃中的食糜是分层消化，故不宜在采食中大量饮水，以免打破分层状态，让未充分消化的食物冲进小肠，不利于消化。这就要求定时定量和少喂勤添。如喂量过多，易造成胃扩张，甚至胃破裂。同时要求驴的饲料要疏松、易消化，便于转移，不致在胃内黏结。

（三）特殊的肠道系统

驴的肠道容积大，但口径粗细不均，食物在肠道中滞留时间长，但肠道口径粗细不一，如回盲口和盲结口较小，饲养不当或饮水不足会引起肠道梗死，发生便秘。因此要求正确调制草料和供给充足的饮水。驴的夜间饲喂。对于饲养水平低、粗料多精料少的，更有必要。

（四）特殊的消化系统

正常情况下，食糜在小肠接受胆汁、胰液和肠液多种消化酶的分解，营养物质被肠黏膜吸收，通过血液输往全身。而大肠尤其是盲肠有着牛瘤胃的作用，是纤维素被大量细菌、微生物发酵、分解、消化的地方，但由于它位于消化道的中下段，因而对纤维素的消化利用远远赶不上牛羊的瘤胃。驴对饲料的利用具有马属家畜的共性。一是对粗纤维的利用率不如反刍家畜，二者相差一倍以上，但驴比马的粗纤维消化能力高 30%，因而相对来说驴较耐粗饲。二是对饲料中脂肪的消化能力差，仅相当于反刍家畜的 60%，因而应选择脂肪含量较低的饲料。三是对饲料中蛋白质的利用与反刍家畜接近。如对玉米蛋白质，驴可消化 76%，牛为 75%。对粗饲料中的蛋白质，驴的消化率略低于反刍家畜。

二、驴的营养需要

（一）水分

水分是驴体中最多、最重要的成分。水对驴体正常代谢有特殊作用，营养物质的消化、吸收一系列复杂过程，都是以水为媒介，在水中进行的。机体代谢的废物也是通过水而排出体外。水还能调节体温，润滑关节和保持体形。缺水比缺饲料更难维持生命。驴必须每天饮水，每 100 千克体重需饮水 5~10 千克，饮水量是风干饲草摄入量的 2~3 倍。多饮水有利于减少消化道疾病，有利于肉驴肥育。

（二）蛋白质

蛋白质是组成驴体所有细胞、酶、激素、免疫体的原料，机体的物质代谢也靠蛋白质维持，所以蛋白质是其他营养物质所不可代替的。不仅是对驴驹和种用公母驴，就是奶驴的生产，其较高的日产奶量，很大程度靠蛋白质的摄入、消化、吸收和转化。

（三）碳水化合物

碳水化合物是饲料的主要成分，包括粗纤维、淀粉和糖类。前者主要存在于粗饲料中，它虽不易被消化利用，但它能填充胃肠，使驴有饱感，还能刺激胃肠蠕动，因此是重要的物质。淀粉和糖主要存在于粮食及其副产品中，碳水化合物是驴体组织、器官不可缺少的成分，又是驴体热能的主要来源，剩余的还能转化成体脂肪，以备饥饿时利用。饲料营养成分表中" 无氮浸出物 "，是指碳水化合物中除去粗纤维部分的营养物质。

（四）脂肪

脂肪是供给驴体的重要能源。脂肪在体内产生的热量是同等数量的碳水化合物产生热量的 2.25 倍。脂肪储存于各器官的细胞和组织中，同时它也是母驴乳汁的主要成分之一。脂肪还是维生素 A、维生素 D、维生素 E、维生素 K 和激素的溶剂，它们须借助于脂肪才能被吸收、利用。驴对脂肪的消化利用不如其他反刍家畜，因此含脂肪多的饲料（如大豆）不可多喂。

（五）矿物质

矿物质是一类无机的营养物质。占驴体矿物质元素总量 99.95% 的钙、磷、钾、钠、氯、镁和硫等称之为常量元素；占驴体矿物质元素总量 0.05% 以下的铁、锌、铜、锰、钴、碘、钼和铬等称之为微量元素。矿物质占驴体重的比例很小，但因它参与机体所有的生理过程，而且也是驴体骨骼的组成成分。这些物质只能从饲料中摄取，不会在体内合成，供给不足或比例失调，就会发生矿物质缺乏症或中毒症。

（六）维生素

维生素是机体维持生命代谢不可缺少的物质，植物中的含量和驴体的需要都很少。它也是酶的组成成分，在生理活动中起"催化剂"的作用，以保证驴正常的生活、生长、繁殖和生产，维生素分维生素 A、维生素 C、维生素 E、维生素 K 和 B 族维生素等，如果缺乏会引起各种维生素缺乏症。由于植物性饲料中维生素含量较多，有的在体内还可以合成，散养放牧的驴一般不会发生维生素缺乏症，但在集约化密集饲养的情况下要注意日粮中维生素的补充。

三、常用饲草料介绍

根据饲料的营养成分的特点，可将饲料分为青饲料、粗饲料、青贮饲料、能量饲料、蛋白质饲料、多汁饲料、矿物质补充饲料、维生素补充饲料 8 种。此外还有一种添加剂饲料，多用于工厂化高产畜禽饲养。

（一）青饲料

青饲料含水量都在 60% 以上，富含叶绿素，以青绿颜色而得名。各种野草、栽培牧草、农作物新鲜秸秆，都属青饲料。

营养特点：优质的青饲料粗蛋白质含量高，品质也好，必需氨基酸全面，维生素种类丰富，尤其是胡萝卜素、维生素 C 和 B 族维生素。优质的青饲料中钙磷含量多，且比例合适，易被机体吸收，尤其是豆科牧草的叶片含钙更多。青饲料粗纤维含量少，适口性好，容易消化，有防止便秘的作用。

（二）粗饲料

粗饲料是含粗纤维较多，容积大，营养价值较低的一类饲料。它包括干草、秸秆、干蔓藤、秕壳等。

营养特点：粗饲料的特点是粗纤维含量高，消化率低。粗蛋白质的含量差异很大，豆科干草含粗蛋白质为 10%～19%，禾本科干草含 6%～10%，而禾本科的秸秆和秕壳含 3%～5%；粗蛋白质的消化率也明显不同，依次为 71%、50% 和 15%～20%。粗饲料中一般含钙较多，含磷较少，豆科干草和秸秆含钙高（1.5%），相比禾本科干草和秸秆含钙少（仅为 0.2%～0.4%）。粗饲料中含磷低，仅为 0.1%～0.3%，秸秆甚至低于 0.1%。粗饲料中维生素含量差异也大，除优质干草特别是豆科干草中胡萝卜素和维生素 D 含量较高外，各种秸秆、秕壳几乎不含胡萝卜素和 B 族维生素。

四、饲料的调制

（一）青饲料调制

夏秋季节，除抓紧放牧外，刈割青草或青作物秸秆，铡碎后与其他干草、秸秆掺和喂驴。同时，也应尽量采收青饲料晒制干草或制作青贮饲料。青草的刈割时间对于草质量的好坏影响很大，禾本科青草应在抽穗期刈割，而豆科青草则应在初花期刈割。刈割后的青草主要用自然干燥的办法调制成干草，分两个阶段晒制；第一阶段，将青草铺成薄层，让太阳暴晒，使其含水量迅速下降到 38% 左右；第二阶段，将半干的青草堆成小堆，尽量减少暴晒的面积和时间，主要是风干，当含水量降为 14%～17% 时，堆垛储存，草垛要有防雨设施。调制好的青干草色泽青绿，气味芳香，植株完整且含叶片量高，无杂质、无霉烂和变质，鲜草调制为青干草后，就归入了粗饲料的种类中（图 5-15）。

（二）粗饲料调制

秸秆类粗饲料的处理主要有物理和机械处理、碱化氨化处理及微生物处理。

1. 物理和机械处理

它是把秸秆切短、撕裂或粉碎、浸湿或蒸煮软化等。常用的方法有：一是用

图 5-15　奶驴场常用饲料

铡草机将秸秆切短（2~3厘米）直接喂驴，此法吃净率低、浪费大。二是将秸秆用盐水浸湿软化，提高适口性，增加采食量。三是将秸秆或优质干草粉碎后制成大小适中、质地硬脆、适口性好、浪费少的颗粒饲料，这是一种先进的方法。四是使用揉搓机将秸秆搓成丝条状直接喂驴，此法吃净率将会大幅提高，如果再将其氨化效果会更好。

2. 碱化处理

它是将铡短的秸秆装入水池或木槽中，再倒入3倍秸秆重量的石灰水（3%熟石灰水或1%生石灰水）将草浸透压实，经过一昼夜，秸秆黄软，即可饲喂。沥下的石灰水可再次使用，每100升水仅需再加0.5千克的石灰。碱化秸秆以当天喂完为宜。另一种碱化方法是利用氢氧化钠处理秸秆，效果虽好，但处理成本高，对环境有污染。

3. 氨化处理

利用尿素、液氨、碳铵或氨水等，在密闭的条件下对秸秆进行氨化处理。被处理的秸秆应含15%~20%的水分，尿素用量占秸秆重量的3%，即将3千克尿素溶解在60千克水中，再均匀地喷洒到100千克秸秆上，逐层堆放、密封。

4. 微生物处理

用纤维素分解酶活性强的菌株培养，分离出纤维素酶或将发酵产物连同培养基制成含酶添加剂，用来处理秸秆或加入日粮中饲喂，能有效提高秸秆的利用率。这是秸秆处理的最佳方式，但存在一些问题有待解决完善。

五、推荐哈密实用精饲料配方

（一）1.5 岁生长驴精料补充料参考配方

配方一：玉米 57.18%，麦麸 15.0%，豆粕 19.0%，棉籽粕 5.0%，磷酸氢钙 1.3%，石粉 1.2%，食盐 0.32%，预混料 1.0%。

配方二：玉米 61.0%，麦麸 12.0%，豆粕 16.0%，棉籽粕 5.0%，磷酸氢钙 0.94%，石粉 1.0%，食盐 0.32%，预混料 1.0%，菜籽粕 2.8%。

（二）2.2 岁生长肉驴精料补充料配方

配方一：玉米 66.0%，麦麸 10.35%，豆粕 15.29%，菜籽粕 5.0%，磷酸氢钙 1.0%，石粉 1.1%，食盐 0.33%，预混料 1.0%。

（三）3 岁成年驴育肥精料补充料配方

配方一：玉米 42.12%，麦麸 34.0%，豆粕 2.6%，豌豆 18.0%，磷酸氢钙 0.8%，石粉 1.16%，食盐 0.32%，预混料 1.0%。

（四）常用饲草料配方

配方一：苜蓿干草 2%，玉米秸 24%，谷草 25%，玉米 44%，麦麸 2%，大豆饼 2%。

配方二：草粉 25%、玉米 32%、麸皮 17%、豆粕 10%、葵花籽粕 5%、食盐 3%、骨粉 5%。

配方三：玉米 45%、麸皮 25%、豆粕 10%、葵花籽粕 12%、食盐 3%、骨粉 5%。

六、提高驴奶产量措施

（一）利用优质饲草

（1）苜蓿草+青绿饲草羊草+精料，适宜于奶驴产奶量的提高，值得推广。

（2）苜蓿草+胡萝卜等块根块茎饲料+精料。

（二）利用添加剂

1. 补饲胡萝卜素法

日粮中补加 7 克胡萝卜素制剂，有效提高产奶量。

2. 补充磷酸氢钙法

在哈密驴养殖示范点，在精料中添加2%磷酸氢钙可有效提高产奶量。

（三）环境因素

1. 增加光照

夏天动物生活在自然界中的草原上，天天能见到太阳，可促进泌乳激素的分泌，驴自然能多产奶。冬季阳光少，就减少了对奶驴泌乳激素的刺激，产奶性能在一定程度上会受到影响，这是冬季奶驴产奶少的一个重要因素之一。

2. 冬饮热水

水是驴各种营养素的溶剂，驴吃进各种营养素的运送、消化和吸收，粪尿正常排泄，血液循环和体温调节，都要靠水进行。如驴缺水，据试验24天才能恢复正常产奶，可见水对奶驴的重要性不可忽视。因此，根据不同季节，必须供给充足的饮水，冬饮热水是提高驴奶的重要手段之一（图5-16）。

图5-16　来自东天山天然草原生态驴奶

第五节　驴饲养管理技术

一提到饲养管理，一直强调降低劳动成本，提高饲养效率和增重速度，但这并非饲养管理的全部内涵，集约化生产使科学化的饲养管理尤为重要。由于驴的生产方式的集约化，从出生到上市或繁育的周期缩短，饲料转化为肉、奶的效率提高了，应激的产生增加了潜在的致病机会。专门化企业在制定管理制度上，一定要全面考虑，确保取得最佳的养殖效益。

一、驴的一般饲养原则和日常管理

驴是草食动物，其食草尤以干、硬、脆的农作物秸秆为佳。例如：玉米、谷子、豆蔓等质地较硬的秸秆，用铡草机切成3~4厘米长的短段，最忌喂半干不湿、折之不断的饲草。因为此类饲草最易让驴闹"结"症。同时再辅以豌豆、玉米、炒棉籽等精料或小麦麸皮等。每天早、中、晚各喂一次，以晚饲为主。每次饲喂时添上单草（即草样秸秆）让其食至大半饱时，再喂合草（即将秸秆再掺以苜蓿、豆蔓等含蛋白质较高的饲草），以此诱其食欲。待其有停食的表现时，再喂拌草（即把槽底所剩的草，再掺以豌豆、玉米、炒棉籽等整粒饲料或掺以小麦麸皮及少量水），以诱其达到最大摄食量。

（一）饲喂方法

根据驴的生理和消化特点，饲喂时应给予适当的饲料和足够的咀嚼、消化时间。严禁暴饮暴食，应按照定时、定量、少喂勤添、分槽饲养的原则进行（图5-17）。

分槽定位　　　　　　　　　　驴要分群

图5-17　分群、分槽饲喂

1. 分槽定位

应按照驴（骡）的性别、老幼、个体大小、采食快慢以及性情或性能不同，分槽定位，以防争食。哺乳母驴的槽位要适当宽些，以便于驴驹吃奶和休息；种公驴应单栏饲喂，防止互相咬伤或踢伤，有利于上膘和保持充沛的精力顺利完成配种任务。

2. 定时定量细心喂养，按季节不同，确定饲喂次数

每天喂草4~5次，喂料2~3次，饮水3~4次；每次饲喂的时间、数量都应固定，防止忽早忽晚，忽多忽少和时饥时饱，以便使驴建立起正常的条件反射。另外驴每天的饲喂时间不应少于9~10小时。必须加强夜饲。前半夜以草为主，喂到不吃为止，后半夜加喂精饲料。

3. 少喂勤添

草短干净。喂驴的草要铡得短，喂前要筛去尘土，挑出长草，拣出杂物。一顿草料要分多次投喂，即少喂勤添。这有兴奋消化活动、促进消化液分泌和增强食欲的作用。若一次投草过多，不但草易被驴拱湿发软，带有异味，驴不喜食，即使驴采食下去，也易引起消化道疾病。

4. 先草后料，先干后湿。一般采用草拌料，并按照先粗后精、分批投给、逐渐减少草量和增加精饲料的原则。

这样饲喂既可防止驴开始因饥饿而暴食，又可引诱其多吃草，达到充分利用粗饲料的目的。每次饲喂都要先给草后喂料，先喂干草，后喂拌湿料。

5. 饲养管理程序

草料种类不能骤变，如需改变，要逐渐进行，以防止因短期内不习惯使消化机能紊乱。

6. 清理饲槽

每次饲喂完后必须清扫饲槽，除去残留饲料，防止发酵变质影响下次饲喂。

（二）饮水方法

驴的饮水应做到适时饮水，慢饮饮好。饮水应因时因地制宜。在天热或劳役后要防止立即暴饮，不饮而食时容易形成食团，影响消化，引起塞食。因此应稍事休息并喂前饮水。每次吃干草后也可饮些水，但饲喂中间或吃饱之后，不宜立即大量饮水。因为这样会冲乱胃内分层消化饲料的状态，影响对饲料的消化。饲喂中可通过拌草补充水分。待吃饱后过一段时间或干活前再使其饮足。

天气炎热可适当增加饮水次数，水温不应低于10℃，冬季水要清洁、新鲜，冬季水温要保持0℃以上。防止饮冰碴水，避免造成流产和腹痛。

（三）日常管理工作

舍饲驴一生的大半时间是在圈舍内渡过的。所以圈合的通风、保暖及卫生状况，对其生长发育和健康影响很大，因此要做好圈舍及日常管理工作。

1. 卫生管理

保持舍内干燥通风，及时打扫卫生，粪尿不堆积。夏季做好防治蚊蝇工作，让驴安静采食和避免蚊蝇传播疾病。

2. 圈舍管理

圈舍应建在背风向阳处。内部应宽敞、明亮，保持冬暖夏凉，槽高圈平。要做到勤打扫、勤垫圈，每天至少在上午清圈 1 次，扫除粪便，垫上干土。经常保持圈舍内部清洁和干燥。所有用具放置整齐。圈内空气新鲜、无异味。每次喂完后必须清扫饲槽，除去残留饲料，防止发酵变酸产生不良气味，有碍驴的食欲。冬季圈舍温度不能低于 8~12℃，夏季可将驴牵至户外凉棚下休息、饲喂，但不能拴在屋檐下和风口处，以防驴患病。

3. 皮肤护理

每天刷拭二次驴体，清除皮垢、灰尘和寄生虫促进皮肤血液循环，及时发现外伤增强人畜亲和。刷拭能保持皮肤清洁，促进血液循环，增进皮肤机能，有利于消除疲劳，且能及时发现外伤进行治疗，防止驴养成怪癖。用刷子或草把从驴的头部开始，到躯干、四肢，刷遍驴体，对四肢和污染粪便的部位可反复多刷几次，直到刷净为止。

4. 蹄的护理

定期修蹄保持驴良好的生产性能；种公驴每 1.5 月修一次蹄，母驴每月修一次蹄。平时注意护蹄是保持驴蹄正常机能的主要措施。长期不修蹄或护蹄不良易形成变形蹄或病蹄，影响驴体健康。

5. 定期健康检查

有定期修蹄和肢蹄保健计划，有隔离措施和传染病控制措施；有预防，治疗奶驴常见病规程；有完整的兽药使用记录。记录内容包括兽药名称兽药用量；购药日期；药物有效日期；供药商信息，用药奶驴或奶驴群号，治疗奶驴数量；休药期；兽医和药品管理者姓名等；有抗生素和有毒有害化学品采购使用管理制度和记录，有奶驴使用抗生素隔离及解除制度和记录；每年应对驴至少进行 2 次健康检查和 2 次驱虫，发现疾病，及时治疗，做好用药记录。兽药使用符合《无公害农产品　兽药使用准则》（NY/T 5030—2016）。

6. 运动

驴喂饱后即可放入运动场让其自由活动，促进其新陈代谢，增强驴体质，运动还可以提高种公驴的精子活力有利于配种。

7. 消毒

按照消毒规范做好环境、人员、驴舍、用具等消毒。

以上工作可根据天气、配种、饲养情况适当调整，但应保证不影响驴的正常生长，给驴创造一个良好的生长环境，提高养殖效益。

二、公驴的饲养管理

（一）非配种期管理

要单栏饲喂，以免相互撕咬碰撞，舍饲条件下，常用精饲料配方比：麸皮：玉米：豆类为 1：1：1。每日饲喂混合精料 2.0 千克左右，自由饮水、自由采食青干草。有放牧条件的，每日要进行适当时间的放牧，确保种公驴有一定的运动量。

（二）配种期饲养管理

1. 种公驴饲养

按营养标准配制精料，配种前 1~1.5 个月开始逐渐增加精料给量，在配种期内，每日补饲全价精料 2.0~3.0 千克，胡萝卜 1.5~3.0 千克，鸡蛋 5~10 枚，食盐 50 克，磷酸氢钙 30 克，青干草自由采食。

2. 管理

（1）对种公驴必须分栏拴系，防止踩踏伤其他的驴。配种期，发情母驴数量少时，可实施牵引交配，每次间隔 2 小时，受配母驴数量多时可采用人工授精。哈密需引入大型驴种对新疆驴进行杂交改良，提高当地驴的体尺、体重，是奶驴饲养提高奶肉产量的重要途径（图 5-18）。

（2）应适当运动，防止过肥。驴的利用价值、提高母驴繁殖力，同时还有助于恢复驴濒危品种的群体。

（3）每天配种 1 次，每周休息 1~2 天。

（4）饮食后 0.5 小时不宜配种，配种或采精前后 1 小时应避免剧烈活动。

种公驴单栏拴系（正确做法）　　　种公驴集体拴系（错误做法）

图 5-18　种公驴拴系

3. 适配年龄和种用年限

公驴的适配年龄为 3~4 岁，种用年限为 14 岁左右。

4. 公、母比例

自然交配的公、母比例一般为 1∶（30~50），人工输精为 1∶（80~120）。

三、母驴的饲养管理

（一）母驴妊娠期的饲养管理

驴的妊娠期一般为 365 天，妊娠期前 8 个月日喂精料 0.3~0.6 千克；妊娠期后 3 个月日喂精料 0.8~1.2 千克，宜补饲适量优质青绿饲料。产前 2 周应单独喂养，饲料总量应减少 1/3。

（1）妊娠前期（怀孕 1~4 个月）。即奶驴产奶旺盛期，也是奶驴体内胎儿最初发育期，此阶段可以正常饲喂，精料不少于 2 千克，粗饲草必须切短 2~3 厘米，或用 TRM 机（柔草机）混合，按照麦秸秆、苜蓿、青干草的配料以 3∶1∶1 的标准进行混合饲喂。每头奶驴日喂量 8~12 千克。每日饮水 1~2 次，夏季饮水 3~4 次。此怀孕期的驴应集中单独饲喂，防止其他驴啃咬踏伤驴驹。

（2）妊娠中期（怀孕 5~9 个月）。它是体内胎儿各种器官发育成熟期，此阶段应保持一定的精料补助。奶驴的精料以全价营养为主，忌单一或含糖高的精料，冬季不能饮用冰碴水，饮水水温在 8~10℃。

（3）妊娠后期（怀孕 10~11 个半月）。此时奶驴处于临产期，必须分圈单独饲喂。根据奶驴膘情在原来补饲精料的基础上，如果奶驴过肥的可以适当减少补饲，膘情偏低的要补饲混合精料 2 千克以上。饲草以麦秸秆、苜蓿、青干草为主，适量添加菜叶、块根。不得补饲菜籽饼、棉籽饼，以免蓄积毒素导致胎儿流产或产弱胎。注意事项：一是对怀孕驴不饲喂变质发霉饲草料；二是怀孕驴舍干燥、温度适宜；三是怀孕驴要进行适当运动；四是怀孕驴保持在中等膘情。

（4）分娩和接产。母驴临产前要做接产准备工作：产房地面一定要干燥、清洁、消毒并铺垫短、软、清净的褥草，室内温度在 10℃ 以上，兽医人员指导下，备好接产用碘酒、药棉等消毒药品。

（二）泌乳期饲养管理

哺乳驴可按产奶期长短分别组群；饲喂应先粗后精，少添勤喂，长草短喂，适时饮水，杜绝突然变换草料。

1. 泌乳期的饲养

母驴分娩后，应饮温麸皮水 1 周，母驴分娩后 7~14 天内，应控制草料喂量，10 天后恢复正常喂量；哺乳前期日喂精料 2.2~2.8 千克；哺乳后期日喂精料 1.4~2.0 千克，宜补饲适量优质青绿饲料。饲喂全价饲料，泌乳期平均每日 2.0~2.5 千克。

图 5-19　初生母驴的饲养管理

2. 管理

（1）产房应温暖、干燥、无贼风，光线充足。

（2）应让产后母驴尽快恢复体力；应每天刷拭驴体 1~2 次，每隔 1.5~2 个月应修蹄 1 次。

（3）用于产奶的母驴，产后 100 天左右，应当注意观察母驴的发情，适时配种。

3. 奶驴挤奶

奶驴产驴驹后前 15 天，一般不予挤奶，先让驴驹吃饱奶，膘情好可产奶量高的驴可以酌情手工挤奶。20 日龄后，驴驹有一定的采食能力，可奶驴采用吸奶器挤奶（图 5-20）。挤奶前先用热水敷乳房 3~5 分钟，不能空挤，吸奶器吸乳 5 天后改用手工挤乳 2 天，再用机器挤，如此反复，可避免乳房炎发生，冬季奶驴挤奶完毕用干毛巾将乳房擦干，避免冻伤。

图 5-20 吸奶器挤奶、消毒安全饮用驴奶

奶驴鲜奶的保存参照：生鲜驴乳的初步处理执行，生鲜乳符合 DBS 65/017—2017 新疆维吾尔自治区地方标准——《食品安全地方标准——生驴乳》。生鲜乳使用符合 DBS65/018—2017《食品安全地方标准 巴氏杀菌驴乳》。

（三）配种期母驴的饲养

受配母驴可分为育成母驴、经产驴、其他空怀母驴。育成母驴在配种前 1 个月，应分成 20~30 头小群饲养，每日喂混合精料 1.0~1.5 千克，经产母驴视其育驹体况，在产后 3~4 个月与其他空怀母驴组群配种。

四、驴驹的饲养管理

（一）驴驹的育幼

1. 接产和护理

保持产圈和育驴驹圈清洁、干燥、温暖是驴驹成活的关键。驴驹产出后，应立即擦掉嘴唇和鼻孔上的黏液和污物，然后断脐；助产者应使用软布或毛巾擦干驹体上的黏液；驴驹应尽早吃上初乳，如产后 2 小时后幼驹尚不能站立，应人工补饲初乳，每隔 2 小时饲喂一次，每次 300 毫升。

2. 假死驴驹的救治

幼驹出生后，呼吸发生障碍或无呼吸仅有心脏活动，称为假死或窒息。引起假死的原因很多，归纳有：分娩时排出胎儿过程延长，很大一部分胎儿胎盘过早脱离了母体胎盘，胎儿得不到足够氧气；胎儿体内二氧化碳积累，而过早地发生呼吸反射，吸入了羊水；胎儿倒生时产出缓慢使脐带受到挤压，使胎盘循环受到阻滞；胎儿出生时胎膜未及时破裂等。

急救假死幼驹时，先将胎儿后躯抬高，用纱布或毛巾擦净口鼻及呼吸道中的黏液和羊水，然后将连有皮球的胶管插入鼻孔及气管中，吸尽其黏液。也可将驴驹头部以下浸泡在 45℃ 的温水中，用手和掌有节奏地轻压左侧胸腹部以刺激心脏跳动和呼吸反射。也可将驴驹后腿提起抖动，并有节奏地轻压胸腹部，促使呼吸道内黏液排出，诱发呼吸。如果上述方法无效果，则可施行人工呼吸，将假死驴仰卧，头部放低，由一人抓幼驹前肢交替扩张，另一人将驴驹舌拉出口外，用手掌置最后肋骨部两侧，交替轻压，使胸腔收缩和开张。在采用急救手术的同时，可配合使用刺激呼吸中枢的药物，如皮下或肌内注射 1% 山梗菜碱 0.5~1 毫升或 25% 尼可刹米 1.5 毫升，其他强心剂也可酌情使用。

3. 尽早补料

幼驹出生后 15 天训练吃草吃料，草料应适口性好，自由采食；补喂的精料应为全价精料；补饲量应逐步增加；出生~1 月龄日补精料 0.05~0.25 千克，2~4 月龄为 0.5~1.0 千克，5~6 月龄为 1.0~2.0 千克；每日补饲 4~6 次。饲养数量超过 50 头的，一定要和母驴分栏饲养，专人护理。防止其他母驴踩踏、啃咬幼驴驹。

4. 饮水

自由饮水，冬季饮水适宜温度应为 8~10℃。

5. 管理

驴驹出生后应及时带耳标；应经常观察驴驹精神状况，做到及时发现问题及时解决。

（二）驴驹的育肥管理

育肥圈舍要保持清洁、干燥、通风，温度适宜。在育肥前要对育肥驴进行驱虫和接种免疫，对不同体况驴进行分群。育肥期 60~120 天肥前 7 天内要少量增加精料喂量，逐步调整到育肥期的日粮水平。一般育肥日粮量为育肥驴体重的 3.5%，精料量逐渐增至与粗料量相同，进入后期，精料量要降至粗料量的 1/2。在精料中添加 1% 的小苏打，以防酸中毒。

五、后备母驴的选择

（一）后备母驴的饲养管理

1. 适时断奶

幼驹应在 6 月龄断奶，断奶后要加强饲养管理，防止驴驹出现草腹，生长发育受阻。

2. 饲养

随着驴驹年龄的增长应增加精料喂量，每日精料量 1.5~3 千克，日喂 2 次；粗饲料自由采食。育成驴 1.5 岁公母应分群饲养，2 岁以后对无种用价值的公驴应去势。

3. 适配年龄和繁殖年限

母驴的初配年龄一般为 2.5~3 岁，母驴的繁殖年限一般为 16~18 年。

（二）后备母驴的选择

1. 按系谱选择生产母驴

系谱是驴群管理的基础条件；它包括父母代、祖代个体编号、出生日期、初生重、生产发育记录、繁殖记录和生产性能测定记录等。

2. 按体型外貌性状

根据后备生产母驴培育标准对不同月龄驴驹进行外貌鉴定，对不符合标准的个体及时淘汰。建立奶驴养殖档案，详细登记奶驴的生产、后代生长状况，从中选择雄性特性强的公驴，产奶量高的母驴留作种用。通过自繁自养，选育产奶性能高的奶驴后代，提高奶驴养殖的生产效益，使其成为发展奶驴养殖业的支柱。

六、空怀母驴

（一）饲养

配种前 1~2 个月应增加精料喂量，日喂精料 0.3~0.6 千克，对过肥的母驴，应减少精饲料，增喂优质干草和多汁饲料，加强运动，使母驴保持中等膘情；草料自由采食。

（二）配种

（1）母驴发情周期平均为 21 天，发情持续期为 3~14 天，一般为 5~8 天。

（2）自然交配应采取隔日配种法，配种 2 次即可。

（3）每天应检查空怀母驴发情状况；做好发情鉴定工作，适时配种。

（4）应在检查到母驴稳定发情后开始配种，适宜配种时间为早晨或傍晚。

（5）应在输精后 18 天左右进行妊娠检查，如果未孕应在下一发情期补配。

（三）管理

配种前 1 个月，对母驴生殖系统进行检查，发现有生殖疾病及时治疗。

七、选种、选配

（一）选种

重点是对种公驴选择，建议选德州驴、疆岳驴。

（1）选择后代生产性能表现良好公驴。

（2）选择性欲旺盛，雄性强的青壮年公驴。

（3）选择体格大，生长发育快，产奶量高的母驴产的公驴驹。

（4）母驴要选择母性强，繁殖性能好，产奶量高的母驴。保持驴群高繁殖性能，一般适龄母驴的数应占母驴数的 50%~70%。

（二）选配

充分利用杂交优势和产奶性能性高的个体进行选配。公驴选用关中驴、疆岳驴，母驴选新疆驴进行繁殖生产，其后代仍作为生产母驴进行生产。

（三）配种期管理

1. 自然交配

发情驴数量少时，可实施牵引交配，每次间隔 2 小时，可与其他母驴复配一次。

2. 人工授精

选择体型高大匀称，睾丸发育良好的种公驴；对于选好的种公驴可全年进行精液的采集和冷冻保存，适当调教种公驴后才可采精；隔天采一次或每周采三次是最理想的采精频率。用公驴试情，晨晚各一次；如母驴正在发情，下午 2 时再试情一次。母驴发情鉴定所根据的表现是：嘴巴不断张合、两耳后贴、凑近公畜、后腿开张、频频排尿、阴核闪动、举尾等，在发情中期最明显，其后减弱。母驴平均持续发情（6.7±1.7）天，性周期（24.6±3.9）天。对发情母驴还要进行直肠检查，测定卵巢滤泡发育情况，作为选择授精时间的依据。一般在发情初期滤泡直径 0.5~2.0 厘米，至排卵前达 2~5 厘米，自发情开始至排卵为（5.3±1.4）天。发情母驴一般在接近排卵时授精（图 5-21，图 5-22）。

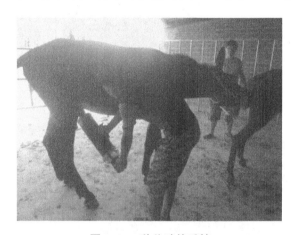

图 5-21　种公驴的采精

B 超检查法：技术员右手戴长臂手套并涂抹润滑剂，按直肠检查的方式清除直肠内粪便。清除粪便后，五指握紧探头以圆锥形缓慢旋转由肛门进入直肠，而后轻柔的左右移动探头寻找膀胱，在 B 超仪显示器上看到膀胱后顺膀胱方向前进寻找子宫壁并观察整个子宫壁的状况。当深入至直肠狭窄部肠管处（即子宫角分叉处）时，将探头贴紧肠壁缓慢向左上方向旋转，观察子宫角横切面，而后顺子宫角方向继续向左上方观察左侧卵巢，直至卵巢影像消失后原路返回至子宫角分叉处，再按同样的方法，向右上方旋转观察右侧子宫及卵巢。一般早晚检查，当卵泡直径 20~30 毫米时，间隔 24 小时检查一次；直径≥30 毫米时，每日检查 2 次，间隔时间 10~12 小时，直至卵泡直径达到 35 毫米，每日输精一次，直至排卵结束（图 5-23）。

3. 调整配种计划

驴的日产奶量、泌乳周期和驴奶的特征变化取决于产犊季节，春季驴的产奶

图 5-22　母驴的输精

图 5-23　已妊娠母驴 B 超检查

量和质量都是最好的；在泌乳期，奶驴产奶量持续下降，蛋白质和脂肪的含量也呈下降趋势，而乳糖含量呈上升趋势。根据驴奶需求，调整配种计划。

八、妊娠诊断

配种后第一个月维持同样的饲养管理水平，以防流产。配种后 40 天用 B 超声波做妊娠诊断。或将授精母驴做好标记，下一个情期观察返情母驴，初步判断是否受孕（图 5-24）。

图 5-24　母驴的妊娠检查

九、消毒与废弃物处理

（一）消毒

1. 环境消毒

驴舍周围环境每隔 15~30 天，用 2% 火碱喷雾或撒生石灰消毒。驴场内的污染池、排粪坑，下水道出口，每月用漂白粉消毒一次。在驴场入口处设消毒池，并定期更换消毒液，使之保持有效浓度。

2. 人员消毒

饲养员、工作人员、外来人员进入生产区净道及驴舍，应更换工作服，穿工作鞋，并经过紫外线照射 5 分钟以上方可进入。

3. 驴舍消毒

可采用喷雾方式消毒。种驴舍、产房按生产程序消毒，对发生传染病的驴舍，再用 2% 烧碱溶液消毒。

4. 用具消毒

定期对补料槽、饲料车、料桶、草架、分奶栏等用具定期用 1%~3% 来苏儿或 0.1% 新洁尔灭溶液进行消毒处理。

5. 带驴消毒

可用 1∶（1 800~3 000）的百毒杀溶液定期对带驴消毒，减少周围环境中的病原微生物。

（二）废弃物处理

1. 粪污处理

主要利用微生物发酵，一般采用堆肥发酵方法进行无害化处理，减少污染。

2. 病驴尸体处理

应设置安全填埋井进行无害化处理。

十、驴的引进与防疫

（一）引进驴的选择

1. 老龄驴与幼龄驴外貌观察

（1）幼龄驴，头小，劲短，身短而腿长，皮肤紧、薄有弹性，肌肉丰满，被毛富有光泽。短躯长肢，胸浅。眼盂饱满，口唇薄而紧闭，额突出丰圆。鬃短直立，鬐甲低于尻部。驴在1岁以内，额部、背部、尻部往往生有长毛，长毛可达5~8厘米。

（2）老龄驴，皮下脂肪少，皮肤弹性差。唇和眼皮都松弛下垂，多皱纹，眼窝塌陷，额与颜面散生白毛。前后肢的膝关节和飞节角度变小而多弯膝。阴户松弛微开。背腰不平，下凹或凸起。动作不灵活，神情呆滞，动作迟缓。从外观上仅能判断驴的大概年龄，详细情况还要根据牙齿的变化来判断。

2. 驴年龄的牙齿判定

正常情况下，驴的切齿12枚，上下各6枚，最中间的一对叫门齿，紧靠门齿的一对叫中间齿，两边的一对叫隅齿。驴的牙齿最外层颜色发黄的垩质，中间的釉质层和最内层的齿质构成。正常三周岁一对牙，四周岁四颗牙，五周岁齐口。公驴在四周岁半时出现犬齿。

3. 引进驴需要办理的相关手续

引进的奶驴应具有"动物产地检疫合格证明"或"出县境动物检疫合格证明""动物及动物产品运载工具消毒证明"。从外省购入奶驴，应按规定进行报批、报验。引进的驴应来自有"动物防疫条件合格证"的养殖区域。奶驴引入后至少隔离饲养30天，在此期间进行观察、检疫，确认为健康驴方可合群饲养。

(二) 驴的防疫

1. 免疫

按照免疫程序做好免疫，免疫密度应达到100%，并及时补免。根据实际做好炭疽、破伤风疫苗等疫病的防疫工作，发生普通疾病使用兽药时，按兽医人员的要求执行，并做好用药记录。

2. 驱虫

采取一年两次驱虫的方案，每年上半年2—4月，下半年9—11月驱虫一次。发现驴群患有疥螨时及时药浴。

3. 疫病监测

兽医人员应定期对驴群做健康检查，并详细填写健康记录。

4. 奶驴饲养场应监测的疫病

疫病监测工作按照有关规定执行。

5. 马属动物免疫程序推荐

见表5-1。

表5-1 马属动物免疫程序

免疫时间	疫苗种类	免疫方法	备注
1月龄以后	马流产沙门氏菌弱毒苗	皮下注射	30日龄首免，离乳后二免
	流行性淋巴管炎T21-71弱毒疫苗	皮下注射	疫区使用。免疫保护期3年
	无荚膜炭疽芽孢苗	皮下注射	近3年有炭疽发生的地区使用。一年加强一次
	马流行性感冒疫苗	颈部肌内注射	首免28天后进行第2次免疫。以后每年注射1次
	破伤风类毒素	皮下注射	间隔6个月加强一次。发生创伤或手术有感染危险时，可临时再注射一次。
离乳前幼驹	马腺疫灭活疫苗	皮下注射	间隔7天加强一次，免疫期6个月
断奶以后、蚊蛀出现前3个月	马传贫驴白细胞弱毒疫苗	皮下或皮内注射	疫区使用。以后每年加强一次
每年4月底至5月初	乙脑疫苗	皮下注射	一年免疫一次

第六节　驴常见病防治

　　驴疫病的防控是关系到驴正常生产的基本保证，驴和其他家畜相比较，具有对环境的适应性强，患病率低，但随着舍饲养殖实施，饲当大量的驴限制在狭小空间，相互之间的直接或间接接触增加，养数量增加和饲养密度的加大，如果饲养条件较差，饲养管理不当，疫病的易感性可能增加，这是疾病的发生率增加，随着群体规模的扩大，饲养者对每个个体的观察和管理的机会减少，在疫病被发现并治疗之前，疫病可能已相当严重了，治疗效果往往不佳。管理一大群比管理一小群难度更大。引起疫病流行，给驴养殖业带来损失，因此要高度重视驴的疫病防控工作，保证驴生产安全、健康有序的发展。

一、破伤风

　　俗称"锁口风"，其特征是病畜全身肌肉或某些肌群呈现持续性的痉挛和对外界刺激的反射兴奋性增高。驴的破伤风在我国农村发病率一直较高，驴的破伤风发病率高但治愈率较低，对养殖户来说的会造成相当严重的经济损失。

　　（一）病原

　　病原体是破伤风梭菌，广泛存在于土壤和粪便中，能产生芽孢，革兰氏染色呈阳性。本菌在机体内能产生外毒素，即痉挛毒素及溶血毒素，毒素的耐热性甚小，65℃ 5分钟即可破坏。本菌的繁殖体抵抗力不强，一般消毒药均能在短时间内将其杀死。

　　（二）临床症状

　　患驴病状表现：病畜形如"木马状"，肢体转动不灵活，肌肉僵硬，牙关紧闭，第三眼睑瞬膜外闪。听诊时病驴心率增强、呼吸紧迫、鼻孔增大而呈喇叭形状，触诊头、脖颈或蹄等部位检查存在外伤。

　　（三）诊断

　　通过临床症状，初步诊断为破伤风。

　　（四）治疗方法

　　中兽医学认为：《元亨疗马集校注》"破伤风病最难医，牙关紧闭口涎垂，项直尾高并眼急，背腰僵硬腿难移。耳畔风门烧铁烙，腰间百会亦同医，鹘脉两针彻出血，千金散灌月痊愈"。破伤风梭菌广泛存在于施肥土壤，腐臭淤泥及街道粉尘中的破伤风杆菌浸入，由皮肤传到奏里、经络、内传脏腑，使营卫失调，经脉失养而拘急；继而风毒之邪流窜筋骨，内犯于肝引动肝风，以致出现肌肉痉挛强拘、牙关紧闭、四肢僵硬等症。

1. 针灸疗法

先放大脉血，火烙伤口及大风门，火针风门、伏兔、百会、开关、锁口等穴。

2. 百会穴

注入破伤风抗毒素 10 万单位为宜，痉挛严重者肌内注射 2% 静松灵 2~3 毫升。这种方法的特点在于采用大剂量注射破伤风血清，方法简单、疗效显著，可大大降低医疗成本，非常适合农村马骡驴等大牲畜的治疗。

3. 外伤处理

先对外伤处用 3% 双氧水清洗、消毒、扩大创面，再用适当高锰酸钾粉涂于患处，用烙铁进行烧烙。

4. 药物治疗

一般采用青霉素钠 1 200 万国际单位 +0.9 生理盐水 500 毫升，10% 葡萄糖 500 毫升 + 维生素 C 30 毫升；替硝唑 200 毫升，一次性静脉点滴，一日 1 次，连用 5~7 天。对于出现呼吸迫促病畜采用 3% 双氧水 +5 葡萄糖 500 毫升静脉注射，隔日一次，连用 2 次为宜，并肌内注射油剂青霉素 300 万国际单位。

5. 护理与预防

（1）在患病 6~11 天内最好由专人护理，厩舍宜温暖、安静、避光、诊疗。给药、饲喂、清扫活动要集中进行，尽量减少对患畜的刺激。槽内放置一些干硬玉米，任其不停的咀嚼，可缓解牙关紧闭症状。水桶放置槽头，让其随时饮用，为防跌倒，可设柱栏吊带保护。

（2）在钉伤，刺伤、阉割、断尾、断脐、助产、剪毛受伤等要严格消毒，以防感染。

（3）日常护理。将病畜置于通风遮光房子内，冬季天气冷屋内最好生火，让病畜出汗，用麻袋放肚底，四角系上绳子，悬挂于梁上，防止摔倒，每天按时投喂整粒豌豆以活动牙关。在肌肉僵硬处分点注射 25%硫酸镁适量，如果牙关紧闭，咬肌内注射射盐酸普鲁卡因油剂青霉素 300 万国际单位。

二、驴传染性胸膜肺炎

驴传染性胸膜肺炎又称驴胸疫，是马属动物的一种急性传染病。病的特征是呈现纤维素性胸膜炎或纤维素性胸膜肺炎。

（一）病原

病原体认为是霉形体。病驴和带毒驴是本病的传染源。病原体随病驴的咳嗽、喷嚏而排出体外，通过飞沫经呼吸道感染健康驴，亦可通过污染的饲料饮水等经消化道传播本病。

（二）流行特点

以 4~10 岁的壮龄驴最多发。一年四季均可发生，但以秋冬和早春天气聚变时较多发，长期舍饲驴尤其是厩舍潮湿、寒冷、通风不良、阳光不足以及拥挤时，发病较多。一般呈散发，有时呈地方流行性，同一厩舍内的驴常呈现跳跃式的点状发生。

（三）临床特征

潜伏期 10~60 天，个别病例更短或更长。典型胸疫主要呈现纤维素性肺炎或纤维素性胸膜炎的症状，此型较少见。较多见的是非典型的一过型胸疫。病驴体温突然升高达 39~41℃，全身症状与典型胸疫相似，但比较轻微，表现精神沉郁，食欲减少，呼吸、脉搏增数，结膜潮红，微黄染，咳嗽，流清鼻汁，肺泡音粗粝，有的出现湿性啰音。如及时治疗，经 2~3 天后可迅速恢复。有的病驴，仅表现短期发热，其他症状很不明显。还有个别病驴呈现恶性胸疫，症状复杂不规律，出现肺坏疽、腱炎、肠炎等症状，病程很长，治疗效果不明显。

（四）病理剖检特点

特征性病变在肺炎，呈现纤维素性肺炎或纤维素性胸膜肺炎变化，急性病例还可见到全身性败血症变化：胸腔有多量淡黄色或红黄色渗出物，其中混有纤维素性凝块；肺与胸膜、心包、隔等发生粘连；肺间质水肿，增厚，增宽；肺实质肝变增硬，断面的红色肝变区、灰白色肝变区交错，形成大理石样花纹；肺脏有水肿，或有肺坏疽、肺空洞；浆膜和黏膜面有出血点；实质脏器变性等。

（五）鉴别诊断

一过型胸疫与流感、驴传染性支气管炎相混淆，须注意鉴别，流感传播迅速，流行面广，发病率高，病死率低，眼结膜水肿明显，各黏膜呈现卡他性炎；病原体为甲型流感病毒。驴传染性支气管肺炎传播迅速，咳嗽剧烈，上呼吸道炎症明显。

（六）防治

（1）平时应加强饲养管理，严格遵守兽医卫生制度，发生本病时，应坚持每天测温检疫，将病驴和可疑病驴分别隔离治疗；同舍的其余驴应指定在一定地区活动，不要与其他圈舍的驴接触，污染的圈舍、运动场及用具等，用2%~4%氢氧化钠液或3%来苏儿彻底消毒，粪便堆积发酵后利用，病驴尸体深埋或化制。发病驴舍，自出现最后1头病驴时起，经1个月再不出现新病例时，可结束测温，解除封锁。

（2）治疗。

处方一：青霉素200万~400万国际单位，硫酸链霉素100万~200万国际单位，肌内注射，每日两次，直至痊愈。

处方二：盐酸土霉素，50~10毫升/千克体重，用5%氯化钠液20~30毫升，将其充分溶解后分2~3次深部肌内注射。

处方三：丁胺卡那霉素200万国际单位，肌内注射。

处方四：10%磺胺嘧啶钠注射液200毫升，5%葡萄糖1 000毫升，静脉注射，每日2次，直至痊愈。

处方五：当归20克，桔梗各，20克，知母25克，贝母25克，桑皮25克，黄芩25克，木通25克，冬花30克，瓜蒌各30克，干草20克。共研为细末，开水冲，候温灌服。

三、马腺疫

马腺疫中兽医称之为槽结，是马类家畜的一种急性传染病。其主要特征为鼻、咽、喉黏膜发生卡他性炎症，颌下淋巴结急性肿胀、化脓。本病遍及世界各地区，对幼驴驹的生长发育影响较大。

（一）病原

病原体为马腺疫链球菌，病畜和带菌动物是本病的主要传染源。本菌对外界环境的抵抗力较强，在干燥的脓汁和鼻汁中能生存数周。5%石炭酸，3%~5%来苏儿可在10~15分钟内将其杀灭。病菌可随病驴的鼻汁及脓汁排出，经污染的饲料、饮水、饲养管理工具等由消化道传染，也可经飞沫由呼吸道传染。还可通过创伤和交配感染。有时健康的驴的扁桃体、上呼吸道也带菌，当动物机体抵抗力降低时，可发生内源传染。

（二）临床特征

潜伏期平均4~8天，有的1~2天。典型病畜体温升高，可达39~41℃，精神沉郁，食欲减退，结膜潮红稍黄染。流脓性鼻汁，颌下淋巴结急性肿胀，达鸡蛋大或拳头大，充满下颌间隙，初硬固、热痛，后化脓成熟变软，破溃后流出大量黄色黏稠的脓汁，此时体温下降，全身症状好转。有的病畜体温稽留不降，并在多处淋巴结，甚至肺和脑等器官发生转移性脓肿（恶性腺疫）。咽淋巴结化脓后，脓汁流入喉囊，引起喉囊蓄脓，颈前淋巴结化脓破溃后，常引起颈部皮下或肌间蓄脓，甚至继发皮下弥漫性化脓性炎症，肠系膜淋巴结肿大化脓时，病驴消化不良，轻度腹痛，直肠检查可在肠系膜根处摸到肿大部。此种病畜全身症状重剧，常因脓毒败血症而死亡。

（三）诊断

通常根据临床症状，结合流行特点，对恶性腺疫应作细菌学检查，可用灭菌注射器从化脓的淋巴结中采取少量脓汁，制成涂片，用碱性美蓝溶液染色，镜检，见有长链腺疫链球菌即可确诊。即可诊断。

（四）鉴别诊断

1. 鼻腔鼻疽

颌下淋巴结硬固肿胀，无热痛，不化脓，多不能移动。鼻腔黏膜有鼻疽结节和溃疡，或有冰花样蔽痕。

2. 马传染性贫血

与恶性腺疫有相似处，但马传贫黏膜可有出血点，心脏机能紊乱。白细胞数接近正常或减少。

3. 鼻炎

无传染性，体温微升，颌下淋巴结不肿或仅轻微肿胀。

（五）治疗

（1）局部治疗。可于肿胀部涂 10%碘酊，20%鱼石脂软膏，促使肿胀迅速化脓破溃，如已化脓，肿胀部位变软应立即切开排脓，并用 1%新洁尔灭液或 1%高锰酸钾水彻底冲洗，发现肿胀严重压迫气管引起呼吸困难时，除及时切开排脓外，可行气管切开术使呼吸通畅。

（2）青霉素 320 万国际单位+0.9%生理盐水 10 毫升，一次肌内注射，每日 2 次，直至体温下降。

（3）全身疗法。病后有体温升高时，10%磺胺嘧啶钠注射液 150~200 毫升+乌洛托品注射液 60 毫升+5%葡萄糖注射液 500~1 000 毫升，静脉注射，1 日 2 次，直至体温下降至正常时继续用药 2 日。

四、流行性乙型脑炎

本病是由乙脑病毒引起的一种急性人畜共患病。马属动物感染率虽高，但发病率低，一旦发病，死亡率较高。

（一）病原

本病病原为乙型脑炎病毒。其临床症状为中枢神经功能紊乱，本病主要经蚊虫叮咬而传播，具有低洼地发病率高和在 7—9 月份气温高、日照长、多雨季节流行的特征，3 岁以下驴驹发病多。

（二）临床症状

潜伏期 1~2 周，初期病驴体温升高达 39~41℃，精神沉郁，食欲减退，肠音多无异常。部分驴 1~2 天体温恢复正常，食欲增加，经过治疗，1 周左右可痊愈。部分驴由于病毒侵害脑脊髓，出现神经症状，表现沉郁、兴奋或麻痹，临床上分为 4 型。

1. 沉郁型

病驴精神沉郁，呆立不动，对周围事物无反应，呈睡眠状态。有时空嚼磨牙，以下颌抵饲槽或以头顶墙。常出现异常姿势，如两前肢交叉或作圆圈运动，或四肢失去平衡，走路歪斜，摇晃。后期卧地不起，昏迷不动。感觉机能消失。

病程可达 1~4 周。如早期治疗，注意护理，多数可以治愈。

2. 兴奋型

表现兴奋不安，重则狂暴，乱冲乱撞，不知避开障碍物，低头前冲，甚至撞到墙上，坠入沟中。后期因衰弱无力，卧地不起，四肢前后划动如游泳状。多经 1~2 天死亡。

3. 麻痹型

主要表现是后躯的不全麻痹症状。腰萎，视力减退或消失，尾不驱蝇，衔草不嚼，嘴唇歪斜，不能站立，经 2~3 天死亡。

4. 混合型

沉郁和兴奋交替出现，同时出现不同程度的麻痹。

（三）防治

（1）加强饲养管理，做好灭蚊防蚊工作，这是预防本病的重要措施。夏秋季节，可用 1% 敌百虫液喷洒畜体。流行地区，每年在乙脑病例出现前 1~2 个月，用乙脑弱毒疫苗对 4~18 月龄和新从非疫区来的驴皮下或肌内注射 1 毫升，可获得免疫。

（2）对本地区的马、骡、驴等易感动物全部进行检疫，每天测温和临床检查，发现可疑病畜立即隔离，进行治疗，防止扩散。尸体深埋，污染场所用来苏儿或热烧碱水消毒。

（3）治疗时，应特别注意护理，减少刺激，加强营养。可采取下列方剂进行治疗。

①降低颅内压使用脱水剂如甘露醇或山梨醇 200~300 毫升，也可静脉注射 10%~25% 高渗葡萄糖液 500~1 000 毫升。在病的后期，血液黏稠时，可注射 10% 浓盐水 100~300 毫升。

②调整大脑机能兴奋时可选用氯丙嗪肌内注射，每次 100~300 毫克，或用 10% 溴化钠溶液 50~80 毫升，安溴注射液 50~80 毫升静脉注射，或用水合氯醛灌肠，每次 20~30 克。

③10% 磺胺嘧啶钠 100~150 毫升，25% 葡萄糖注射液 500 毫升，一次静脉注射，连用 2~3 天。

④中药可选用石膏汤，处方：生石膏 155 克、元明粉 124 克、天竺黄 25 克、

板蓝根 62 克、大青叶 62 克、青黛 18 克、滑石 31 克，水煎 3 次，候温加朱砂 6 克灌服。

五、驴流感

流行性感冒是由一种病毒引起的急性呼吸道传染病。主要表现为发热、咳嗽和流水样鼻涕。

(一) 病原

驴的流感病毒分为 A1、A2 两个亚型，二者不能形成交叉免疫。本病毒对外界条件抵抗力较弱，加热至 56℃，数分钟即可丧失感染力。用一般消毒药物，如福尔马林、来苏儿、去污剂等可使病毒灭活，但对低温抵抗力较强。该病主要是经直接接触，或经过飞沫（咳嗽、喷嚏）经呼吸道传染。不分年龄、品种，但以生产母驴、劳役抵抗力降低和体质较差的驴易发病，且病情严重。

(二) 临床症状

主要表现轻咳，流清鼻涕，体温正常或稍高，过后很快下降。精神及全身变化多不明显。病驴 7 天左右可自愈。初为干咳，后为湿咳，有的病驴咳嗽时，伸颈摇头，粪尿随咳嗽而排出，咳后疲劳不堪。有的病驴在运动时，或受冷空气、尘土刺激后咳嗽显著加重。病驴初期为水样鼻涕，后变为浓稠的灰白色黏液，个别呈黄白色脓样鼻涕。病驴精神沉郁，食欲减退，全身无力，体温升高到 39.5 ~ 40℃，呼吸增加。心跳加快，每分钟达 60 ~ 90 次。病驴护理不好，治疗不当会造成继发支气管炎、肺炎、肠炎及肺气肿、胸膜肺炎等，则引起败血、中毒、心衰而导致死亡。

(三) 治疗

轻症一般不需药物治疗，即可自然耐过，重症应施以对症治疗。

处方 1：肌内注射安痛定或 30% 安乃近 10 ~ 30 毫升，肌内注射柴胡注射液 10 ~ 30 毫升，其他如复方氨基比林 20 ~ 30 毫升等均可应用。

处方 2：抗生素可选用土霉素 200 万国际单位，深部肌内注射；青霉素 320 万国际单位，链霉素 100 万国际单位，混合肌内注射，预防继发细菌感染。

处方 3：自家血液疗法：颈静脉采血 20 毫升，臀部肌内深部分点注射，效果明显。

处方4：水杨酸钠100~150毫升，乌托品60毫升，氯化钙100毫升，5%葡萄糖100毫升，混合一次静脉注射。

六、胃肠炎

患畜不断排出稀软或水样粪便，其中混有血液及坏死组织片。腹泻重剧的病畜脱水症状明显。多数病畜体温升高到40℃以上，少数病畜直到后期才见发热，个别病畜体温始终不高。最急性者，往往等不到拉稀便，于24小时内死亡。

治疗

（1）抑菌消炎。内服磺胺脒20~30克，碳酸氢钠片30克，混合灌服，每日3次。

（2）缓泻止泻。用硫酸钠或人工盐300~400克配成6%~8%的溶液，另加酒精50毫升，鱼石脂10~30克，调匀内服。对胃肠弛缓的患畜，可用液体石蜡油500~1 000毫升或植物油500毫升，加鱼石脂10~30克，混合适量温水内服。

（3）补液，解毒，强心。补液前先静脉放血1 000多毫升，然后补给复方氯化钠溶液、生理盐水或5%葡萄糖氯化钠溶液1 000~2 000毫升，每日3~4次。为缓解中毒，可在输液时加入5%碳酸钠溶液500~800毫升。为维护心脏机能，可用20%安钠咖溶液10~20毫升与20%樟脑油10~20毫升，交互皮下注射，每日各1~2次。也可用强尔心液10~20毫升，皮下、肌内或静脉注射。

（4）对症疗法。伴有明显腹痛的病畜，可肌内注射30%安乃近20毫升，炎症基本消除时可内服健胃剂。胃肠道出血时可用葡萄糖酸钙溶液250~500毫升，1次静脉注射。或用10%的氯化钙溶液100~150毫升，1次缓慢静脉注射。

（5）5%碳酸氢钠注射液500~1 000毫升，5%葡萄糖生理盐水1 000~2 000毫升，40%乌托品注射液50~100毫升，维生素C 1~2克。一次缓慢静脉注射（酸中毒时选用）。

（6）0.01%~0.02%高锰酸钾溶液，洗胃或内服。

（7）5%硫代硫酸钠溶液100~300毫升，25%葡萄糖注射液500~1 000毫升，维生素C 2克。混合1次静脉注射，用于霉菌性胃肠炎效果最好。

（8）5%葡萄糖生理盐水1 500毫升，复方氯化钠注射液1 000毫升，维生素C 2克，10%安钠咖注射液20毫升，1次静脉注射。

七、肠痉挛

本病是肠管应激性增高和消化不良的情况下，当体内外受到寒冷的刺激引起肠壁平滑肌阵阵强烈收缩而引起的阵发性腹痛。

（一）病因

驴主要是受到寒冷的刺激，例如出汗后被雨淋、寒夜露宿、风雪侵袭、气温骤变、剧烈作业后暴饮大量的冷水以及采食霜草或冰冻的饲料等都会引起。

（二）临床症状

间歇性腹痛，多每隔 10～15 分钟发作一次。痛时肠鸣，卧地打滚，进入间歇期，照常采食饮水。排粪次数增多，不断排出少量稀软粪便，有的粪便酸臭味较大，并混有黏液。肠鸣音响亮，连续不断，往往在数步之外便可听到肠鸣音，有时出现金属性肠鸣音。

（三）防治

（1）紫皮大蒜 100 克，剥皮捣为蒜泥，白酒 200 毫升，温开水 500 毫升，混合一次内服。

（2）大葱白 150 克，切为细末，白酒 200 毫升，温开水适量，混合后一次内服。

（3）2%静松灵 1～2 毫升，肌内注射有良效。

（4）生姜 150 克，切为细末，白酒 200 毫升，温开水适量，混合后一次内服。

（5）尖辣椒 100 克，切碎捣烂，白酒 200 毫升，温开水适量，混合后一次内服。

（6）温脾散：当归 30 克，厚朴 30 克，青皮 30 克，甘草 20 克，益智仁 30克，二丑 20 克，细辛 10 克，苍术 30 克，葱 3 根，醋 250 毫升，研末服。

（7）中药。陈皮 45 克，青皮 40 克，厚朴 20 克，当归 30 克，干姜 30 克，茴香 25 克，肉桂 25 克，白芷 18 克，共为末，开水冲，白酒 120 毫升为引子，温后灌服。

（8）中兽医针灸疗法。针刺三江，分水，耳尖，蹄头，脾俞。分水穴注射95%酒精 5～10 毫升对于驴肠痉挛有奇效。

八、肠阻塞

因肠管运动和分泌功能紊乱，粪便停滞而使某段肠管发生完全或不完全梗阻的一种急性腹痛症。

（一）病因

本病多因饲喂、使役不当，饮水、运动不足，气候突变等原因而引起。在饲喂营养单纯、粗硬及难于消化的饲料（如多纤维质的麦草、蚕豆秆等）；突然改换饲料或饲养方式（如由青草改喂黄草，由放牧改为舍饲）饲喂不定时量，饥饱不匀，精料过多或缺乏；饱后立即重役，或重役后立即喂饱；使役过重、出汗过多时均易发生本病。气候突变，容易引起痉挛疝，使肠内容物迅速向后部移动，集聚在肠管狭窄部前方，长久痉挛必定要被肠弛缓所代替，使聚集在一起的肠内容物后送缓慢，其中水分被吸收，逐渐变干变硬，继发结症。

（二）诊断要点

1. 小肠阻塞

小肠阻塞后，由于唾液的不断咽下，阻塞前部小肠的逆蠕动，使胃逐渐扩张，高度充满后，稀薄胃内容物从两鼻孔流出，此为本病特征症状。多数病畜腹痛不太剧烈，个别家畜在刚结住的时候可能有较剧烈的起卧，一旦胃内充满后，就出现欲卧不卧，回头摆尾，平头站立的姿态。有时见到提举上唇。

2. 大结肠（包括盲肠）阻塞

胸骨曲、骨盆曲、膈曲、胃状膨大部，有轻度或中等程度的腹痛，如回头顾腹，常躺卧，卧地后四肢伸展，有的常做公马排尿姿势。口腔干臭，有较厚的灰黄舌苔，舌色初期黄白，后期变紫。排粪少，粪球干小，带有黏液，或粪稀如水，仅含少量粪渣。肠音减弱或不规则，拉稀水的结症，肠音有时正常，但蠕动波长缩短。

3. 小结肠阻塞

腹痛渐渐加剧，甚至急起急卧，不易控制。引起高度肠臌气以后，则欲卧不卧的表现。初期排粪少，粪球带"浊"（黄白色黏膜样物），中后期停止排粪。肠音减弱或近于消失。初期口腔较干，有少量灰白色舌苔，中期舌面白而少光，舌底稍紫有光，在舌边缘界限分明（此为肠麻痹舌色）。继发肚胀后，口中较湿，舌面口水较多，舌底暗紫。

4. 小结肠末端（狭窄部）与直肠阻塞

病畜常作拱腰揭尾的排粪动作，不断努责，但不见粪便排出。痛时小跑。直检时常可在直肠狭窄部前方发现阻塞块；直肠阻塞时手伸入直肠即有椭圆形阻塞块阻手前进。

5. 结症的中兽医口色诊断

（1）结症初期的口色特点：口色较重，较桃花色稍深。津液较少，较黏稠，手触摸门齿有干燥感。舌质增厚，但无明显舌苔，如细致观察，可见舌尖处由于舌质增厚，有轻重深浅不等的皱褶。有些患畜于舌根处可见到有平绒布样的初期舌苔。

（2）结症中期的口色特点：口腔颜色发暗，光泽较差，口干，手触摸门齿有干齿状感。口腔气味腥臭，舌不灵活，舌苔有黄色、白色、灰色铺满舌面。手摸舌面有油腻感。

（3）结症后期的口色特点（病危指征）：舌质软绵无力，将舌拉出口腔外，不能自动缩回，用力敲打额部也不能缩回。有的病畜舌面呈油腻样，舌苔干裂，气味恶臭。如果上下唇发紫无光，门齿齿龈有 2~5 毫米宽的紫色带马蹄状，呈茄花色，为自体中毒。

（4）结症好转的口色特点：口腔湿润明显增加，色泽亦现发亮，口腔腥臭味程度减轻，舌苔消退。

（三）治疗

1. 镇痛

用5%水合氯醛，酒精注射液 100~200 毫升，30%安乃近注射液 20~40 毫升；其次内服磷酸盐缓冲剂或用醋曲 300~500 克，酵母粉 500 克，温水 1 000~2 000毫升；再次补液、强心。宜用复方氯化钠注射液与5%葡萄糖注射液，5%碳酸氢钠注射液。

2. 水针穴位治结法

选取耳根后穴，注入生理盐水 50 毫升，对于初期和中期肠阻塞效果较好。

3. 中药治疗法

木槟消黄散：木香 30 克，槟榔 25~30 克，大黄 90~150 克，芒硝 200~400

克，体型较小的驴酌情减量。用法：木香、槟榔和大黄三药共研细末，过筛，包装备用。用时以开水冲调，加入芒硝，候温服之。水量一定要充足，一般为2 000毫升。

4. 橘皮散

陈皮50克，青皮40克，苍术40克，茴香30克，当归30克，白术40克，茯苓30克，猪苓30克，泽泻30克，桂枝25克，香附25克，元胡25克，细辛15克，砂仁20克，白芷20克，制附子20克，干姜20克，大枣10枚，共为沫，开水浸泡温候灌服，每日一剂，一般1~2剂可痊愈。

5. 掏结术

术者将手臂从肛门伸入直肠，采用各种方法使肠道内的结粪形状发生改变，肠道疏通的过程。本法（点压法、平压法、触压法、锤结法等）是治疗小肠阻塞、大结肠阻塞、小结肠阻塞、直肠阻塞的迅速可靠的方法。一般对横行十二指肠、空肠、回肠、骨盆曲、小结肠、直肠阻塞，疗效100%。

6. 耳钉法

用2.5寸长钢钉刺入耳前下窝上缘的耳钉穴或刺入耳钉穴直上方约一指半的大孔穴，针刺要穿透马耳廓软骨及内外侧皮肤。针尖要从副耳褶和耳前缘汇合处穿出，针刺大孔穴时，针尖要距副耳褶和耳前缘汇合处上方1厘米的凹陷中穿出。本法对初期中期的便秘有较好效果，治疗时两耳四穴针任何一穴均可，一般留针10分钟左右，适宜于早期大便秘结，不完全阻塞的病畜疗效较好。

7. 预防

在平时饲喂时要定时定量，勿使过度饥饿，防止过急采食。块根类饲料要适当切碎。治疗的关键在于排除梗死物。

九、疥癣病

本病是由疥螨引起的一种高度接触性、传染性的皮肤病。

（一）病原

常见的虫体为疥螨和痒螨。它们寄生在皮肤内，虫体很小，肉眼看不见。

（二）临床症状

疥螨是寒冷地区冬、春季节的常见病。病驴皮肤奇痒，出现脱皮，结痂现象。由于皮肤瘙痒，终日啃咬、摩墙擦柱、烦躁不安，影响驴的正常采食和休息，日渐消瘦。

（三）治疗

（1）用1%敌百虫溶液喷洒或洗刷患部，5日1次，连用3次。病驴舍内用1.5%敌百虫喷洒墙壁、地面，杀死虫体。

（2）伊维菌素注射液或阿维菌素注射液，0.2毫克/千克，皮下注射，隔15日再用一次。

十、急性胃扩张

1. 病因

急性胃扩张是由于采食过量引起的幽门痉挛、胃的后送功能障碍，从而导致胃的扩张程度超过生理最大限度。马属动物胃小，饲喂不当极易发生胃扩张。包括食滞性和气胀性胃扩张。原发性胃扩张主要是由于采食大量易臌胀、发酵的饲料所致。或过食易发酵产气的牧草，或突然更换饲料等。

2. 临床症状

驴误食了过多的精料或吃了易发酵饲料，明显腹痛，呼吸急促，起卧不安，前蹄刨地，回头观腹，有的呈犬坐姿势，黏膜发绀，口臭，出现黄腻舌苔，肠音减弱或消失，严重者全身出汗，脱水。

3. 治疗

（1）解除幽门痉挛为主，辅以镇痛、制酵、补液及强心。气胀性胃扩张可用胃导管排除气体，再用胃导管给水合氯醛15~25毫升，95%酒精30~50毫升，福尔马林10~20毫升，温水500毫升，一次灌服效果良好。

（2）0.5%普鲁卡因200毫升，10%氯化钠注射液300毫升，10%安钠咖注射液20毫升。

（3）食滞性胃扩张导致胃不易排出食物，可用普鲁卡因粉3~4克、稀盐酸15~20毫升、石蜡油500~1 000毫升、温水500毫升混合灌服。普鲁卡因可以解除幽门痉挛，稀盐酸可促进幽门开放，同时借助石蜡油的润滑作用，使内容物易于后送。

（4）石蜡油1 000毫升，福尔马林15毫升，鱼石脂15~20克，混合一次灌服。

第六章　肉羊养殖技术

第一节　适度规模肉羊场建设

为了加快肉羊养殖业的发展，提高肉羊养殖水平，以"生产高效、资源节约、质量安全、环境友好"为基本目标，根据国家《中华人民共和国畜牧法》《中华人民共和国动物防疫法》按照相对统一、兼顾地域差异的原则，特制定本规范。

一、群体规模

（1）种羊场群体规模。国外专用肉羊品种：一级基础母羊达 120 只以上。其他肉用羊品种：一级基础母羊达 900 只以上。

（2）多胎肉羊场群体规模。多胎羊基础母羊达 500 只以上。

（3）杂交肉羊场群体规模。基础母羊达 300 只以上，其中多胎母羊占 80%以上，专用肉羊种公羊达 5 只以上。

二、选址要求

（1）场址地势高燥，背风向阳，水源充足，水质符合饮用水标准，排水方便。整个功能区布局合理，分为生产区、管理区、废弃物及无害化处理区三大部分，管理区和生产区应处在上风向，废弃物及无害化处理区应处于下风向。

（2）距主要交通干线和居民区的距离满足防疫要求，取得动物防疫条件合格证，交通方便，远离主要交通公路、村镇、工厂 500 米以外，须避开屠宰加工和工矿企业。

（3）周围要有隔离带，布局、设计、建筑符合动物防疫要求。

（4）有条件获得足够的青粗饲料。

三、设施与设备

（1）有车辆消毒池、更衣消毒室、兽医室、隔离区、病死羊无害化处理设施等兽医防疫设施。

（2）有必要的育种设施和测量设备。

（3）有饲料加工或贮存间、档案资料室、青贮窖等生产及管理配套设施。

（4）有污水排放，粪便堆放及无害化处理等设施。内部净道和污道要严格分开，净道主要用于羊只周转，饲养员行走和运料等，污道主要用于粪污等废弃物出场。

（5）圈舍朝向、规格及各栋圈舍距离合乎国家有关标准及规范要求，有充足的运动场区。

（6）有运输设备、青粗饲料加工调制设备、兽医诊疗器械等必要的设备。

四、引种供种

（1）引种应符合当地畜牧业发展规划。

（2）供种单位是省级以上畜牧行政管理部门认可的种羊场或从国外引进。

（3）供种时必须有个体号，质量符合等级标准，不得低于4月龄。

（4）必须有三代系谱及完备的技术资料、种羊质量合格证（种畜合格证）。

（5）种羊质量合格证必须有种羊质量鉴定员签字。

（6）种羊精液质量符合国家标准。

（7）出售种羊必须附具"种畜合格证"，种畜系谱证和动物防疫合格证。

五、技术力量

（一）对种羊场的要求

（1）技术场长必须由具有中级以上技术职称的技术骨干担任。

（2）每1 000只基础母羊配备一名畜牧技术员。

（3）每 2 000 只基础母羊配备一名专职兽医。

（4）畜牧兽医技术人员中一半以上具有大专以上专业学历或高、中级专业技术职称。

（5）各类技术人员配置齐备，职责明确，相对稳定。

（6）种羊场技术人员由自治区、地（州）、县（市）畜牧行政主管部门培训考核合格的质量鉴定员负责种羊质量鉴定。

（二）多胎肉羊良繁场的要求

（1）各类技术人员配置齐备，职责明确，相对稳定。

（2）畜牧兽医技术人员中一半以上具有畜牧兽医专业学历。

（三）肉羊经济杂交示范场

（1）有一名或一名以上畜牧兽医专业技术人员或有指定的技术服务人员。

（2）畜牧兽医技术人员中一人以上具有畜牧兽医专业学历。

六、等级及生产性能

（一）种羊场

（1）生产用种公羊必须达到本品种的一级以上（包括一级）等级标准。

（2）基础母羊必须符合本品种的体形外貌特征；特、一级母羊达到 70%以上。

（3）母羊生产成绩必须达到本品种标准。

（二）多胎肉羊良繁场

（1）附有父、母代系谱。

（2）繁殖性能良好，有多胎性能和一年两产或两年三产性能。全场母羊产双羔（或双羔以上）率在 70%以上。

（3）年龄在 6 月龄以上。

（4）体况良好，必须附具产地检疫证。

七、技术资料档案

（1）有完整的育种程序和技术管理操作规程并严格实施。

（2）有完整的、系统的原始记录及统计分析资料（包括配种、产羔、羔羊断奶及育成羊鉴定、种羊卡片、各期体重、日增重记录与分析，选配计划）。

（3）有完整的系谱资料。

（4）所有资料要按时整理、分析、装册、分类归档、系统完整，有专人管理。

八、饲养与经营管理

（1）有符合各品种的饲养管理操作规程，并具有保证规程实施的基本条件及检查制度。

（2）有与养殖规模相适应的饲草料供应方案，饲草饲料来源清楚、质量可靠，添加剂使用符合有关标准。

（3）饲养管理规范，饲养营养水平符合要求。

（4）接受管辖区畜牧行政管理部门的监督，经营方向是在保证选育质量和搞好供种服务的前提下提高经济效益。

（5）有集中统一的生产管理制度，生产经营管理制度健全、岗位责任制健全。

（6）场内应尽量推行自繁自育。

九、卫生防疫

（1）羊场设施、设备、用具符合动物防疫要求。

（2）各出入口、门口、有长于汽车轮一周半的消毒池，并备有喷雾消毒设备。人员进出通道有消毒设施（沐浴、紫外线消毒室）。

（3）制定符合本场实际的免疫程序。消毒防疫措施符合兽医卫生要求，并做好防疫记录。严格按免疫程序接种并按照国家和自治区要求佩带免疫标识。

（4）管理及技术服务人员和其他所有在场工作人员应符合从业健康、无人畜共患病要求。

（5）确保场内无羊快疫、布病（每年至少抽检两次，每次抽检比例不小于20%）、猝死病。

（6）具有观察室、隔离室、病死羊处理设施、兽医诊断室，配备有必要的诊断、监测仪器设备，并定期开展疫病监测。

（7）提供出售前的疫病检疫、免疫接种记录。

（8）防疫制度健全。

十、环保要求

（1）周边、场内道路两旁应有绿化措施。

（2）污水和粪便应进行集中处理，其处理能力、有机负荷和处理效益应根据建场规模计算和设计，处理后应符合《畜禽养殖业污染物排放标准》（GB 18596）。

（3）粪污无害化处理工艺应因地制宜，选择达标排放技术模式或综合利用技术模式。

第二节　肉羊品种介绍

一、新疆地方品种

新疆绵羊遗传资源十分丰富，得天独厚。现仅选择哈密地区饲养或引进的品种群体数量大、分布较广、具有代表性的地方良种肉羊简介如下，供杂交改良选种选配时参考使用。

1. 阿勒泰羊

阿勒泰羊主要产于新疆北部的福海、富蕴、青河等县，是阿勒泰当地群众由哈萨克羊经长期选育形成的一个地方优良品种。成年公、母羊品均体重分别为93千克、60千克，最高个体体重为172千克、97千克；1.5岁种公、母羊平均体重分别为45千克、40千克。经产母羊产羔率为103%～110%。阿勒泰羊体质坚实、耐寒耐热耐粗饲、善跋涉、放牧性抗逆性强，并以其体格高大健壮、肉脂生产性能高、羔羊早熟生长速度快、长膘能力强，肉质鲜嫩味美、无膻味而著称。缺点是、尾脂过大、皮下脂肪过厚、肌间脂肪含量过低、脂肉易分离。与引进肉羊杂交的后代皮下脂肪和脂臀比重显著降低、羊肉品质明显得到改善，是生产商品肥羔的优秀终端杂交母本。巴里坤县八墙子乡存栏数量大，是哈密地区草原畜牧业肉羊自交改良父本主导品种之一（图6-1，图6-2）。

图 6-1　阿勒泰种公羊

图 6-2　阿勒泰母羊

2. 哈萨克羊

哈萨克羊主要分布与新疆天山北麓和阿尔泰山南麓。是新疆原始羊系之一，由蒙古羊经长期自然选择和人工选育而成，属肉脂兼用型粗毛羊。尾宽大呈方圆形或半球形，毛色以全身棕红色为主，头肢杂色个体占相当数量，纯白色或者全黑的很少，放牧型和适应性极强。成年公、母羊体重分别为 60 千克和 40 千克，4~6 月龄性成熟，初配年龄 1.5 岁，妊娠期为 150 天左右，母羊平均产羔率101%~102%。现存栏量约 500 万只，新疆绵羊主打品种，是生产优质肥羔肉的优秀终端杂交母本之一，哈密市作为培育肉羊多胎新类型的母系亲本（图 6-3，图 6-4）。

图 6-3 哈萨克公羊

图 6-4 哈萨克母羊

3. 多浪羊

多浪羊是新疆当地人民以阿富汗瓦哈吉脂臀羊与当地土种羊进行杂交，通过长期自然选择与人工选育形成的一个优良肉脂兼用型地方肉羊良种。该品种表现为体大结实、结构匀称，前后躯较丰满，肌肉发育良好，成年公羊体重在 98 千克左右，母羊 68.3 千克左右。多浪羊有较高的繁殖能力。性成熟早，一般公羔在 6~7 月龄性成熟；母羔在 18 月龄岁初配，母羊的发情周期一般为 15~18 天，发情持续期 24~48 小时，妊娠期 150 天。母羊四季发情，以 4—5 月份和 9—10 月份发情较多，平均产羔率 113%~130%。农区母羊两年产三胎，膘情好的可一年产两胎，双羔率可达 33%，小群饲养产羔率可达 250%，羔羊平均日增重 205 克。哈密市伊州区回城乡、花园乡等地广泛分布（图 6-5，图 6-6）。

图 6-5 多浪公羊

图 6-6 多浪母羊

二、引进国外品种

在哈密地区适应性好、杂交改良本地羊效果好、推广应用覆盖面较大的几个国外引进肉羊品种推介如下,供杂交改良选种选配时参考。

1. 黑头萨福克

原产于英国。属大型优质肉羊品种,具有羔羊早期生长发育快、屠宰率高、瘦肉率高尾脂少等特点,是生产大胴体优质羔羊肉的理想品种。新疆维吾尔自治区 1986 年从澳大利亚引进的萨福克羊,能够很好地适应新疆当地气候,母羊四季发情、产羔率 140%～158%,是公认的改良本地肉羊的首选品种和主推品种,也是全疆引进量最大、繁育量最大、杂交改良面最广、最受群众欢迎的引进良种。哈密地区以其与本地羊的杂交一代羔羊胴体重较纯种本地肉羊同龄羔羊高3~5千克。2015年3月哈密地区从澳大利亚引进成年黑萨福克羊287只，主要分布在哈密市牧祥合作社和巴里坤县健坤牧业（图6-7，图6-8）。

图6-7　萨福克公羊

图6-8　萨福克母羊

2. 杜泊羊

由有角道赛特羊和波斯黑头羊杂交选育而成的，原产地南非，适应性极强，在干旱或半热带地区生长健壮。杜泊羊公母均无角，体躯长、胸宽深，四肢粗短、后躯非常丰满，呈独特的长筒形；被毛纯白短而稀，春季可自动脱落。成年公羊和母羊的体重分别在120千克和85千克左右。母羊可常年繁殖，产羔率在150%以上，母性好。产奶量多，能很好地哺乳多胎后代。生长速度快，3.5~4月龄羔羊活重月约达36千克、胴体重16千克左右，肉中脂肪分布均匀，为高品质胴体。哈密主要分布在伊吾县喀尔里克公司北牧种羊场、哈密市牧祥合作社种羊场也有分布（图6-9，图6-10）。

图6-9　杜泊公羊

图6-10　杜泊母羊

3. 德国肉用美利奴

原产于德国，是世界上著名的肉毛兼用品种。德国肉用美利奴是用法国的泊列考斯和英国的长毛莱斯特品种公羊与原有的美利奴母羊杂交培育而成的。

德国美利奴羊体格大，成熟早，繁殖率高，产毛量好。胸宽而深，背腰平直，肌肉丰满，后躯发育良好。公、母羊无角，被毛白色、密而长、弯曲明显。成年公羊体重100~140千克，成年母羊70~90千克。4~6周龄羔羊平均日增重350~400克，4月龄羔羊体重38~45千克、胴体重18~22千克，屠宰率48%~50%，母羔12月龄可配种繁殖，常年发情，两年三产，产羔率150%~250%。

该羊对寒冷干燥的气候表现出良好的适应性，适于舍饲和围栏放牧等各种饲养方式，与当地羊杂交显著提高产肉、产毛性能，明显提高母羊繁殖率，成为我国北方养羊专家最为推崇的肉羊兼用羊品种，适宜用作新疆高寒地区杂交父本，哈密市摆氏牧业有饲养（图6-11，图6-12）。

图6-11　德美利奴公羊

图6-12　德美利奴母羊

三、引进的国内多胎羊品种

（1）小尾寒羊原产于黄河流域的山东、河北及河南一带。中心产区位于山东南部梁山、嘉祥、汶上等地区，河南濮阳市也有分布，小尾寒羊具有生长发育快、繁殖率高等特点，是以舍饲为主的优良绵羊品种之一。成年公羊体重103千克，母羊为64.4千克。母羊5~6月龄即可出现发情，公羊7~8月龄可用于配种。母羊四季发情，但以春、秋季较为集中；发情周期16.8天，发情持续期29.4小时，妊娠期148.5天；年平均产羔率267.1%，产羔率随胎次的增加而增加，羔羊断奶成活率 95.5%。本品种是肉羊杂交利用较好的素材和杂交培育多胎肉羊新品种的较好亲本之一。近年来，随着新疆农区肉羊产业化发展需求和科技水平的提高，小尾寒羊对改良提高新疆本地肉羊的繁殖性能发挥重要作用。哈密 2013 年参与自治区科技厅《新疆绵羊地方品种多胎新类型创制》项目，以引进的小尾寒羊做父本，当地哈萨克母羊做母本培育多胎肉羊新品种，多羔率达 146%，取得一定成效（图 6-13，图 6-14）。

图 6-13　小尾寒羊公羊

图 6-14　小尾寒羊母羊

（2）湖羊是我国著名的羔皮羊品种之一。原产于太湖流域，主要分布在浙江省的湖州、长兴等部分县区。

外貌特征：头狭长，鼻梁隆起，眼大凸出，耳大下垂公、母羊均无角，颈细长，胸狭窄，背平直，四肢纤细，短脂尾，尾大呈扁圆形，尾尖上翘，全身白色，少数个体的眼圈及四肢有黑、褐色斑点。公羊体重40~50千克，母羊体重31~47千克，在良好的饲养条件下公羊可达100千克，母羊70千克。湖羊性成熟早，公羊5~6月龄，母羊4~5月龄，初配年龄公羊8~10月龄。母羊6~8月龄可配种，母羊四季发情，发情周期17天，妊娠期146.5天可年产两胎或两年三胎，每胎2~3羔，经产母羊平均产羔率277.4%。哈密市牧祥养殖合作社、哈密市德汇源养殖合作社、巴里坤健坤牧业均引了进大量湖羊，开展两年三胎，推广杜湖、萨湖杂交取得满意效果（图6-15）。

图6-15 湖羊种公羊

图6-16 湖羊母羊

四、羊杂交配套模式推介

1. 萨福克×小尾寒羊组合

黑头萨福克与小尾寒羊杂交，产羔在200%以上。此组合在小尾寒羊引进区不失为一种增加羊肉产量、提高经济收入的好方式。但大群饲养管理不善，死亡率较高，在20%左右。因此，应增加母羊妊娠后期和泌乳期的精饲料和青贮料的供给量，以提高羔羊成活率。在饲养条件较好的规模化羊场及专业养殖大户，宜采用代乳料人工育羔技术。

2. 杜泊×湖羊（小尾寒羊）组合

杜湖杂交母羊繁殖率在200%以上；公羔4月龄活重40~50千克，屠宰率高达55%；肌肉大理石样明显，肉质细腻鲜嫩。杜泊×小尾寒羊组合有着与杜湖组合相似的效果。这两个杂交组合在母羊产羔率方面十分接近，但前者杂交后代体型相对紧凑结实、后躯丰满、产肉率高、耐酷热；后者杂交后代体型稍显单薄（图6-16）。

此两个杂交组合的共同缺点是：母羊泌乳能力有限，羔羊成活率低。因此，群体不宜过大，在增加母羊妊娠后期和泌乳期的精饲料和多汁青绿饲料（青贮饲料）供给量的同时，辅以羔羊代乳料人工育羔技术，以提高羔羊成活率。杜泊×湖羊（小尾寒羊）组合适宜于气候温暖干燥的哈密等广大农区舍饲、半舍饲饲养方式。

3. 萨福克×小尾寒羊×粗毛羊

此组合为三元杂交组合，既保留了本地羊对高寒条件的适应性，又获得了适宜的高产羔率和产肉性能。此杂交组合适宜于南疆农区广大穆斯林聚居区舍饲、半舍饲商品肉羊产业化生产。

4. 萨福克×哈萨克羊组合

哈密地区以其与本地羊的杂交一代羔羊胴体重较纯种本地肉羊同龄羔羊高3~5千克。2015年3月哈密地区从澳大利亚引进成年黑萨福克羊287只，主要分布在哈密市牧祥合作社和巴里坤县健坤牧业。

5. 杜泊羊×哈萨克羊组合

杜泊羊×粗毛羊组合：该组合被新疆人民广泛接受、公认为最好的经济杂交组合。黑头杜泊羊与阿勒泰羊、哈萨克羊、多浪羊地方品种肉羊杂交最突出的特点是：后代尾巴明显变小，尾脂在胴体中占的比重明显下降，可达到优质肥羔的标准。2015—2016 年在伊吾县盐池镇开展的杜泊羊与本地哈萨克羊杂交改良示范与推广项目结果显示：部分养殖户杂交羔羊 4.5 月龄羔羊活重 40 千克左右，6 月龄与本地哈萨克羔羊相比较杂交羔羊胴体重平均增加 2.87 千克、尾脂重平均减少 1.8 千克，6 月龄羔羊平均多增收 163 元（图 6-17）。

图 6-17　杜泊羊与哈萨克羊杂交 F1

6. 杂交羊上山代牧试验

2017 年 6—9 月哈密市牧祥养殖合作社对舍饲杜湖 F1 进行代牧试验，通过代牧，杂交肉羊上山代牧发生蝇蛆病比较多，在今后上山代牧前做好药浴工作。通过代牧结果表明：在优质草场管理较好的条件下，育成羊上山代牧饲养与舍饲养殖相比较，每只羊每月可节约饲养成本 50 元，杂交育成羊放牧经济效益可观，疫病少，增收明显。在草场较差的条件下，杂交羊需要一天放牧，晚上补饲部分精料，达到增收的目标。在良好天然草场，杂交杜湖羊放牧经济效益明显，值得推广。

杜泊×湖羊（小尾寒羊）组合适宜于气候温暖干燥的哈密等广大农区舍饲、半舍饲饲养方式。

实践证明：引进世界著名的肉用绵羊品种进行杂交改良，可以快速提高本地绵羊的生长速度和产肉性能，是尽快促进肉羊业快速发展的有力措施。也是今后发展我国优质肉羊提高养羊经济效益最直接最有效的途径，是值得大力推广的方法之一（图 6-18）。

图 6-18　哈密伊吾马场杜湖 F1 放牧称重试验

五、典型案例与成效

（1）2015—2016 年地区科技兴农项目《国外肉羊杂交改良哈萨克羊技术推广》项目在哈密市牧祥养殖合作社、巴里坤健坤牧业、巴里坤奎苏镇、伊吾县盐池镇铁日勒嘎村和阿尔通盖村进行推广。选用国外肉羊品种杜泊专用肉羊种公羊和当地生产母羊进行经济杂交，通过人工授精技术示范点完成杂交 17 560 只，6 月龄羔羊胴体重平均增加 2.87 千克、尾脂重平均减少 1.8 千克，6 月龄羔羊平均增收 163 元左右，新增创收 280 万元。

（2）哈密市伊州区科技特派员承担的自治区科技特派员项目——《杜泊公羊与当地哈萨克母羊杂交改良试验与推广》，项目实施地点：伊吾县盐池镇铁力勒嘎村和哈密市沁城乡，利用伊吾县北牧种羊场杜泊种公羊与当地哈萨克羊母羊，通过人工授精技术开展配种，提高养殖户经济效益，通过本项目示范推广，4.5 月龄羔羊活种 40 千克带动肉羊专业养殖户 40 户，户均增收 1 万元，辐射 200 户。该项成果《采用人工授精技术进行杜泊绵羊与哈萨克羊杂交改良》发表于《黑龙江动物繁殖》2015 第 3 期。通过该项目的试验推广引领哈密地区肉羊产业发展迈向新的台阶。

第三节　肉羊饲养管理技术

我国养羊业大部分是分散饲养，粗放管理，规模化养羊较少，使科学养殖技术难以普及。通过规模养羊从经济上达到规模效益，有效提高劳动力利用率，生产设备设施利用率，饲草料利用率，从而降低成本，另外规模饲养还有利于批量销售，提高肉羊供应的持续性和可靠性，可以与客户建立长期的合作关系。传统肉羊品种如哈萨克羊等地方品种，存在生长慢，尾脂沉积多，品种严重退化等问题，并且选用优良肉品种的意识差。地方品种羊在放养条件下有微利，但利润相对于改良羊较低，而在舍饲情况下地方品种羊就无利可言，改良羊却可获得一定利润，因此，只有加强饲养管理才能获得效益。

一、羔羊的饲养管理

（一）接羔准备

（1）正常妊娠期 150 天，临近产期母羊腹部下沉、外凸明显、肷窝塌陷、脊背凹陷、行动迟缓、离群独处。

（2）对怀孕母羊分群管理，切实保证各羊群不过大拥挤，各个体体况和产羔时间基本一致。

（3）提前安排好产幼接幼房，切实保证产房清洁、干燥、温暖、不拥挤，不漏风，室内温度应保持在 5~10℃（图 6-19）。

图 6-19　羔羊的接产

（4）安排好值班工作人员和技术服务人员，以保证产幼期间随时有人，并能随时应急。

（二）接羔育幼工作

（1）保持产羔室安静，不要惊动母羊。

（2）羔羊出生后应迅速将口、鼻、耳中黏液清除以免窒息死亡，或吸入肺部感染。脐带断端涂 5% 碘酊消毒。

（3）剥去胎蹄，尽早让其吃上初乳，分娩 3~5 天内分泌的乳汁为初乳。

（4）进行免疫接种，出生 12 小时内肌内注射"破伤风抗毒素灭活苗"，出生 1 月内接种"三联四防灭活苗"。

（5）羔羊出生 1 周左右要进行断尾（主要用热断法和结扎法）。

（6）加强母羊营养，提高泌乳能力；出生后尽早训练采食草料；充分光照，增强运动。

图 6-20　母羊单独饲喂

（7）不做种用羔在一周时由技术人员去势。

（8）按程序进行免疫接种（图 6-21）。

（9）出生 10 天后要母、幼分开饲养，每日 2~3 次定时合群哺乳，给羔羊饲喂羔羊草料（图 6-20，图 6-21）。

（10）羔羊每日能采食 200 克以上草料，在 2 月龄以上时可断奶。

推荐羔羊代乳品配方 1：玉米 40%，小麦粉 25%，大豆饼 15%，牛乳粉 10%，小麦麸 4%，酵母 3%，石粉 1.5%，预混合饲料 1%，食盐 0.5%。

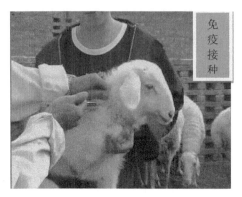

图6-21 羔羊免疫接种

图6-22 对弱羔人工辅助饲喂

【配方营养成分】干物质88.10%，粗蛋白质17.79%，粗脂肪5.96%，粗纤维素2.27%，钙0.73%，磷0.45%，食盐0.49%，消化能14.50%兆焦/千克。

羔羊料配方2：玉米55%，小麦麸12%，酵母粉15%，豆饼15%，预混合饲料1%，磷酸氢钙1%，食盐1%。

配方2：玉米60%、葵粕17%、豆粕12%、麸皮4%、添加剂1%、酵母4%、碳酸氢钠1%、食盐1%。

【配方营养成分】该配方蛋白质15.84%，消化能11.09兆焦/千克。饲喂量：羔羊从出生10日起，每只羊每天喂精料50克，随着日龄增加逐渐增加日喂

量。(王勇，新疆畜牧业 2008，1 期)

(三) 后备羔 (3~6 月龄)

(1) 根据年龄、体况、性别进行分群管理，可防止偷配并进行科学合理饲养管理 (图 6-23，图 6-24)。

图 6-23 羔羊的分群管理

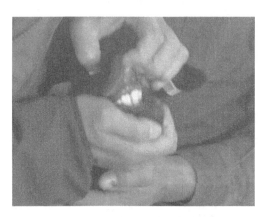

图 6-24 根据口齿看年龄

(2) 加强饲养管理，按营养标准给予精料补饲，做好各时期的日粮水平的平缓转换。

(3) 按标准进行周岁鉴定，做好选优汰劣工作。

推荐精饲料配方：玉米 32.8%，燕麦 14%，小麦麸 10%，大豆粕 10%，大麦 (裸) 10%，向日葵仁粕 8%，干脱脂奶粉 5%，糖蜜 4.6%，酵母 3%，石粉

图 6-25 育成羊群体

1.1%，预混合饲料 1%，食盐 0.5%。

【配方营养成分】干物质 83.80%，粗蛋白质 17.68%，粗脂肪 3.09%，粗纤维素 4.41%，钙 0.56%，磷 0.53%，食盐 0.49%，消化能 12.67 兆焦/千克。

二、成年母羊

（一）空怀

1. 营养配方要求

配方 1：玉米 60.5%，大豆粕 20%，小麦麸 15%，石粉 1.5%，碳酸氢钙 1.2%，预混合饲料 1%，食盐 0.8%。

【配方营养成分】干物质 86.78%，粗蛋白质 16.22%，粗脂肪 3.14%，粗纤维素 3.32%，钙 0.91%，食盐 0.78%，消化能 13.15 兆焦/千克。

配方 2：玉米 60%，棉籽饼 16%，豆饼 12%，小麦麸 8%，磷酸氢钙 3%。

【配方营养成分】代谢能 10.54 兆焦/千克，粗蛋白质 16.2%，钙 0.9%，食盐 0.8%。舍饲羊日喂 0.3 千克，粗饲料日喂量 1.7~2.0 千克。

（2）推荐空怀母羊全混合日粮配方。

配方 1：苜蓿干草 30%，干草 30%，玉米 27.5%，大豆粕 5%，甘薯干 5%，碳酸氢钙 1%，预混合饲料 1%，食盐 0.5%。

【配方营养成分】干物质 89.90%，粗蛋白质 12.00%，粗脂肪 2.60%，粗纤维素 18.51%，钙 0.9%，磷 0.41%，食盐 0.49%，消化能 9.73 兆焦/千克。

（3）配种前 1~1.5 个月要进行短期优饲，对乏弱羊、泌乳能力高，带双羔的羊要加强营养。

（4）配种前 15~20 天注重蛋白质和维生素特别是维生素 E 的供给。

（5）日粮能量不能过高，体质过肥。

（6）做好配种工作。

（7）对有繁殖疾病羊要尽快治疗。

（8）做好免疫驱虫工作。

（二）怀孕

1. 怀孕前期

（1）营养均衡供给。

（2）日粮营养水平稍高于空怀母羊。

（3）禁止公羊入群爬跨。

（4）配种后 35 天内不得长途迁徙，避免惊吓拥挤。

（5）避免吃霜草、霉烂饲料。

2. 怀孕后期

（1）增加饲料供给提高营养水平。推荐妊娠后期母羊混合精饲料配方如下。

【配方组成】玉米 55%，小麦麸 21%，大豆粕 20%，石粉 1.5%，碳酸氢钙 1%，预混合饲料 1%，食盐 0.5%。

【配方营养成分】干物质 86.79%，粗蛋白质 16.68%，粗脂肪 3.18%，粗纤维素 3.77%，钙 0.86%，磷 0.63%，食盐 0.49%，消化能 13.10 兆焦/千克。

推荐妊娠后期母羊全混合日粮配方如下。

配方 1：玉米青贮 2 千克，干草 1 千克，精饲料 0.6 千克，胡萝卜 0.5 千克。

【配方营养成分】干物质 1.94 千克/天，粗蛋白质 206.86 克/天，粗脂肪 69.25 克/天，粗纤维素 459.25 克/天，钙 11.17 克/天，磷 7.00 克/天，食盐 3 克/天，消化能 20.29 兆焦/天。

（2）禁止饲喂马铃薯、酒糟或过热过冷、酸性过重饲料。

（3）加强运动，不空腹饮水、忌饮冰冻水。

（4）不宜进行疫苗预防注射。

（5）保持圈舍温暖、干燥、通风。

（6）避免惊吓、拥挤和剧烈运动。

（7）做好接产准备。

（三）泌乳期（90~120天）

1. 前期

（1）产前产后饮温水。

（2）提高营养水平。

（3）母子分离饲养，每日定时合群哺乳。

推荐泌乳前期母羊混合精饲料配方如下。

配方1：玉米60%，小麦麸15%，豆粕12%，小麦麸8%，石粉1%，碳酸氢钙2%，预混合饲料1%，食盐1%。

【配方营养成分】干物质87.64%，粗蛋白质18.21%，粗脂肪2.78%，粗纤维素3.87%，钙0.87%，磷0.79%，食盐1.02%，消化能13.34兆焦/千克。

配方2：玉米60%，麸皮9%，棉籽饼16%，豆饼12%，磷酸氢钙3%。本配方每日喂0.4~0.7千克。

配方3：玉米57%，葵粕28%，食盐1%，麸皮12%，添加剂2%。

【配方营养成分】该配方蛋白质为10.74%，消化能10.87兆焦/千克。

饲喂量：考虑到母羊在不同生产阶段，精料饲喂量应有所变化，精料饲喂量在0.3~0.5千克/（只·天）。

2. 后期

（1）营养配方设计。推荐泌乳后期母羊混合精饲料配方如下。

【配方组成】玉米60%，小麦麸16%，豆粕12%，小麦麸8%，石粉1.5%，碳酸氢钙1%，预混合饲料1%，食盐0.5%。

【配方营养成分】干物质86.86%，粗蛋白质16.05%，粗脂肪3.02%，粗纤维素4.00%，钙0.64%，食盐0.49%，消化能13.08兆焦/千克。

推荐泌乳母羊0.5%预混合饲料配方如下。

【配方组成】5万单位/克维生素A 4.4克，50万国际单位/克维生素D 1.2克，50%维生素E 12.8克，30.20%一水硫酸亚铁59.6克，25.00%五水硫酸铜

9.6 克，32.50%一水硫酸锰 43.08 克，35.00%一水硫酸锌 40 克，1.00%碘化钾 26 克，1.00%亚硒酸钠 5.4 克，98.00%氯化钴 0.1 克，载体 797.82 克。

【有效成分】维生素 A 220 万国际单位/千克，维生素 D 60 万国际单位/千克，维生素 E 6400 国际单位/千克，铁 18 克/千克，铜 2.4 克/千克，锰 14 克/千克，锌 14 克/千克，碘 260 毫克/千克，硒 54 毫克/千克，钴 90 毫克/千克。

推荐哺乳母羊全混日粮配方如下。

配方 1：组成玉米 30%，玉米秸秆 29%，小麦麸 26%，高粱 10%，碳酸氢钙 1.5%，棉籽饼 1%，石粉 1%，预混合饲料 1%，食盐 0.5%。

【配方营养成分】干物质 90.26%，粗蛋白质 9.73%，粗脂肪 2.7%，粗纤维素 10.28%，钙 0.72%，磷 0.61%，食盐 0.55%，消化能 12.35%兆焦/千克。

配方 2：组成玉米 60%，小麦麸 13%，棉籽饼 25%，碳酸氢钙 2%。

粗料配方：苜蓿干草 25%，棉籽壳 50%，杂草 25%。

【配方营养成分】消化能 13.4%兆焦/千克，粗蛋白质 10.6%，钙 0.73%，磷 0.2%。精料占 18%，粗料占 82%。

配方 3：玉米 6.5%，小麦麸 10%，豆粕 5%，葵花籽饼 10%，菜籽饼 6%，碳酸氢钙 2%，石粉 1%，食盐 0.8%，预混合饲料 0.2%。

（2）逐渐降低营养水平。

（3）根据羔羊生长情况做好断奶工作。

（4）要经常检查乳房，做好预防乳房炎工作。

三、种公羊饲养管理

1. 非配种期间

营养水平适中，保持中等膘情，加强运动。混合精料的用量不低于 0.5 千克，优质干草 2~3 千克。春、夏季，种公羊以放牧为主，每日补饲少量的混合精料和干草。种公羊在非配种季节的饲养管理要保证种公羊热能、蛋白质、维生素和矿物质等的充分供给以及保证足够的运动量。

推荐种公羊非配种期全混合日粮配方。

【配方组成】玉米 35%，大豆粕 25%，玉米秸秆 20%，苜蓿草粉 16%，碳酸氢钙 1.5%，预混合饲料 1%，食盐 1%，石粉 0.5%。

【配方营养成分】干物质 89.79%，粗蛋白质 18.28%，粗脂肪 2.28%，粗纤维素 10.47%，钙 0.8%，磷 0.57%，食盐 1%，消化能 11.95 兆焦/千克。

2. 配种期间

加强营养水平，要求高蛋白、高能量，注重维生素、微量元素和矿物质的补充。配种期种公羊的饲养如下。

种公羊在配种期内要消耗大量的养分和体力，因配种任务或采精次数不同，个体之间对营养的需要量相差很大。一般应从配种预备期（配种前 1~1.5 个月）开始增加精料给量，一般为配种期饲养标准的 60%~70%，然后逐渐增加到配种期的标准。在配种期内，体重 80~90 千克的种公羊日粮可参照配方：混合精料 1.2~1.4 千克、青干草 2 千克、胡萝卜 1~2 千克、食盐 10~15 克，鸡蛋 2 枚。以保持其良好的精液品质。

（1）推荐配种期种公羊全混合日粮配方如下。

配方 1：组成玉米 50%，大豆粕 30%，小麦麸 16%，磷酸氢钙 1%，石粉 1%，食盐 1%，预混合饲料 1%。

【配方营养成分】干物质 86.64%，粗蛋白质 19.76%，粗脂肪 2.99%，粗纤维素 3.75%，钙 0.71%，磷 0.64%，食盐 0.98%，消化能 1.13 兆焦/千克。

【配方组成】玉米青贮 3 千克，玉米秸 1.2 千克，精饲料 1.2 千克，胡萝卜 1 千克。

【配方营养成分】干物质 2.90 千克/天，粗蛋白质 368.52 克/天，粗脂肪 66.25 克/天，粗纤维 561.40 克/天，钙 13.3 克/天，磷 10.28 克/天，食盐 11.76 克/天，消化能 33.67 兆焦/天

配方 2：豆科干草 0.7 千克，优质干草 0.8 千克，玉米 0.5 千克，豆饼 0.5 千克，麸皮 0.5 千克，胡萝卜 0.5 千克，饲用甜菜 0.5 千克。本方用于 100 千克，日配种 2 次的种公羊。

（2）加强管理。配种期种公羊的饲养管理要做到认真、细致，要经常观察羊的采食、饮水、运动及粪、尿排泄等情况。保持饲料、饮水的清洁卫生，如有剩料应及时清除，减少饲料的污染和浪费。青草或干草要放入草架饲喂。

（3）调教。配种前 1.5~2 个月，逐渐调整种公羊的日粮，增加混合精料的比例，配种预备期采精 10~15 次，第一周可采精一次，以后增加到一周 2 次，然

后 2 天一次，检验精液品质，以确定其利用强度，同时进行采精训练和精液品质检查。开始时每周采精检查一次，以后增至每周两次，并根据种公羊的体况和精液品质来调节日粮或增加运动。对精液稀薄的种公羊，应增加日粮中蛋白质饲料的比例，当精子活力差时，应加强种公羊的放牧和运动。

3. 种公羊使用与淘汰

种公羊采取轮换的方式使用，种公羊 2 年轮换一次；连续使用 4 年以上，性欲明显下降的老龄公羊或患有生殖器官疾病，无法正常爬跨的种公羊申请畜牧兽医部门鉴定予以淘汰。

四、羊高效育肥技术

育肥羔羊的来源

肉羊生产主要采用二元和多元杂交等方式，其杂交产生的后代公羔育肥，母羔仍可用于繁殖。多元杂交产生的后代，不论公母全部用于育肥生产。

在肥羔生产中利用经济杂交，要对杂交亲本进行选择，首先应选择早熟、肉用性能好，并能将其特性遗传给后代的品种做父本。目前哈密现有的肉羊品种有萨福克、杜泊羊、特克赛尔、陶赛特等优良杂交父本品种。母羊品种一般用当地品种哈萨克羊、小尾寒羊、湖羊及杂交后代等。

1. 育肥准备及羊只选择

（1）圈舍准备。对育肥圈舍要进行全面检查、维修、清扫；补充完善各类配套设备；育肥肉羊进圈前充分消毒；保证充足的饲料槽和饮水槽。

（2）草料准备。确保育肥生产的顺利进行，按照育肥羊的数量及采食量和育肥时间（不少于 60 天），储备足够的饲草料，精料要注意含水量水分不能太高，否则容易发霉变质，造成不必要的损失。应根据育肥羊的品种、性别、年龄参照相关营养标准和饲喂量参数，并结合当地实际，制定科学适用的饲草料配方，依据配方要求，准备好各种饲料原料、微量元素或预混料等，严禁在饲料中掺假或添加违禁物品，确保饲料质量。

（3）育肥羔羊准备。外购育肥羔羊应选择活泼健康的羊只。体型外貌要求：头短而宽，腿短，体躯长、肋骨开张良好，体躯呈长方形或圆桶状。进行疫病检测，剔除病患羊只。预饲期，羊只要进行驱虫、健胃、药浴、疫苗免疫、修蹄等。根据育肥羊品种、性别、个体大小、年龄、强弱等进行分别组群，一般30~50 只组为一群，分圈饲养，群体太大，可按膘情再进一步分群；针对不同生长阶段，可采取不同饲养方法。同时，育肥期间，应减少羊只运动量。

2. 羔羊育肥——直线育肥

用于生产优质肥羔的育肥方式，其特点是"两好三高"，即增重效果好、胴体质量好、饲料转化率高、屠宰率高、经济效益高。

出生后 1.5~2 个月进行早期断奶，体重在 15~20 千克，公羔生长速度快，以不去势为好，育肥前期日采食配合饲料 300~400 克/只，粗饲料日采食 400~500 克/只，按体重分群入圈饲养，一般 15~18 千克组成一个级别，18~20 千克组成一个级别，30~50 只为一栏饲养。育肥后期日采食配合饲料 500~800 克/只，优质粗料自由采食。

五、架子羊与淘汰羊的育肥

利用 15~20 天先把羊肚子撑起，吃饱，再恢复肌肉，后长脂肪。先用秸秆或青贮料饲喂 1.0~1.5 千克/（日·只），每天加 300~500 克精料/只，观察其采食情况，按体重进行分群，避免羊只大小不均匀，采食不均匀，造成部分羊出现渐进性消瘦。此期结束后，转入正式育肥期。饲喂期间注意观察羊只采食情况，发现有病要及时隔离，单独治疗。

育肥前期：一般为 20~30 天，精料每天按 700 克/只，干草 0.7~1.0 千克，饲喂期间注意观察羊只采食情况，选择精料配方。

育肥后期（强化育肥）一般为 30~60 天，精料每天按 1 千克/只以上，干草自由采食。

（一）饲料配比

精料补充料的组成：能量饲料占 60%~75%，蛋白质饲料占 33%~18%，食盐 1%，磷酸氢钙占 1%，维生素和矿物质预混料占 5%。粗饲料组成：粉碎玉米秸秆、小麦或大麦秸秆、苜蓿、青干草和玉米秸秆青贮等。

（二）饲喂比例

育肥前期精料补充料占 30%、粗料占 70%；育肥中期精料补充料占 50%、粗料占 50%；育肥后期精料补充料占 60%~65%、粗料占 40%~35%。

（三）精粗混合料（以干物质为基础）

肉羊精粗饲料日饲喂量一般按每 100 千克体重 3.2~3.5%计算。4~5 月龄，体重 20~30 千克，日给量 0.7~1.0 千克，精料每天 0.3~0.5 千克/只，粗料 0.5~0.3 千克/只；5~6 月龄体重 30~40 千克，日给量 1.1~1.3 千克，精料每天 0.5~0.8 千克/只，粗料 0.7~0.6 千克/只；6~7 月龄或成年淘汰羊，体重 40~50 千克，日给量 1.3~1.7 千克，精料每天 0.5~0.8 千克/只，粗料 1.1~1.0 千克/只；体重 50 千克以上，日给量 1.8 千克以上，精料每天 0.8~1.2 千克/只，粗料自由采食。

（四）杂种羔羊育肥精饲料配方

配方 1：玉米 78.5%，大豆饼 17%，尿素 1%，石粉 1%，碳酸氢钙 1%，预混合饲料 1%，食盐 0.5%。此配方可用于体重为 25 千克左右的杂交羔羊育肥，粗饲料为玉米秸秆和苜蓿草，精、粗饲料比为 53∶47 时饲料报酬最高，日增重可达到 200 克以上。

【配方营养成分】干物质 87.07%，粗蛋白质 16.81%，粗脂肪 3.81%，粗纤维素 2.07%，钙 0.63%，磷 0.46%，食盐 0.51%，消化能 13.62 兆焦/千克。

配方 2：玉米 11.58%，小麦 6%，菜籽饼 9.5%，棉籽饼 7.2%，玉米蛋白粉 0.6%，青干草粉 34.02%，玉米秸秆粉 25.51%，磷酸氢钙 0.3%，石粉 0.07%，食盐 0.5%，膨润土 4.5%，添加剂 0.3%。适宜于 3~4 月龄断奶杂交育肥羔。

配方 3：玉米秸 40%，玉米 25.34%，豆粕 23.52%，棉籽粕 9.0%，石粉 0.93%，磷酸氢钙 0.51%，食盐 0.7%。

营养水平：消化能 11.64 兆焦/千克，粗蛋白质 16.73%，钙 0.56%，磷 0.41%。试验效果日增重 244 克，饲料转化率 5.93%。

配方 4：玉米 50%，饲料酵母 11%，麸皮 22%，豆粕 15%，矿物质 2%。本方含粗蛋白质 13.5%，适应于育肥前期羔羊。

配方 5：组成为玉米 58%，豆粕 12%，葵饼 9%，麸皮 17%，磷酸氢钙 2%，食盐 1.5%，微量元素及维生素添加剂 0.5%。混合料中含代谢能 12.4 兆焦/千克，粗蛋白质含量 17.35%，钙为 0.74%，磷为 0.64%。钙磷比例为 1.6∶1。粗饲料青干草自由采食。

配方 6：玉米 58%，麦麸 13%，菜籽饼 15.7%，棉籽饼 8%，葵花籽饼

15.7%尿素 1%，石粉 1.5%，磷酸氢钙 1%，预混料 1%。

（五）饲喂方法

每日饲喂 3 次，自由饮水，前两次饲喂，每次饲喂量占全日给量的 60%，晚上最后一次喂量，占全日给量的 40%。饲喂前精粗饲料加水拌湿，以手握紧精粗饲料不从手指缝滴水为宜，有条件可用 TMR 加工机械进行粉草和搅拌精粗饲料饲喂，每次饲喂时间 30~60 分钟，如有剩料应适当减少喂量；随体重和采食量增加逐渐加量。精粗饲料变更应逐渐过渡，避免变更次数过勤。

六、典型案例与成效

自治区科技兴新项目《哈密地区多胎肉羊高效健康养殖技术集成示范与推广》（编号 2014017A08-01）从环境调控、品种培育、饲养管理、营养调控、疫病防控五方面入手，综合利用杂交技术、高频繁育技术、高效饲喂技术、规模化饲养技术、疫病防控技术等肉羊产业化实用关键技术，科技成果《建立舍饲肉羊高效健康养殖防疫体系的实践探讨》载于《草食家畜》2015 年第 5 期。实现多胎母羊繁殖率 220%，羔羊成活率 91%；5 月龄羊活体重 40.5 千克，母羊年纯收入 400 元。哈密市德汇源养殖合作社三年来新增平均年销售收入 634.9 万元以上，平均净利润 122.5 万。该项目于 2018 年 1 月 8 日参加答辩，并通过自治区科技厅验收。该项目成果转化推广项目区：巴里坤县健坤牧业、哈密市牧祥合作社、哈密摆盛牧业、伊州区牧缘合作社，通过现场观摩、科技培训将肉羊高效繁育与健康养殖技术推广，辐射周边养殖场（户）。

实施的自治区科技厅《新疆地方品种多胎新类型创制——哈萨克羊多胎新类型创制》（编号：201311101）实施地点：哈密市伊州区沁城乡西路村和哈密市牧祥养殖专业合作社。技术、经济考核指标：培育适合半舍饲半放牧、生产性能高，耐粗饲、抗病力强、繁殖率高（135%），能适应本地自然环境（适合于暖季放牧冷季舍饲）的肉羊新类型（品系）。培育新类型在项目期内基本定型，选留理想个体种公羊 20 只，母羊 200 只。项目区哈密市伊州区沁城乡西路村组建育种核心群哈萨克母羊 1 000 只；父本为含多胎基因（FecB）湖羊或寒羊，通过杂交导入选育，建立母羊核心群，采用基因分子检测育种技术和横交固定的方法，到 2016 年适合半放牧半舍饲生产条件的繁殖率高、能适应半舍饲半放牧饲养条件的哈萨克羊多胎新类型，实现了本地哈萨克羊产双羔繁殖率159%，繁殖指标超过了135%的预期目标。科技成果《绵羊BMPR-IB基因标记导入哈萨克羊生长状态研究》载于《畜牧与兽医》2015年第7期；《哈萨克羊多胎新类型培育研究》载于《中国草食动物科学》2016年第3期；《利用FecB多胎基因导入培育哈萨克羊多羔类型研究》载《黑龙江动物繁殖》2017年第2期。新增产值403.4万元，新增利润165.88万元，改变了哈密多胎羊只能靠引入的被动局面，2017年10月13日该项目通过科技厅验收。

第四节　羊常见病防治

一、小反刍兽疫

小反刍兽疫是由小反刍兽疫病毒引起的主要感染小反刍动物的一种急性、烈性传染病，临床以发热、口炎、腹泻和肺炎为主要特征。

（一）流行特点

主要感染山羊、绵羊。主要通过直接和间接接触传染或呼吸道飞沫传染。

（二）临床症状

小反刍兽疫潜伏期为4~5天，最长21天。自然发病仅见于山羊和绵羊。山羊发病严重，绵羊也偶有严重病例发生。一些康复山羊的唇部形成口疮样病变。感染动物临诊症状与牛瘟病牛相似。急性型体温可上升至41℃，并持续3~5天。感染动物烦躁不安，背毛无光，口鼻干燥，食欲减退。流黏液脓性鼻漏，呼出恶臭气体。在发热的前4天，口腔黏膜充血，颊黏膜进行性广泛性损害、导致多涎，随后出现坏死性病灶，开始口腔黏膜出现小的粗糙的红色浅表坏死病灶，以后变成粉红色，感染部位包括下唇、下齿龈等处。严重病例可见坏死病灶波及齿垫、腭、颊部及其乳头、舌头等处。后期出现带血水样腹泻，严重脱水，消瘦，随之体温下降。出现咳嗽、呼吸异常。发病率高达100%，在严重暴发时，死亡率为100%，在轻度发生时，死亡率不超过50%。幼年动物发病严重，发病率和死亡都很高，为我国划定的一类疾病。

（三）病理变化

病羊可见结膜炎、坏死性口炎等肉眼病变，严重病例可蔓延到硬腭及咽喉部。皱胃常出现病变,而瘤胃、网胃、瓣胃很少出现病变,病变部常出现有规则、有轮廓的糜烂,创面红色、出血。肠可见糜烂或出血,尤其在结肠直肠结合处呈特征性线状出血或斑马样条纹。

（四）综合防控

每年羊群要按程序接种小反刍兽疫苗。一旦发生本病,应按《中华人民共和国动物防疫法》规定,采取紧急、强制性的控制和扑灭措施,扑杀患病和同群动物。疫区及受威胁区的动物进行紧急预防接种。

二、布鲁氏杆菌病

布鲁氏杆菌病是由布鲁氏杆菌引起的一种人畜共患的传染病。动物中牛、羊、猪最易感染,并且常由牛、羊、猪传染给人和其他畜禽。

（一）流行特点

几乎各种畜禽均可感染,病畜和带菌动物,尤其是受感染的妊娠母畜流产或分娩时,会将大量的布鲁氏杆菌随胎儿、胎水、胎衣排出。主要传播途径是消化道,羊采食了被病原污染的饲料与饮水后而感染。

（二）临床症状

孕后 3~4 个月内发生流产,流产前病羊食欲减退,口渴,精神委顿,阴道流出黄色黏液,有时掺杂血液。此外还可能因患关节炎和滑液囊炎而引起跛行;亦可患乳房炎和支气管炎。山羊流产率有时高达 40%~90%。

（三）防治措施

（1）对羊群每年应定期进行布鲁氏杆菌病的血清学检查,对阳性羊只扑杀淘汰,必要时隔离治疗。对圈舍、饲具等要彻底消毒。超过国家标准规定比例,必须对阴性羊只接种 19 号菌苗进行预防（种公羊除外）。

（2）对于未感染的畜群而言,防治该病的最佳方法为自繁自养,必须引入的,应严格按照检疫标准执行。病羊隔离 2 个月后,连续 2 次检测结果呈阴性方可合群,每年检疫 1 次,受威胁区,发现病畜后及时淘汰。

（3）饲养人员注意做好防护工作,以防感染。

三、羊痘

羊痘俗称羊天花，是由痘病毒引起的一种急性、热性传染病。病羊或带毒羊为传染源，病毒主要存在于痘疹之中，可通过呼吸道感染，也可经损伤的皮肤、黏膜感染。绵羊痘是各种家畜痘病中最为严重的传染病之一。

（一）临床症状

病羊体温高达 40℃以上，呈稽留热，精神极度沉郁，食欲减退，伴以可视天黏膜的卡他、脓性炎症。发病 2~5 天后皮肤上会出现充血斑点，随后在会阴、腋下、腹股沟等部位出现。部分病羊出现丘疹、水泡、红斑、结节与脓疱。有些绵羊会在皮肤病变前出现急性死亡，有些山羊可见大面积的痘疹与丘疹，最终死亡。部分病羊症状无典型性，仅有轻微症状出现，表现为良性经过（图 6-26）。

图 6-26　羊痘出现口腔痘疹

（二）防治措施

加强饲养管理，增强羊只的抵抗力。不从疫区引进羊只和购入畜产品。引进的羊只需隔离检疫 21 天。发生疫情应及时隔离、消毒，必要时进行封锁。羊痘弱毒冻干苗，大、小羊一律尾部或股内侧皮下注射 0.5 毫升，可获得一年的免疫力。

四、羊口疮

羊口疮病毒属痘病毒科、副痘病毒属中传染性脓疱病毒。本病只危害山羊、绵羊，以 3～6 月龄的羔羊和幼羊最为易感，常呈群发流行，羔羊发病率可达 100%。

（一）临床症状

羊患病后初期表现为精神沉郁，口角、口唇和口内等处黏膜出现红点、微肿、热、痛，吃料时出现不适，吃一下停一下且缓慢；慢慢出现水疱，水疱破裂后形成溃疡，继而结痂，结痂逐渐由红变为黑色，延伸至面部，面部出现水肿。体温一般不高。

（二）防治措施

1. 预防措施

在本病流行地区，可使用与当地流行毒株相同的弱毒疫苗株作免疫接种。常用皮肤划痕接种羊口疮细胞苗和牛睾丸细胞苗。

2. 治疗措施

病毒唑（三氮唑核苷注射液）100 毫克/毫升、地塞米松注射液 5 毫克/毫升，按 2∶1 混合肌内注射，成年羊 3 毫升，羔羊减半或 2 毫升；局部用碘甘油或龙胆紫涂擦。一般用药 2～3 天，效果较好。

3. 中药疗法

大黄 1 克，青黛 3 克，冰片 3 克，薄荷 6 克，白矾 1 克，混合均匀后研成粉末，添加适量蜂蜜涂于患处，每日二次，连用 2～3 天。

五、羊传染性胸膜肺炎

羊传染性胸膜肺炎，又名烂肺病，是由丝状霉形体引起山羊特发的高接触性传染病。

（一）临床症状

病初体温升高，精神沉郁，食欲减退，咳嗽，流出浆性鼻涕后，咳嗽加重，流黏性或铁锈色鼻涕。胸部听诊出现支气管呼吸音及摩擦音；叩诊呈浊音，病变多在一侧，触摸胸部表现疼痛。呼吸困难，体温升高至 41～42℃ ，病程 7～15 天。

（二）病理变化

病变多出现在胸部，胸腔有淡黄色积液，一侧或两侧性肺炎。肺发生肝变，切面呈大理石状外观，胸膜变厚，表面粗糙，胸膜、肺、心包膜互相发生粘连（图6-27）。

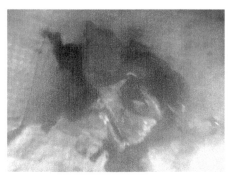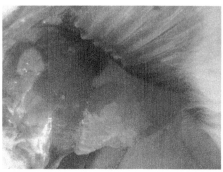

图6-27　肺部呈现肝样变

（三）防治措施

1. 预防

每年定期使用山羊传染性胸膜肺炎氢氧化铝菌苗接种，成羊5毫升、小羊3毫升。

2. 治疗

处方1：发病初期可肌内注射氟苯尼考，剂量为20~30毫克/千克，每天2次，连用3~5天；或肌内注射酒石酸泰乐菌素6~12毫克/千克，每天2次，1个疗程3~5天。

处方2：采用30%氟苯尼考10毫克/千克，气管内注射；复方磺胺间甲氧嘧啶钠注射液按0.1~0.2毫升/千克分两次胸腔注射，首量加倍，每日各一次，连用4~6天。

六、羊梭菌病

羊梭菌病共同特点是急性死亡，即突然死亡或从突然发病到死亡多在数小时之内，一般不超过一天。

（一）预防

春秋两季定期注射羊梭菌三联四防浓缩疫苗，1毫升/次，皮下或肌内注射。

提高羊群整体免疫力，注意补充微量元素，如微量元素盐砖，任其自由舔食。定期驱虫。圈舍消毒，按说明使用三氯异氰尿酸或二氯异氰尿酸钠和复合酚类消毒剂，交替使用。

及时隔离病羊，妥善处理病死羊的尸体（焚烧或深埋并加垫生石灰）。

（二）治疗

对于出现症状的病羊可采取治疗措施，越早治疗，效果越好。羊梭菌病的抗菌治疗用药基本相同，有效药物主要有青霉素类、四环素类、林可胺类、硝咪唑类和磺胺类。

七、羊巴氏杆菌病

羊巴氏杆菌病，由多杀性巴氏杆菌引起的一种传染病。临床主要以急性经过、败血症和炎性出血为特征。

（一）临床症状

最急性多见于哺乳羔羊，羔羊突然发病，于数分钟至数小时内死亡。急性精神沉郁，体温升高到 $41 \sim 42\,^{\circ}\mathrm{C}$，咳嗽，鼻孔常有出血。初期便秘，后期腹泻，有时粪便全部变为血水。病期 2~5 天，严重腹泻后虚脱而死；慢性病程可达 3 周，病羊消瘦，不思饮食，流黏脓性鼻液，咳嗽，呼吸困难，腹泻。

（二）病理变化

急性死亡的病羊，可见皮下液体浸润和点状出血。胸腔内有淡黄色渗出物，气管和支气管出血、淤血，以及小点出血和肝变。脾脏不肿大，胃肠道黏膜出血、浆膜斑点状出血。病程较长者除消瘦外，常出现纤维素性胸膜肺炎、心包炎和肝坏死。

（三）防治措施

1. 加强饲养管理，避免拥挤和受寒，定期对圈舍进行消毒。出现病羊和可疑病羊时，应立即隔离治疗。对有发病史的羊群，要进行免疫，接种疫苗。

2. 庆大霉素氟哌酸以及磺胺类药物均有良好的治疗效果。庆大霉素每千克体重 1 500 单位；氟哌酸每千克体重 4~8 毫升或 20%磺胺嘧啶钠 5~10 毫升，均可进行肌内注射，每日 2 次，连用 5 天。

八、疥螨病

疥螨病是羊的一种慢性寄生性皮肤病，由疥螨和痒螨寄生在羊体表面引起的，感染速度快，危害严重。

（一）临床症状

绵羊感染痒螨后，患部大片被毛脱落。皮肤发炎、剧痒；丘疹、水疱、血疱、脓疱，干涸、结痂、脱毛；龟裂、血痂；渐进性消瘦、减重。患羊因终日啃咬和摩擦患部，烦躁不安，影响采食和休息，日渐消瘦，最终可极度衰竭而死。

（二）治疗

（1）伊维菌素或虫克星，0.2~0.3毫克/千克，皮下注射或内服，间隔8~10天再用药一次。畜体用药的同时，环境同步用药杀虫，效果更佳。

（2）敌杀死、杀灭菊酯、二氯苯醚菊酯、敌百虫等喷淋、涂擦。

（3）药浴疗法。适用于病畜数量多且气候温暖的季节，药浴液用0.05%蝇毒磷乳剂水溶液或0.1%螨净乳悬液。

九、幼畜佝偻病

佝偻病是生长快的幼畜和幼禽维生素D缺乏及钙、磷代谢障碍所致的骨营养不良性代谢病。本病常见于犊牛、羔羊和幼犬。

（一）临床症状

早期呈现食欲减退，消化不良，精神不振，出现舔食或啃咬墙壁、地面泥沙等异嗜癖。病畜卧地，发育停滞，消瘦，不愿起立和运动，常跪地，颤抖。出牙期延长，齿形不规则，齿质钙化不足，齿面易磨损，不平整。犊牛和羔羊严重时，口腔不能闭合，流涎，进食困难。

（二）防治

1. 预防

保持舍内干燥温暖，光线充足，通风良好，保证适当的运动和充足的阳光照射，给予易消化富有营养的饲料。调整日粮组成，日粮应由多种饲料组成，注意钙、磷平衡，饲喂富含维生素D的饲料。

2. 治疗

对症治疗，调整胃肠机能给予助消化药和健胃药。有效治疗药物维丁胶性钙，用含量不少于5 000单位的维生素AD制剂，拌料饲喂或皮下、肌内注射。

十、肉羊养殖场推荐使用免疫程序

免疫是当前防控羊病的有效措施，是避免和减少疫情发生的关键。羊的免疫关键点就是需要一个合理的免疫程序。一个地区、一个羊场（户）可能发生多种羊的疫病，而可以用来预防羊病的疫苗性质又不尽相同，免疫期长短也不一，因此需要根据各种疫苗的免疫特性合理地制定免疫接种剂量、接种时间、接种次数和间隔时间。免疫程序是否合理直接决定免疫效果的好坏。养殖场（户）必须根据动物疫病流行情况、抗体水平、疫病种类、生产需要（种用或肉用）以及饲养管理水平等因素制定适合本场（户）的免疫程序（表6-1～表6-3）。

表6-1　羔羊及产前母羊推荐免疫程序

疫苗名称	接种时间	接种方式	免疫期
羊传染性胸膜肺炎	羔羊15日龄	皮下注射	1年
羊痘鸡胚化弱毒苗	2月龄	尾根皮内注射	1年
口蹄疫三联苗	2.5月龄	肌内注射	6个月
羊三联四防苗	断奶前	肌内注射	6个月
小反刍兽疫	3月龄	肌内注射	3年
羊三联四防苗	产前8周	肌内注射	6个月

表6-2　经产母羊免疫程序

疫苗名称	接种时间	接种方式	免疫期
羊痘鸡胚化弱毒苗	产后30天	尾根皮内注射	1年
羊传染性胸膜肺炎	产后1.5月	皮下注射	1年
口蹄疫三联苗	配种前4周	肌内注射	6个月
小反刍兽疫	配种前2周	肌内注射	3年
羊三联四防苗	断奶前	肌内注射	6个月

表 6-3 驱虫模式

寄生虫类	实施时间	药物名称	驱虫方法	备注
驱体外寄生虫	查看外寄生虫情况实施	伊维（阿维）菌素	灌服或皮下注射	每年春秋二次
驱体内寄生虫	每年春、夏、秋驱虫	丙硫苯咪唑吡喹酮	灌服	（丙硫苯咪唑对于妊娠前期胎儿有致畸性使用时注意）每年 2~3 次
药浴	春季剪毛后或秋季天冷之前	螨净	喷淋、池浴	每年二次

注 1：布鲁氏菌的免疫工作参照农业部《常见动物疫病免疫推荐方案》（农医发〔2014〕10 号）执行，牛羊种公畜禁止免疫，奶畜原则上不免疫。对所有羊进行 O 型和亚洲 I 型口蹄疫强制免疫；所辖边境县（市）的羊进行 A 型口蹄疫强制免疫。

a. 各种疫苗具体免疫日龄还应结合地区疫情特点、羊群具体情况灵活安排。

b. 选择免疫是建议根据本地区、本场（户）动物疫病流行情况选择进行。

c. 根据本地区、本场（户）动物疫病流行情况选择免疫其他疫苗

第七章　鸡的养殖技术

第一节　鸡品种介绍

一、国外引进的主要蛋鸡品种

1. 海兰蛋鸡

海兰家禽育种公司育成，具有较高的生产性能，较强的适应力及抗病能力，耐热，安静不神经质易于管理。海兰褐：成活率96%~98%；至72周龄年产蛋总重19.4千克，日耗料114克，料蛋转化比21~72周（2.36∶1）（图7-1）。

图7-1　海兰蛋鸡

2. 罗曼褐

德国罗曼公司育成，属中型体重商产蛋鸡，四系配套，有羽色伴性基因。罗曼褐商品鸡开产期为18~20周，0~20周龄育成率97%~98%，152~158日龄达

50%产蛋率；0~20周龄总耗料7.4~7.8千克，20周龄体重1.5~1.6千克；产蛋高峰期为25~27周，产蛋率为90%~93%，72周龄入舍鸡产蛋量285~295个，12月龄平均蛋重63.5~64.5克，入舍鸡总蛋重18.2~18.8千克，每千克蛋耗料2.3~2.4千克；产蛋期末体重2.2~2.4千克；产蛋期母鸡存活率94%~96%。罗曼褐曾祖代鸡于1989年引入上海市华申曾祖代蛋鸡场，祖代和父母代鸡场遍布全国各地（图7-2）。

图7-2　罗曼褐

3. 伊莎褐

法国依莎公司育成，属四系配套中型体重的商产棕蛋鸡，具有较好的抗热性能，是当今世界主要高产蛋用鸡种之一，有羽色和快慢羽两个伴性基因。全群达50%产蛋日龄160~168天，开产体重1.55~1.65千克，入舍母鸡72周龄年产蛋280~290枚，蛋重63~65克，料蛋转化比（2.3~2.4）∶1（图7-3）。

图7-3　伊莎褐

4. 罗斯褐

英国罗斯公司育成，属高产蛋鸡，适应性强，抗逆性表现较好，有金银色和快慢羽两个伴性基因。72周龄年产蛋量271.4枚，平均蛋重63.6克，总蛋重17.25千克，每千克蛋耗2.46千克；0~20周龄育成率99.1%（图7-4）。

图7-4　罗斯褐

5. 海赛克褐

荷兰成尤里布德公司培育的中型褐壳蛋鸡。具有羽色伴性基因，该鸡性情温顺，好管理，抗寒性强，抗逆性好且有产蛋高峰期长，破壳蛋少的特点。但耐热性较差，适宜在北方寒冷地区饲养。78周龄年产蛋量302枚，平均蛋重63.6克，总蛋重19.2千克，每千克蛋耗料2.38千克，产蛋期末体重2.22千克，产蛋期存活率95%（图7-5）。

图7-5　海赛克褐

二、国内优良蛋鸡品种

1. 京红 1 号

由北京峪口培育而成，开产早，产蛋多，140 日龄达到 50%产蛋率；90%以上产蛋率维持 9 个月以上，好饲养，抗病强；适应粗放的饲养环境；育雏、育成成活率 97%以上，产蛋鸡成活率 97%以上，免疫调节能力强。吃料少，效益高，高峰期料蛋转化比（2.0~2.1）∶1（图 7-6）。

图 7-6　京红 1 号

2. 京粉 1 号

它是在我国饲养环境下自主培育出的优良浅褐壳蛋鸡配套系，具有适应性强、产蛋量高、耗料低等特点，父母代种鸡 68 周龄可提供健母雏 96 只以上，商品代 72 周龄年产蛋总重可达 18.9 千克以上，商品代蛋鸡育雏、育成期成活率 96%~98%，产蛋期在活率 92%~95%，高峰期产蛋率 93%~96%，产蛋期料蛋转化比（2.1~2.2）∶1（图 7-7）。

图 7-7　京粉 1 号

3. 农大褐 3 号

矮小型蛋鸡，由中国农业大学动物科技学院用纯合矮小型公鸡与慢羽普通型母鸡杂交推出的配套系，商品代生产性能高，可根据羽色辨别雌雄。72 周龄年产蛋数可达 260 枚，平均蛋重约 58 克，产蛋期日耗料量 85～90 克/只，料蛋转化比 2.1∶1（图 7-8）。

图 7-8　农大褐 3 号

4. 新杨白壳蛋鸡配套系

它是由上海新杨家禽育种中心主持培育的蛋鸡配套系新品种。商品代至 72 周龄年产蛋数 295～305 枚，平均蛋重 61.5～63.5 克，料蛋转化比（2.08～2.2）∶1。

5. 新杨绿壳蛋鸡配套系

由上海新杨家禽育种中心主持培育的蛋鸡配套系鸡种，商品代至 72 周龄年产蛋数 227～238 枚，平均蛋重 48.8～50 克，产蛋期日耗料 85 克/只。

6. 仙居鸡（又名梅林鸡）

浙江省仙居及邻近的临海、天台、黄岩等地。数量：1981 年饲养量 50 万只以上，属小型蛋用鸡品种。仙居鸡分黄、花、白等毛色，目前育种场在培育的目标上，主要的力量是放在黄色鸡种的选育上，现以黄色鸡种的外貌特征简述如下：该品种体型结构紧凑，尾羽高翘，单冠直立，喙短而棕黄，趾黄色，少部胫部有小羽。初生重公鸡为 32.7 克，母鸡为 31.6 克。180 日龄公鸡体重为 1 256 克，母鸡为 953 克。屠宰测定：3 月龄公鸡半净膛为 81.5%，全净膛为 70.0%；6 月龄公鸡半净膛为 82.7%，全净膛为 71%，母鸡半净膛为 82.96%，全净膛为 72.2%。开产日龄为 180 天，年产蛋 160～180 枚，高者可达 200 枚以上，蛋重为 42 克左右，壳色以浅褐色为主，蛋形指数 1.36。

7. 白耳黄鸡，又称白银耳鸡，因其身披黄色羽毛，耳叶白色而得名。原产江西广丰、上饶、玉山和浙江山市，该鸡以白耳、三黄（毛黄、肤黄、脚黄）体型轻小、羽毛紧凑、尾翘、蛋大壳厚为特征。开产日龄平均为 150 天，年产蛋 180 枚。蛋重为 54 克。

三、国外引进肉鸡品种，快大型白羽肉鸡

1. 爱拨益加肉鸡

它又称 AA 肉鸡是美国安伟捷公司培育的四系配套杂交肉用鸡，目前，在我国市场上推广应用的为 AA+肉鸡，羽毛白色，单冠，体型大，胸宽腿粗，肌肉发达，尾羽短。商品代生产性能 42 日龄体重 2 637 克，料肉比 1.77：1，49 日龄体重 3 234 克，料肉比为 1.91：1。胸肌、腿肌率高，在体重 2 800 克时屠宰测定，公鸡胸肉重 537.32 克，腿肉重 455.84 克；母鸡胸肉重 548.8 克，腿肉重 433.72 克（图 7-9）。

图 7-9　爱拨益加肉鸡

2. 罗斯-308

美国安伟捷公司培育的肉鸡品种，商品代的生产性能卓越，羽速自别雌雄。42 日龄平均体重 2 652 克，料肉比 1.75：1，49 日龄体重 3 264 克，料肉比 1.89：1。体重 2 800 克时屠宰测定，公鸡胸肉重 542.92 克，腿肉重 450.8 克，母鸡胸肉重 554.68 克，腿肉重 428.96 克（图 7-10）。

3. 科宝 500

美国泰臣食品国际家禽分割公司培育的白羽肉鸡品种，体型大，胸深背阔单

图 7-10　罗斯-308

冠直立，冠鲜红，脚高而粗，肌肉丰满。42 日龄体重 2626 克，料肉比 1.76：1，49 日龄体重 3 177克，料肉比 1.90：1，全期成活率 95.2%。45 日龄公母鸡平均半净膛率为 85.05%，全净膛率为 79.38%，胸腿肌率 31.57%（图 7-11）。

图 7-11　科宝 500

四、国内优质肉鸡

1. 苏禽黄鸡 2 号（快速型优质肉鸡）

由江苏省家禽科学研究所培育，49 日龄平均体重 1 797.3 克，成活率 98.67%，料肉比 2.04：1；56 日龄平均体重 2 059.5克，成活率 98.33%，料肉比 2.15：1。屠宰率 91.55%，胸肌率 17.42%，腿肌率 19.07%，腹脂率 3.47%（图 7-12）。

2. 金陵黄鸡（中速型优质肉鸡）

由广西金陵养殖有限公司培育，公鸡 70 日龄以后上市，出栏体重 1 730~1 850克，料肉比（2.3~2.5）：1；母鸡饲养成活率 95%以上，屠宰率 89.59%，半净膛率 82.25%，全净膛率 69%，胸肌率 15.9%，腹脂率 3.58%（图 7-13）。

图 7-12 苏离黄鸡 2 号

图 7-13 金陵黄鸡

3. 岭南黄鸡 11 号（快速型优质肉鸡）

由广东省农业科学院畜牧研究所培育，公鸡 50 日龄体重 1 750 克，料肉比 2.1∶1，母鸡 56 日龄体重 1 500 克，料肉比 2.3∶1，成活率 97.8%（图 7-14）。

图 7-14 岭南黄鸡 11

4. 汶上芦花鸡

原产于山东省汶上县的汶河两岸，与汶上县相邻地区也有分布，横斑羽是该鸡外貌的基本特点，作为肉用时出栏时间 120~150 日龄，公鸡平均体重 1 420 克，母鸡平均体重 1 278 克。半净膛率公鸡为 81.2%，母鸡为 80.0%；全净膛率 71.2%，母鸡为 68.9%（图 7-15）。

图 7-15　汶上芦花鸡

5. 粤禽皇 3 号（慢速型优质肉鸡）

由广东粤禽育种有限公司培育。商品代肉鸡 105 日龄公鸡平均体重为 1 847.50 克，料肉比 3.99：1，母鸡平均体重 1 723.50，料肉比为 4.32（图 7-16）。

图 7-16　粤禽皇 3 号

五、国内地方品种

1. 固始鸡

原产于河南省固始县，主要分布沿淮河流域以南，大别山脉北麓的商城、新县、淮滨等 10 个县市，安徽省霍邱、金寨等县亦有分布。60 日龄体重公母鸡平均为 265.7 克；90 日龄体重公鸡 487.8 克，母鸡 355.1 克；180 日龄体重公鸡为 1 270 克，母鸡 966.7 克。150 日龄半净膛屠宰率公鸡为 81.76%，母鸡为 80.16%；全净膛屠宰率公鸡为 73.92%，母鸡为 70.65%。平均开产日龄 170 天，年平均产蛋量为 150.5 枚，平均蛋重 50.5 克，蛋壳质量很好。

2. 丝羽乌骨鸡

主要产区以江西省泰和县和福建省泉州市、厦门市和闽南沿海等县较为集中。150 日龄在福建公母鸡平均体重分别为 1 460 克、1 370 克；江西分别为 913.8 克、851.4 克。半净膛屠宰率江西公鸡为 88.35%，母鸡为 84.18%，显著高于一般肉鸡，且肉质细嫩，肉味醇香。福建、江西两地开产日龄分别为 205 天、170 天；年产蛋量分别为 120~150 个、75~86 个；平均蛋重分别为 46.85 克、37.56 克；受精率分别为 87%、89%；受精蛋孵化率分别为 84.53%、75%~86%。公母配比一般为 1：（15~17）。

第二节　土鸡规模化养殖技术

我国是世界文明古国，在 5 000 年的悠久历史中，人们将捕获的野鸡留下来，驯化饲喂，经过漫长发展变化，开始了土鸡饲养业。这里谈到的土鸡规模化放养殖技术不能沿用传统技术，也不能照搬现代的饲养管理模式，而要实行传统饲养与现代工艺的有机结合。在鸡管理、孵化、育雏、防疫、饲料配制等环节借鉴现代养鸡工艺精华，而在优质鸡肉、蛋产品生产环节则以经过改进的传统放养方式为主。

一、鸡蛋的品质鉴别

严格鉴定鲜蛋的品质，对鲜蛋的收购、包装、运输和蛋品加工具有重要的意义。学会并熟练掌握蛋的品质鉴别方法，有助于分析各种蛋的品质特点及其形成原因，以利于在蛋品经营和加工过程中采取及时处理措施，常用的鉴别方法有感官鉴别法、光照鉴别法及比重鉴别法、荧光鉴别法等。

1. 感官鉴别

该方法主要靠技术经验来判断、采用看、听、摸、嗅等方法、从外观鉴别蛋的质量。是一种较为普遍的简易方法。

"一看"：就是用视觉来查看蛋壳颜色、清洁度和完整性、蛋的形状、外蛋膜是否存在。新鲜蛋的蛋壳略粗糙、干净，附有一层霜状胶质薄膜蛋壳上、无裂纹。如胶质脱落、不清洁是陈蛋，如有霉斑、霉块或像石获样的粉末是霉变蛋；

置亮上有水珠或潮湿发滑的是出汗蛋；蛋壳上有红疤或黑疤的是贴皮蛋；亮色深浅不均或有大理石花纹的是水湿蛋；蛋壳表面光滑、眼看气孔很粗的是孵化蛋；蛋壳航脏、色泽灰暗或散发臭味的是臭蛋。

"二听"：一听敲击声，区别有无裂损、变质和蛋亮厚薄。方法是将鸡蛋拿在手里，用手指轻轻回旋相敲、或用手指在壳上轻轻蔽击。新鲜蛋发出的声音坚实，似破砖头破击声；裂纹蛋发音沙哑，有"啪啪"声；空头蛋大头有空洞声，钢壳蛋发音坚脆、有"叮叮"响声，贴皮蛋、臭蛋发音像破瓦片声，用指甲竖立在蛋壳上推击有"吱吱"声的是雨淋蛋，听摇动声、蛋拿在手中摇动，有响声的为散黄蛋。

"三摸"：主要靠手感、新鲜蛋拿在手中有"沉"的压手感觉，孵化过的蛋，外壳发滑、分量轻、霉蛋和贴皮蛋外亮发涩。

"四嗅"：即嗅闻蛋发的气味，鲜鸡蛋无气味、鲜鸡蛋有轻微的鸡腥味。霉蛋有称霉蒸味。臭蛋有臭味、有其他异味的是污染蛋。

感官鉴别是以蛋的结构特点和性质为基础的，有一定的科学道理，也有一定的经验性但仅凭这种方法鉴定、对蛋的鲜陈好坏只能做大概的鉴定。

2. 光照鉴别

光照鉴别法是根据蛋本身具有透光性的特点，在光透视下观察蛋内部结构和成分的变化特征、来鉴别蛋品质的方法。此法最常用，特点是简便、易行、技术简单、结果准确、行之有效。新鲜蛋在光照透视时，蛋白完全透明，星淡橘红色，气室极小、深度在5毫米内、略微发暗、不移动；蛋白浓度澄清，无杂质；蛋黄居中，蛋黄膜包裹得紧、呈现朦胧暗影。蛋转动时，蛋黄亦随之转动；胚胎不易看出。通过照验、还可以看出蛋壳上有无裂纹、气室是否固定，蛋内有无血丝、血斑、肉斑、异物等。

（1）手工照蛋。用照蛋灯照蛋，灯罩由白铁皮做成，罩坠有一个或多个照蛋孔，供一人或多人操作。照蛋孔的高度以对准灯光最强的部位为宜。

（2）机械传送照蛋。有两种形式，一种是采用由电机传动的长条形输送带传送，在传送带两侧装上照蛋的灯台。灯台设置多少，视场地和操作人员的数量而定，每一灯台的间距为1米左右由输送带将蛋运到每个照蛋者的操作位置，照完后将优质蛋和各类次劣蛋移到输送带上送到出口处，由司秤员分别过秤。

二、孵化

(一) 孵化的季节及种蛋的选择

1. 孵化季节

北方地区气候比较寒冷，昼夜温差大，孵化时从三月初开始孵化，八月末结束，这段时间气候适中，适宜土鸡生长。且夏季鸡苗可以利用草场，荒漠，林带等自由采食降低了饲养成本。对种蛋的引进应选择适应性强和抗逆性强，适用于山区饲养，耐粗饲的兼用型鸡，如河南的固始鸡、乌鸡、汶上芦花、三黄鸡等。

2. 种蛋的选择

清洁度、新鲜度、蛋重、单的形状、单的厚度、蛋壳颜色、碰及听声及照蛋透视，使之符合孵化要求。

(二) 孵化前的准备

在孵化前 2~3 天要对孵化室经行加温，使室温保持在 18~25℃，湿度 50%~60%。对孵化室进行全面彻底的清扫，对孵化室、孵化机、孵化器进行消毒，对孵化机的温湿度进行校正，试机 2 天，对用电线路、自备发电设备进行检修，一切正常后方可上蛋孵化。

图 7-17　哈密市伊州区沁城乡孵化设备

(三) 孵化期的要点

1. 种蛋的检查和消毒

种蛋在入孵前 12~18 小时在孵化室预热、剔除破损蛋、异常蛋。将孵化机置于温度在 25~27℃，湿度在 75%~85%孵化室条件下，将上好种蛋的蛋车推进孵化机内，关闭通风口，按每立方米福尔马林 30 毫升/立方米，高锰酸钾 15 克/立方米的比例，现将福尔马林液倒入瓷盆放置于孵化机内，后倒入高锰酸钾，关闭机门对种蛋熏蒸消毒，30 分钟后排除余气，方可正式孵化。

图 7-18　种蛋预热

2. 人工孵化的要点

为鸡胚发育提供适应的环境条件，如温度、湿度、通风及时翻蛋等，这些条件是孵化成败的关键，采用变温孵化或恒温孵化。不管那种方式进行孵化都应该注意，通过照蛋来检验胚胎发育是否正常，进行适当调整温度（表 7-1）。

表 7-1　孵化工艺流程

孵化天数	1~2 天	3~6 天	7~12 天	13~15 天	16~18 天	出雏
温度设定	38.0℃	37.9℃	37.8℃	37.7℃	37.6℃	37.2℃
温度设定	37.8℃					
湿度设定	50%~60%RH					65%~70%RH
风门位置	0	0 或 1	1 或 2	1 或 2	3	3 或 4

3. 孵化工作程序

在孵化的过程中为了保证正常出雏，还需做如下工作：我们利用头照剔除无精蛋，死精蛋和破蛋。利用二照鸡胚状态调整孵化机的温度。移盘是要轻，稳，快，尽量缩短从孵化盘移至雏盘的时间。孵化至 17 天是应加强通风，以防鸡胚缺氧死亡。出雏时每隔 4 天捡雏一次。捡雏的同时把空壳拣出。尽量保持孵化器内温度恒定，同时要做好孵化记录，发现问题及时处理。

表7-2　孵化场的工作日程

操作	入孵	头照	二照	移盘	出雏	接种疫苗	接雏
日程	第1天	第5~6天	第11~12天	第19天	第20~21天	第21天	第22天

4. 做好孵化登记

表7-3　孵化记录表

机号：　　　　　　　值班员：　　　　　　　接班时间：

时间	温度		湿度		风门位置		翻蛋次数及位置	运转情况
	设定值	测定值	设定值	测定值	设定值	实际值		

三、育雏前的准备

（一）消毒

育雏前要对育雏舍经行全面的检修，堵死老鼠洞。运动场，围墙，烟道按要求整修。在接雏7天前对育雏室进行彻底清扫，冲洗，用3%烧碱消毒；对料筒，饮水器用百毒杀浸泡消毒；接雏前5天对育雏室进行甲醛密闭熏蒸，24小时后放出余气备用（图7-19，图7-20）。

图7-19　圈舍及设施消毒

图 7-20　圈舍环境消毒

（二）预温

在接雏前的 3~4 天用火炉加温度，使室温保持在 25~30℃，接雏时温度应达到 35~36℃为宜（图 7-21，图 7-22）。

图 7-21　炉子加热

（三）饲料药品的准备

选择适宜肉杂鸡生长的全价饲料如正大肉杂全价料，常备药品有：抗生素类药如庆大霉素、卡那霉素、氟哌酸、氟苯尼考等。营养补充剂有葡萄糖粉，速补 2000，维生素 C。消毒剂如百毒杀、石灰等及中草药。

图 7-22　地面平养温度较低

四、育雏前期的饲养

(一) 雏鸡的选择

雏鸡体格结实，手握感觉充实，有弹性。精神灵活，眼睛明亮无分泌物。绒毛丰满整洁，色素鲜艳，长短适中。蛋黄吸收良好，脐口闭锁干净平整。泄殖腔口附近羽毛干净，无白色粪便。体重适中。剔除体格软弱，站立不稳，反应迟钝，绒毛不整，颜色苍白，脐口闭锁不良有残留物的雏鸡（图7-23，图7-24）。

图 7-23　健康鸡苗

图 7-24　弱病鸡苗

（二）饮水要点

雏鸡出壳，转入育雏室后，应及时饮水，用水温在18~25℃的温开水，连用7~10天，11日龄饮用清洁深井水，在前3天的饮水中加入葡萄糖多维粉，可预防雏鸡脱水。

（三）饲喂要点

适时开食，雏鸡在饮水后34小时即可开食，我们采用20厘米×30厘米塑料布，按一定的距离铺在育雏网上，均匀地洒上育雏料，供雏鸡采食。3日龄后逐渐增加小料桶，5日龄即可撤去塑料布，全部采用料筒饲喂，以减少饲料的浪费。

坚持少喂勤添原则1~3日龄多自由采食，4~7日龄5次/天，2~4周龄4次/天，逐渐减少饲喂的次数，坚持按日龄定时定量的饲喂。1~21日龄用肉小鸡料饲喂，有利于小鸡充分的发育，以后逐步换用土杂料，这样可以使鸡苗适应农户家庭饲喂的条件，减少死亡率（图7-25，图7-26）。

图7-25　农户采用塑料布撒食

图7-26　农户采用料筒饲喂

五、育雏前期的管理

（一）控制温度是育雏成败的首要条件

土杂鸡体型微小，具有一定的野性，善飞、易受惊温度低易引起死亡1~7

日龄育雏温度在34~36℃以后每周下降2~3℃，四周龄降至常温。脱温应逐步地进行，初期早晚均加温，两周后白天酌情加温，三周后可将雏鸡放置户外活动，逐步适应外界的气候。

（二）通风

育雏期间应定时打开窗户，天窗通风口，便于空气进行对流。随着日龄的增加，逐渐加大空气的流量，必要时，应打开门，在通风换气时应注意掌握温度，防止雏鸡受凉。

（三）饲养密度

为了提高雏鸡的成活率，我们采用网上育雏。1~7日龄为50只/平方米，随着日龄的增加，雏鸡由网上跳至网下，形成双层养鸡的模式。这样饲养密度不大，不易导致鸡啄癖、鸡呼吸道疾病。

（四）湿度控制

我们采用升火炉烧开水经行蒸汽控湿法。在1~3日龄将湿度控制在70%~80%这样有利于卵黄的吸收（图7-27）。

图7-27　脱温处理后的放养鸡

（五）光照

雏鸡1~7日龄采用每日23~24小时光照，7~14日龄每天12小时光照，白天关灯，晚上开灯，2周龄后采用自然光照。人工光照20瓦/平方米灯泡，灯距3米，灯离网2米为宜。

（六）断喙

雏鸡在 9~11 日龄要断喙，断喙前后应在水中添加多种维生素，停食 8 小时，喙要烫去前端 1/3 并达到肉质层，否则后期还有可能继续长齐，要注意烫平，不要向一侧倾斜，以免影响土鸡采食。断喙后应立即让土鸡自由采食，饲料中拌入适量维生素 K_3 预防出血。

六、搞好疾病的防治

（一）适时接种疫苗

接种疫苗是养鸡成败的关键，我们根据本地的疫病的情况制定了相适应的免疫程序，对育雏前期的雏鸡进行 4 次的常规免疫接种。接种方式如下（表7-4）。

表7-4　推荐农家鸡免疫程序

日龄	疫病名称	疫苗名称	接种方法
1	鸡马克氏病	马立克氏苗	劲背部皮下注射
7	鸡传染性支气管炎与新城疫	H120	2 倍量滴鼻/饮水
14	鸡法氏囊病	禽法氏囊多价苗	2 倍量滴口/饮水
21	鸡传染性支气管炎与新城疫	H52 疫苗	2 倍量滴口/饮水
28	鸡法氏囊病	禽法氏囊苗	2 倍量滴口/饮水
30	鸡新城疫与禽流感病	新城疫+禽流感	肌内注射
60	鸡新城疫	鸡新城疫Ⅰ苗	肌内注射

注：饮水免疫需要足够的饮水器，确保每只鸡在同一时间内均能喝到足够的疫苗；饮水器必须洗刷干净，有消毒剂、抗生素类药物残留的容器，必须用清水冲洗干净后再使用；饮水免疫不能使用金属容器盛疫苗液或用金属用具搅拌、稀释疫苗，避免重金属离子杀灭活的疫苗。饮水免疫不能直接使用自来水，因为自来水中含有漂白粉，使用前必须存放 1~2 天或烧开使漂白粉挥发掉；饮水免疫前提断水 2~4 小时，并且在水中加入脱脂乳粉2%，或用疫苗保护剂；接种疫苗之前 2~3 天和接种疫苗之后的 1 周左右，必须停用

（二）疾病药物控制

为了增强雏鸡的抵抗力，1~3 日龄在饮水中加入速补2000，疫苗接种后应在饮水中加入维生素 C 以防应激反应，3~5 日龄应在饮水中加入庆大霉素、氟哌酸预防鸡白痢。9~12 日龄在鸡饲料中拌入中草药，如禽菌灵、双黄甘草精，饮水

中加入环丙沙星、氟苯尼考预防呼吸道疾病。20 日龄在饮水中加入一定量的硫酸钠以防治鸡啄癖。饲养管理人员应注意观察鸡群的精神状态、粪便、饮食、饮水等，发现病情及时治疗。

七、典型案例与成效

2004—2011 年在新疆哈密市伊州区沁城乡实施的自治区民宗委《天山草鸡养殖项目》子项目，实施沁城乡土鸡养殖项目，以哈密市沁城乡兽医站专业技术人员为依托，开展鸡苗统一孵化、育雏、饲养、疫病防控，累计完成孵化土鸡35 万羽，经过 28 天脱温处理，给农户发放鸡苗 30 万羽，2011 年完成哈密市伊州区牛毛泉村土鸡孵化养殖基地建设，项目区农牧民成立了专业合作社，形成合作社+农户+技术人员的发展模式。累计培训农牧民 930 人，实现累计增收 480 万元，通过土鸡养殖项目实施，为畜牧业增收开辟了新途径。

八、放养土鸡品种选择

可选择年产蛋 130~200 枚，耐粗饲，活动范围广，觅食力强，个体中偏小，肉质细嫩味美的优质地方良种如固始鸡、丝毛乌骨鸡等。若选个体中偏大的地方改良品种如三黄鸡、粤禽皇 3 号等，这些鸡种抗病能力强，食性较广，适宜于放养的饲养方式；放养鸡蛋的品质好，鸡肉质优良，风味浓郁，产品安全无污染。

土鸡性情活泼，具有追啄性、好斗性的特点，易发生啄癖症；土鸡具有其独特的发病机制和特点。

九、放养土鸡的场地选择

近年来，随着人们对美好生活的期待值的升高，对食品安全提出了新的要求，采用生态养殖技术生产优质健康产品。例如林地饲养土鸡具有生态效益好，能充分利用荒山、林地、果园、桑园、苗木等林地，土鸡能灭虫除草，土鸡粪可以直接肥地，不用清理，林地在一批土鸡饲养过后能够很快恢复原状；经济效益高，投资少，设施设备简单，土鸡能在林下采食杂草和害虫，自由获取矿物质和微量元素，可减少饲料的投入；市场前景好，土鸡在自然环境下放养，空气清新，阳光充足，运动充分，不仅抗病力强，而且品质好、肉味鲜美、无污染、绿色环保、市场销路好、价格高。

（一）场地选择

应选择树冠较大、灌木丛稀疏、坡度在 35°以下、背风向阳的林地，或者果园、茶园、苗木地、竹林等作为成年土鸡的放养地，同时应远离村庄，以阳光充足，干燥，沙质地为好，并且取水供水方便。

1. 果园放养土鸡

注意事项，打药期间应将鸡群隔离，避免农药中毒；鸡群规模大小根据果园面积和野生饲料植物生长情况而定，宜小不宜大；避免鸡群过分踩踏果园内野生饲料植物，一旦植物不再生长，应立即人工补种牧草。

2. 草原放养土鸡

草原分为天然草原和人工草原。草原面积大，适宜划片轮流放牧土鸡。

3. 农田放养土鸡

对于玉米、高粱地可以划片围网轮换放牧土鸡，土鸡啄食田里的嫩草、野菜，可节省人力除草的用工，节约精饲料饲喂量。

（二）放养土鸡四季管理要点

土鸡放养不是传统的开放性放养，养殖者必须有丰富养殖经验、市场营销能力和周转资金。若采用土法上马，硬件实力不够，养殖条件过于简陋，冷不能御寒，热不能降温，抗拒自然灾害能力太差，导致养殖过程中疫病、灾情连绵不断，结果是亏得血本无归，甚至还落下一身债务。因此，要根据不同的季节，采取不同的饲养管理措施，以达到增产、增效的目标。群体不能过大，密度适宜；选择抗病力强，体型小的品种；均衡投苗，有利上市。开始放养时利用喂料进行调教，养成晚上进棚舍习惯；注意收听天气预报；预防兽害。

1. 春季饲养管理要点

春季日照时数逐渐延长，气候温暖适宜，是放养土鸡产蛋的最佳季节，也是孵化、育雏、培育新鸡群的最好季节，应采取以下措施。

（1）加强营养。根据产蛋量高低和对鸡蛋品质或种蛋质量的要求，提高配合饲料的粗蛋白质、维生素和微量元素含量；或在满足精饲料供给的同时，增加青饲科的饲喂量。

（2）调节鸡舍内外温差。初春早晨气温低，放鸡之前先开窗通风，待鸡舍内外温度基本一致后再放鸡。

（3）科学利用自然光照。春季自然光照逐渐延长，如果母鸡开产时的自然光照为 12 小时以上，可不再增加人工光照，利用逐渐增加的自然光照。

（4）早晨少喂，晚上喂饱，中午酌情补喂，傍晚补饲一些配合饲料，补饲多少应该以野生饲料资源的多少而定。

2. 夏季饲养管理要点

炎热盛夏，烈日当空。高温、高湿天气，而鸡的皮肤紧密，覆盖羽毛，没有汗腺，对高温调节能力差，为了保证蛋鸡夏季稳产、高产，饲养管理上抓好以下关键措施。

（1）降低饲养密度。充分利用空闲鸡舍，减少饲养密度。或在鸡舍内增加梯形鸡架，以便于鸡在夜间分层栖息，从而达到疏散的效果。

（2）每天清扫鸡舍内外粪便、污水杂物。勤换清凉饮水，防止水槽被太阳暴晒，经常更换清凉饮水，最好采用自来水或深井水，以降低鸡体内的温度，为调节消化道电解质的平衡，应加入适量的液体盐和 0.2% 氯化钾。

（3）提高采食量。饲喂粉料会影响鸡的采食量，最好采用颗粒饲料。鸡喜欢采食湿拌料、要现喂现拌，抢食干净为宜。每天傍晚气温低，鸡群采食量增多，可增加补料量。

（4）提高饲料营养含量。天气炎热使鸡的采食量减少、可提高配合饲料的蛋白质含量 1~2 个百分点，以保证得到的营养不减少。

（5）控制育成鸡的光照时数。夏季是自然光照最长的季节，为了避免育成鸡过早的性成熟，每天的黎明和傍晚时分，用黑色窗帘、门帘遮挡自然光照，使光照时数控制在 12 小时之内。

（6）对鸡舍内外定期消毒。夏季是病菌和病毒快速繁殖的大好机会，这时做好舍内外消毒工作势在必行，不仅可以杀灭各种有害病菌，同时还可以防暑降温，可谓一举两得。

（7）在做好各种预防接种的基础上，应添加适量的抗生素以预防消化道疾病的发生，同时添加益菌素，以维持消化道菌群的平衡。对于常见大肠杆菌病、禽伤寒、球虫病等，应及时用药预防。

3. 秋季饲养管理要点

秋季天气逐渐变冷、昼夜温差大、自然光照逐渐缩短、不利于母鸡产蛋。如果饲养管理跟不上，可造成母鸡产蛋停产，直接关系到养鸡生产的经济效益。应抓好以下技术管理措施。

（1）增加人工光照。产蛋鸡群从自然光照开始缩短之日起，开始增加人工光照，以保持原来每天的光照时数不变；或把每天的光照时数固定为15~16小时。秋季节可以在鸡舍前安装灯泡诱虫，让鸡采食昆虫。

（2）保持鸡舍的良好通风。秋季天气逐渐变冷、根据天气开关门窗，要保特鸡舍通风良好、空气清新。

（3）推迟放鸡时间。如果清早气温比较低，应推迟放鸡时间。遇有大风降温天气，应暂停放鸡、关好门窗、预防突然降温引起鸡群感冒。

（4）做好秋季防疫工作。秋季阳光强度降低，有利于病毒性传染病的发生和流行。秋季做好防疫工作，是鸡群安全过冬的基本保证。

4. 冬季饲养管理要点

冬季气温寒冷，在自然条件下放养的鸡均已停产、换羽。要使母鸡冬季不停产，就要满足其对温度、光照、营养的需要。

（1）遇到恶劣天气、下雪等不能外出觅食时，要进行舍饲，风和晴朗天气时，可在鸡舍之外的运动场内活动。

（2）防寒保温。在寒流到来之前，用塑料薄膜封闭门窗，使产蛋鸡舍的温度保持在10℃以上。如果鸡舍内的温度仍达不到要求，则用火炉升温，以保证母鸡正常产蛋。

（3）补充光照。产蛋鸡群按光照方案补充人工光照。

（4）增加营养。冬季寒冷，鸡体为了御寒而消耗能量增加，需要提高配合饲料的能量水平。冬季青饲料缺乏，应补充足够的复合维生素。产蛋鸡饲料中应加倍量添加维生素 A、维生素 D、维生素 E，或增喂富含胡萝卜素的胡萝卜、南瓜等。

（5）加强卫生防疫工作。冬季是鸡群呼吸道传染病的流行季节，平养鸡舍应勤清扫鸡粪，经常通风换气以保证鸡舍内空气新鲜。每隔1周用消毒剂带鸡消毒一次，但消毒剂应无刺激性气味，避免激发呼吸道病。一旦发现病情，应立即使用有效药物进行防治。

十、育成鸡饲养管理

选择抗病力强，体型小的品种，从雏鸡脱温后到 18 周龄后转入产蛋期的饲养管理。土鸡育成期是一个非常重要的饲养阶段，目的是培育出体格健壮的青年母鸡群。因此，育成鸡饲养管理的好坏，直接影响鸡群的产蛋期的生产性能。

（一）分群

30 天后育雏阶段结束，应对小鸡进行分群，群体不能过大，密度适宜，为放到林地饲养做好准备。首先应将公鸡和母鸡分群，最好在夜间昏暗的灯光下进行。然后根据场地安排和土鸡的数量将小公鸡和小母鸡分成几群，一般每群数量不能太多，以 1 500~2 000 只为好，太小不便于管理，太大易发生堆积，导致土鸡相互踩踏引起意外死亡，均匀度也不好。如果能按鸡只大小分群就更好，以便能针对性地投料，提高整个鸡群的均匀度。

（二）饲养管理要点

放养土鸡育成期的饲养管理比较简单，开始放养时利用喂料进行调教，养成晚上进棚舍习惯，在保证各个组织器官正常发育的前提下，通过调整饲料量和营养供给，使早晨少喂，晚上喂饱，中午酌情补喂，傍晚补饲一些配合饲料，补饲多少应该以野生饲料资源的多少而定；加料要均匀，随时摊平食槽中堆成小堆的饲料，防止把料啄出料槽。料槽每天擦洗一次，以控制青年母鸡达到七八成膘情。注意观察鸡冠及肉垂颜色；观察羽毛状况；观察食欲情况；观察精神状态；观察肛门污浊情况，发现问题及时处理。

（三）光照管理

开放式鸡舍一般采用自然光照加补充人工光照的照明方法，可以根据育成期的不同季节采取相应的光照方案。开放式鸡舍以自然光照为主，人工光照补充。人工补充光照在早晚分别增加，阴天时，在白天加长人工光照。气温高时，在一天中气温较低时增加光照。但要注意控制光照时间：开关灯用变阻器控制，使灯光由弱变强，由强变弱。若没有变阻器，可将舍内灯分成几组分别安装控制开关，用时先开单数，后开双数。以防光照应激。每周擦灯一次，以白灯泡为宜并加灯罩，一般用 15~25 瓦灯泡（照度为 10 勒克斯）。光照时间从 21 周龄逐步增加，保持在 14~16 小时，最多不要超过 17 小时。

（四）育成鸡的温度与湿度

产蛋鸡的适宜温度为 13~23℃，临界温度为 0~30℃。春天和秋天可以达到适宜范围要求。冬季开放式鸡舍，关好门窗，控制排风量，在北方可达到 10℃以上。地面平养除关好门窗，还需加炉生火，温度才可达到 10℃左右。夏季一般采用纵向加大排风量，地面洒水，可控制在 30℃以下。

（五）育成鸡的通风技术

根据鸡舍温度、湿度、空气中的有害气体而决定排风量。

1. 开放式鸡舍

保持舍内新鲜空气，排除灰尘和有害气体，同时控制适宜的温度和湿度。在宁夏一般鸡舍是开放式的地面平养或笼养，地面平养关闭门窗及房顶通风孔调节温度、湿度及空气流通，开放式鸡舍笼养，主要靠风机调节温度和通风。

2. 对密闭式鸡舍

一般夏季风机开启，春秋开一半，冬季开 1/4，同时要注意交替使用，每次开 4 小时，以防电机烧坏，进出排风口，风扇叶要经常清洗，以防阻风或损坏。排风时，与风机同一侧墙上的窗户不开。冬季在进风口，天窗下接风斗、散风板，以免冷风直接吹到鸡身而引起感冒，冬季少用风机，进行换擦保养。

（六）自配育成鸡饲料

1. 蛋用土鸡育成前期饲料配方

玉米 67.63%、大豆粕 20.04%，小麦麸 8.68%，石粉 0.46%、磷酸氢钙 1.92%、添加剂 1.0%。

2. 蛋用土鸡育成后期饲料配方

玉米 67.29%、大豆粕 5.48%，小麦麸 24.25%，赖氨酸制剂 0.04%，石粉 0.64%、磷酸氢钙 1.33%、添加剂 1.0%。

3. 饲料配方可参考以下配方

玉米 70%、大豆饼 20%、鱼粉 5%、糠麸 4%、贝壳粉或骨粉 0.75%、食盐 0.25%。

十一、产蛋鸡的饲养管理

(一) 产蛋前期

此阶段的目标是减少各种应激，让鸡群顺利生产并迅速进入产蛋高峰期。

(1) 一般由见蛋到开产50%需20天左右的时间，然后再经3周左右就达到高峰了。这一阶段要随时注意产蛋率的变化，加强饲养管理及日常工作，搞好环境卫生。前两周产蛋不正常，表现为产蛋间隔时间长，产双黄蛋、软壳蛋、异状蛋和小蛋。在产蛋率上升，该阶段每周上升很快，成倍增长，蛋重、体重增加也较快，生理上更进一步发育成熟。

(2) 产蛋前期应注意事项。

①给予安宁稳定的生活环境。

②满足鸡的营养需要，及时增加饲料中钙的含量，由18周龄的2%逐步添加至3.5%。

③鸡群开产后，鸡只体重应与产蛋率同步增长，才能维持长久高产，如鸡只体重增长迟缓或停止增长甚至下降，产蛋率就会停止上升或下降，所以应注意鸡群体重及产蛋率、蛋重的变化。注意在50周龄前不要更换产蛋高峰料，并要认真执行光照制度，不得随意减少光照时间和强度。

④刚开产的鸡群，产蛋率达到50%的鸡群以及上到高峰的鸡群。由于开产后蛋在输卵管中旋转下行，易造成输卵管炎症，所以应在以上三个阶段投药预防输卵管炎症。

⑤产蛋鸡最佳舍温是20~25℃，一般控制在4~30℃范围内对产蛋性能的影响就不大。

⑥产蛋上升期切忌更换饲料或接种疫苗，以免引起强烈的应激反应。

(二) 产蛋高峰期

从产蛋第7周开始到产蛋的第17周，产蛋母鸡进入产蛋高峰期，产蛋率在90%左右。该阶段鸡的体重、蛋重略有增加。定期带鸡消毒，做好大环境及鸡舍用具消毒工作。注意防寒抗暑，增强防尘；夏季投喂解暑药物。避免任何形式的免疫接种。

产蛋高峰应注意事项。

（1）产蛋高峰期的鸡群。如有条件可在饲料中添加 1%～2% 的油脂，每隔 10～15 天饮一次电解多维，对于增强鸡群的体质，提高产蛋率和蛋重有良好作用。

（2）避免各种应激因素，200 日龄以后。根据当地免疫习惯，每隔 1～2 个月饮一次鸡新城疫Ⅳ系苗，以补充抗体的整齐度。

（3）提供良好、清洁的环境及优质饲料，以保证鸡群发挥最好的生产潜力，创造更高的效益。

图 7-28　标准化开放式鸡舍适宜于冬季饲养

（三）产蛋后期

从产蛋 18 周开始到产蛋 52 周为产蛋后期。产蛋高峰过后，每周产蛋率下降 0.5%～1%，至产蛋的 52 周，产蛋下降到 65%～70%，该阶段体重、蛋重略有增加。

产蛋后期应注意事项。

（1）确保鸡群能缓慢降低产蛋率，尽可能延长经济寿命。

（2）控制鸡的体重增加，防止过肥影响产蛋，并可节约饲料成本。

（3）及时剔除病残及低产鸡，减少饲料浪费。补充饲料中钙源供给量，增加鸡对钙的吸收率，减少鸡蛋破损率。

（4）在产蛋率低于 80% 的 3～4 周后更换蛋鸡后期饲料，采取逐步过渡方法。

（四）没有产蛋高峰的原因

（1）品种不纯。一些不正规的小场，用商品代母鸡和种公鸡杂交，甚至用商品代杂交，这样的鸡苗不具备杂交优势，很难达到产蛋高峰。

（2）育雏期、育成期疾病的影响。如在育雏期、育成期鸡群发生过传染性支气管炎，则会有部分鸡的输卵管不发育，成为"假母鸡"。

（3）药物使用不当。如地塞米松、磺胺类药物等直接影响生产性能或间隔影响机体的免疫机制，从而影响生产性能。

（4）长期过量使用未经脱毒的棉籽饼，使生殖系统受到损害。

（5）育成期由于长时间患病或营养不良，鸡群均匀度低于80%，这样的鸡群也难以达到产蛋高峰。

（6）饲养条件恶劣。使鸡长期处于应激状态下，这种鸡群也难以达到产蛋高峰。

（五）维持产蛋高峰的方法

1. 营养方面

提供优质、营养全面的饲料，以增强体质，提高机体的抗病能力，并每10～15天饮一次电解多维。

2. 免疫方面

开产前注射新一支新城疫、传染性支气管炎、减蛋综合征三联油苗和鸡新城疫Ⅰ系苗。产蛋高峰稳定后（一般在200日龄以后）每1～2个月采用鸡新城疫Ⅳ苗饮水免疫一次，以维持较高的抗体水平。

3. 饲养管理

产前驱虫，避免温度忽高忽低，不要随便更换饲料，供给充足的新鲜饮水等。总之，高峰期的鸡群要有一个安宁稳定的生活环境。

4. 预防各种疾病

无论是在高峰期，还是在其他饲养阶段，都要贯彻"预防为主，养防结合、防重于治"的方针，只有健康的鸡群才能维持较长的产蛋高峰。

十二、土鸡养殖母鸡臼巢性增加，介绍几种醒抱方法

1. 肌内注射丙酸睾丸素

每只鸡肌内注射丙酸睾丸素注射液1毫升，注射后2天抱窝症状消失，10天开始产蛋。此方法在就巢初期使用。

2. 口服异烟肼片

用异烟肼片灌服，第一次用药以每千克体重 0.08 克为宜。对返巢母鸡可于第 2 天、第 3 天再投药 1~2 次，药量以每千克体重 0.05 克为宜。一般最多投药 3 天即可完全醒抱。用药量不可增大，否则会出现中毒现象。

3. 灌服食醋

给抱窝鸡于早晨空腹时灌服食醋 5~10 毫升，隔 1 小时灌一次，连灌 3 次，2~3 天即可醒抱。

4. 改变环境

将抱窝鸡转入结构、设施等完全不同并有公鸡的鸡舍中，9 天后即可恢复产蛋。

5. 笼子关养

将抱窝鸡关入装有食槽、水槽、底网倾斜度较大的鸡笼内，放在光线充足、通风良好的地方，保证鸡能正常饮水和吃料，使其在里面不能蹲伏，5 天后即可醒抱。

十三、典型案例与成效

2012 年主持了哈密地区科技兴农《蛋鸡场标准化养殖》项目。实施地点：哈密市陶家宫乡乐巢禽业，通过哈密市畜牧站技术人员长期跟踪指导，完成了蛋鸡标准化养殖建设企业标准的制定，实现了产蛋期饲养日产蛋率≥90%，可维持 8~12 周以上，产蛋期料蛋比≤2.2：1，育雏育成期死淘≤6%。

第三节　土鸡饲养场的运营管理

在我国农村养殖土鸡大多以散养为主，散养不仅充分利用了场地等自然资源，还有效地减少了饲料成本，是一个短、平、快项目，饲养、管理各方面条件具备还要进行利润核算。

一、土鸡饲养场的经营计划

创办适度规模土鸡养殖场，要经营得好，首先要因地制宜选择良好经营模式，并根据当地实际情况，就地取材制订切实可行的经营计划。

（一）土鸡饲养场的经营方式

土鸡饲养场的经营模式有多种，采取哪一种经营方式应根据个人的养鸡技术水平，放牧场地、饲草饲料资源情况，以及土鸡肉、蛋及其产品的市场销售情况而定。

1. 产业化生产

即集团式生产，集种鸡饲养、商品鸡饲养、饲料加工、销售等生产环节为一体，各生产环节受集团的统一控制和平衡。由于饲养规模庞大，饲养管理和经营管理水平高，并具有雄厚的经济实力，所以对市场波动的承受能力很强。实行"供鸡苗、供饲料、供药品、提供技术服务、负责产品回收，最后现金结算"的一条龙服务。公司与养鸡户签订养鸡合同，俗称"合同鸡"。优点是养鸡户无后顾之忧，只管把鸡养好。缺点是合同鸡苗、饲料、药品及回收产品均高价定位，一旦管用失误，产品达不到公司制定的标准，必赔无疑。本法适宜于有技术、有资金农户。

2. 半工业化生产

表现形式是一个企业为龙头，这个企业可是种禽场或是屠宰厂或孵化厂，带动周围的具有一定饲养规模的农户进行生产。各生产环节各自独立，在生产过程中结合在一起，其紧密程度较低，受市场的影响较大。这种生产组织形式在国内最为普遍。

3. 合作社型

养鸡专业合作社是养鸡户为了提高抵御市场风险的能力，许多养殖户联合起来形成规模优势而组成的一种经营模式。以"民办、民管、民受益"为宗旨，属民营企业性质，需要在工商部门登记、备案，可从事养鸡生产、加工、营销、技术服务及相关产业。

4. 示范带动型

具有多年养鸡经验的专业户或以此为业的科技带头人，具有一定的资本积累；相应的土鸡肉、蛋销售渠道；具有带领四邻乡亲共同致富的意愿，可选择示范带动的经营模式。凭借自己的实力，为农户购进鸡苗，负责防疫，提供饲料，代销产品等，最后现金结算，一批一清账，互不拖欠，为养鸡户提供产前、产中、产后一条龙服务，促进当地养鸡业的快速发展。

5. 兼营型

以经营性旅游业为背景，饲养土鸡。如开展旅游农家乐兼养土鸡，为顾客提供野味美餐。同时开展斗鸡、捉鸡、猎鸡等项目，以招揽顾客。或开餐馆兼饲养土鸡，把土鸡产品制做成各种美食佳肴。兼养土鸡一般规模不大，但效益很好，主要适宜于城郊或城市结合部。

6. 自产自销型

农户拥有较大面积的养鸡牧场，植被种类丰富，或土质好，可人工种植牧草。且养鸡技术有保障，可采取自产自销的经营方式。专选当地人们最青睐的土鸡品种饲养，根据市场需求变化，规模可大可小、自主经营。大多数农村广大农户比较多，在当地土鸡脱温情况好，免疫程序正确，抗体度高，效果好。如果圈舍建设不合理，不按程序做好免疫，则会出现"料吃尽、药喂完、鸡死光"的现象。

（二）土鸡饲养场的饲养计划

1. 生产土鸡蛋型

应饲养产蛋率高的轻型蛋用品种或兼用型品种，产蛋多，吃料少，效益好。根据鸡群产蛋率的下降幅度和盈亏临界线，确定饲养鸡的年限是一年，还是两年，高产鸡群也可利用三年。并在第一批土鸡计划淘汰前的 6 个月左右开始饲养下一批土鸡，即上一批土鸡淘汰，而下一批土鸡进入产蛋期。

2. 销售土鸡型

以销售活鸡为主，应饲养兼用型品种如岭南黄鸡等，生长快、肉质好，效益高。一般饲养期 120 天以上，晚熟品种可能延长至 180 日龄出栏。一般采取"全进全出"制，上一批土鸡出售后先对鸡舍进行彻底清扫、消毒，做好各项准备工作。

3. 以活鸡、土鸡蛋兼用型

如果土鸡及鲜蛋销售均供不应求，则应饲养肉蛋兼用型品种。饲养目标是鸡多，蛋多，双收益。一般饲养期一年左右，即母鸡长成后利用第一个产蛋阶段。在环境温度、光照适宜的条件下，第一个产蛋阶段的产蛋率最高，可达到 80% 以上；产蛋高峰维持最长，3~4 个月；产蛋数量最多，占全年总产蛋量的 60% 以上。待产蛋率下降到盈利不大时，改为催肥饲养，达到上市标准后立即出售。

总之，土鸡饲养规模的大小，饲养期限的长短，应根据其产品的市场需求、价格高低灵活掌握，巧妙安排饲养计划。

二、土鸡饲养场的盈亏预测

经营预测是土鸡场决策饲养规模和制订饲养计划的依据，通过预测饲养效益，确定土鸡场的持续发展规划，还是及时调整生产方案，改变经营方向。

（一）养鸡成本与收入

1. 养鸡成本

养鸡成本项目主要由养鸡生产成本和间接费用构成。

（1）工资和福利，指直接从事养鸡生产人员的工资、奖金、福利等。

（2）鸡件成本费，是指购入种蛋、雏鸡或青年鸡所需要的费用。

（3）饲料费用，指直接用于鸡群饲养过程中的自产和外购的各种蛋白质饲料、能量饲料动物性饲料、植物性饲料、矿物质饲料、维生素饲料，以及饲料添加剂及其饲料加工费等。

（4）燃料费，指用于饲养鸡群生产过程所消耗的燃料、动力费、水电费等。

（5）鸡医药费，指为预防鸡群疫病发生，所开支的药品费如疫苗、药品、消毒剂、治疗费、检疫费。

（6）母鸡损耗摊费，指鸡群饲养过程中鸡只死亡、淘汰所形成的成本分摊。

（7）固定资产折旧费，指鸡舍、专用机械设备等按使用年限提取的累计折旧费用，或租入上述固定资产的租赁费等。

（8）固定资产维修费，指上述固定资产所发生的一切费用。

（9）其他直接费，凡未列入以上直接费用，而实际已消耗的直接费用。

2. 养鸡收入项目

养鸡收入项目主要是种蛋、鲜蛋、雏鸡、育成鸡、成鸡以及养鸡的副产品销售收入。

（1）种蛋收入，是指饲养种鸡群生产的合格种蛋的收入。

（2）鲜蛋收入，是指商品蛋鸡群生产的合格鲜蛋，种鸡群生产的不合格种蛋（如无精蛋、畸形蛋等），以及破损蛋、沙壳蛋等都是鲜蛋的收入。

（3）雏鸡收入，是指孵化场种蛋孵化为雏鸡出售的收入。

（4）育成鸡或成鸡出售收入，是指雏鸡通过脱温处理后出售或商品土鸡育肥后出售的收入。

（5）副产品收入，是指出售鸡粪和饲养期间淘汰鸡或期末淘汰鸡群的收入。

（二）养鸡成本的核算方法

养鸡成本的核算方法分为单群核算和混群核算 2 种。

1. 单群核算方法

按鸡群的不同类别设置生产成本明细账，分样核算生产成本，如鸡群分为产蛋鸡群、育成鸡群、雏鸡群。如果育成鸡群与雏鸡群不能分开，则进行合并核算。

（1）雏鸡成本。

雏鸡成本（元/羽）= 全部的孵化费用（种蛋、人工等）-副产品价值（毛蛋、无精蛋等）/ 成活一昼夜的雏鸡羽数

（2）育雏鸡成本。

育雏鸡成本（元/羽）= 育雏期的饲养费用（饲料费、人工等）-副产品（粪便等）收入/育雏期末存活的雏鸡羽数

（3）育成期成本。

育成期成本（元/羽）= ［育雏期费用+育成期费用-副产品（粪便、淘汰鸡等）收入］/育成期末健康鸡羽数

（4）鲜蛋成本。

鲜蛋成本（元/千克）= ［蛋鸡生产费用-蛋鸡残值-非鸡蛋（粪便、死淘鸡等）收入］/入舍母鸡总产蛋量（千克）

（5）种蛋成本。

种蛋成本（元/个）= ［种鸡生产费用-种鸡残值-非种蛋（鸡粪、商品蛋、淘汰鸡等）收入］/入舍种时鸡出售种蛋个数

（6）商品鸡成本。

商品肉鸡成本（元/羽）= ［商品肉鸡饲养费-副产品（粪便、淘汰鸡等）收入］/出售商品肉鸡羽数。

2. 混群核算方法

在不同鸡群设置生产成本明细账，汇集饲养费用，计算饲养成本。该方法适用于资料不全的小型鸡场。

（1）种蛋成本。

种蛋成本（元/个）＝［期初存栏种鸡价值＋期内种鸡饲养用－期内淘汰种鸡收入－期末存栏种鸡价值－非种蛋（商品蛋、鸡粪等）收入］/本期收集种蛋只数

（2）鲜蛋成本。

鲜蛋成本（元/千克）＝［购入蛋鸡价值＋期初存栏蛋鸡价值＋期内蛋鸡饲养费用－期内淘汰蛋鸡收入－期末蛋鸡存栏价值－鸡粪收入］（元）/本期产蛋总量（千克）

（3）商品肉鸡成本。

商品肉鸡成本（元/只）＝（购入鸡的价值＋期初存栏鸡价值＋本期饲养费用－期内淘汰鸡的收入－期末存栏鸡的价值－鸡类收入）/出售的商品肉鸡只数

（三）养鸡盈利的核算

盈利是指产品价值中扣除成本以后的剩余部分，是对鸡场的盈利进行观察、记录、计量、计算、分析和比较等工作的总称。盈利是鸡场在一定时期内货币表现的最终经营成果，是考核鸡场生产经营好坏的一个重要经济指标，体现为利润。

1. 衡量盈利效果的经济指标

（1）利润。

销售利润＝销售收入－生产成本－销售费用－税金

总利润额＝销售收入－生产成本－销售费用－税金－营业外收支净额

（2）销售收入利润率，表明产品销售利润在产品销售收入中所占的比重。比重越大，经济效果越好。

销售收入利润率（％）＝年产品销售利润总额/年产品销售收入总额×100％

（3）销售成本利润率，它是反映生产消耗的经济指标，在禽产品价格、税金不变的情况下，产品成本越低，销售利润越多，其产值越高。

销售成本利润率（％）＝产品销售利润/产品销售成本×100％

2. 产值利润率

产值利润率说明实现百元产值可获得多少利润，用以分析生产增长和利润增

长的比例关系。

产值利润率（%）= 年利润总额/年总产值总额×100%

3. 资金利润率

把利润和占用资金联系起来，反映资金占用效果，具有较大的综合性。

资金利润率（%）= 年利润总额/（年流动资金和固定资金的平均占用额）×100

（四）养鸡盈亏临界线的核算

养鸡的目的是以最低的成本取得最高的经济效益。核算养鸡盈亏临界线，是为了对当前养鸡效益有一个正确的分析与判断，以决策鸡群是继续饲养还是出栏销售的重要依据。

1. 临界产蛋率

临界产蛋率即最低产蛋临界线，是指产蛋鸡群能够盈利的最低产蛋率。例如，当市场上土鸡蛋价格为 17.0 元/千克；配合饲料价格为 2.2 元/千克时，如果每只蛋鸡平均每天消耗饲料 200 克，平均每个蛋重 60 克，其计算步骤如下。

（1）计算市场蛋料价格比：17.0/2.2≈7.7/1

即每投入 1 千克饲料，可获得 7.7 元土鸡蛋收入。

（2）计算 1 千克蛋需要的土鸡蛋个数：1 000÷60≈216.6（个）

（3）计算 1 个土鸡蛋与多少克饲料的价值相等：7 700÷16.6≈464（克）

即 1 个土鸡蛋等于 270 克饲料的价值。或计算 1 个土鸡蛋的价值：

17.0÷16.6≈1.0

（4）计算鸡蛋与消耗饲料价值相等的产蛋率：200÷464×100%≈43%

（5）计算临界产蛋率，如果蛋鸡群的饲料费用约占生产总费的 80%，则：

临界产蛋率=43%÷80%×100%=53.75%

即土鸡群产蛋率高于 53.75%则会盈利，低于 53.75%则会亏损。从而以此决定是否继续饲养，还是淘汰母鸡群。

2. 肉鸡生产临界线

肉鸡生产临界线即在肉鸡出栏之前，对其生产状况进行全面分析，找出最佳的上市时间，以便获得最高的饲养效益。

（1）肉鸡保本价格，又称盈亏临界价格，即能保住饲养成本的肉用鸡出售价格。

公式：保本价格＝本批肉鸡饲料费用/饲料费用占总成本的比率/出售总体重

公式中"出售总体重"可先抽样称重，估算出每只鸡的平均体重，然后乘以实际存栏鸡数。例如，饲养肉鸡 500 只，平均个体重 2.5 千克，总体重量为 1 250 千克。饲料费及相关费用总和 17 500 元；饲料费用占总成本的 80%；计算保本价格：

保本价格 =（饲料总成本×80%）÷总体重 = 17 500×0.8÷1 250 = 11.2（元/千克）

即本批放养肉鸡的保本价格为每 1 千克 11.2 元。如果当前市场价格大于 11.2 元/千克，出售则可盈利；相反就会亏损，需要继续饲养或采取其他对策。

（2）以活鸡、土鸡蛋兼用型核算，参照以上资金核算方法进行核算。

第四节　肉仔鸡饲养管理技术

一、肉仔鸡生产特点

（一）早期生长速度快

在正常生长条件下，肉仔鸡的生长速度快，一般鸡仔出壳重 40 克左右，饲养 60 天后体重可达到 2 千克，大概是出壳时体重的 50 倍。

（二）饲养周期短、周转快

在国内肉仔鸡从雏鸡出壳到饲养到 8 周龄可达到上市的标准体重，出售完毕后要赶紧对鸡舍进行清洗和消毒，经两周空舍，为下一批鸡苗做准备。这样基本上 10 周就可以饲养一批肉鸡，一栋鸡舍 1 年可周转 5 批次。肉仔鸡生产设备利用率高，资金周转快，所以它称之为"速效畜牧业"和畜牧业中的轻工业。

（三）饲料转化率高

养殖业发展的基本条件是饲料，而肉仔鸡的生产具有省料的特点，肉仔鸡的料肉比为（1.8~2）：1，蛋鸡的料肉比为 5：1。随着肉仔鸡早期生长速度的不断提高，因饲养周期的缩短而带来的饲料转化率达到了（1.72~1.95）：1 的水平。由于饲料的支出占鸡成本的 70% 左右。所以饲料转化率越高，生产成本就越低，由此带来的利润就越大。

（四）饲养密度大，单位设备的产出率高

肉用仔鸡的生物学特征与蛋鸡不一样，肉鸡性情温驯，不好动，很少打斗跳跃，特别是育肥后期。只要垫料清洁，有适当的通风条件，就可保持一定的饲养密度。一般地面平养可达 12 只/平方米。

（五）劳动生产效率高

肉仔鸡具有分散的本能，具有良好的群体适应能力，适宜于大群饲养，可以笼养、网养和平面散养，在农村也可以因地制宜，除去房舍外，一般不需要特殊设备。如果平面散养每个劳动力可管理 1 500~2 000 羽肉仔鸡，全年可饲养7 500~10 000羽。如果在舍内安装几条料槽，采取链板式送料，饮水采用自动饮水器或自流水，就可以大大提高劳动生产效率，每个劳力可饲养 10 000~20 000羽。

二、肉仔鸡的选择

外表羽毛清洁、有光泽、干燥、整齐度好。雏要符合要求，活泼，叫声响亮清脆，眼大有神；脐部无血痕，愈合良好，泄殖腔周围干净；将整个雏鸡握在手中，有弹性和较强挣扎力；腹部吸收良好，嘴、爪、腿、眼无畸形。

三、饲养管理

（一）进雏前的准备

（1）鸡舍周围环境用3%热火碱水喷洒消毒。

（2）鸡舍内消毒。贯彻"六天消毒法"即第 1 天清扫、冲洗；第二天用过氧乙酸喷洒；第三天来苏尔喷洒；第 4 天福尔马林加高锰酸钾熏蒸（按40 毫升/立方米甲醛加高锰酸钾 20 克计算，熏 24 小时后通风放味）；第 5 天密闭；第 6天打开门窗，第 7 天进雏。

（3）准备开口药物。

（4）用塑料布隔开鸡舍 1/3 用于育雏，三周龄前所有雏鸡集中在一起培育，以后逐渐扩大面积。

（5）进雏前 1 天开始预温，确保雏鸡入舍时温达到 33~35℃。

（6）在鸡舍不同位置放有温度计，其高度与鸡雏所在位置相同。

（二）进雏后的管理

1. 温度

对于肉仔鸡来说温度是育雏成败的关键因素。温度与雏鸡的散热、采食、消化、饮水、活动密切相关，甚至影响雏鸡的健康和成活。雏鸡体温调解能力差，必须提供适宜的环境温度，不同日龄所需适宜温度见表7-5。

表7-5　鸡在不同日龄的适宜温度

日龄（天）	1~3	4~7	8~14	15~21	22~28	39~35	36至出栏
温度（℃）	33~35	30~35	27~30	25~27	22~25	18~25	15~25

根据不同日龄采取加温或降温措施适宜的生长环境。衡量温度是否适宜，注意观察鸡状况，温度过高或过低，都对鸡群生长不利，温度过高，鸡群易患呼吸道疾病，温度过低，易患大肠杆菌病，导致死亡率升高。

2. 湿度控制

育雏前10天的湿度应保持在65%~70%，湿度过低，雏鸡容易脱水，表现为饮水量增加，卵黄吸收不良。10天以后，随着雏鸡呼吸量、饮水量以及排粪量增加，湿度一般不会太低，但要防止湿度过大。

3. 饮水

（1）每个乳头可供10只雏鸡饮水，随鸡生长调整高度。

（2）头7天给鸡雏饮凉开水，水温20℃为宜。一日龄按每5千克水3克高锰酸钾，250克葡萄糖粉；再按说明书加入电解多维和开口药。前者饮用24小时停止，后者连饮3天。

4. 饲喂

（1）饮水2~3小时开始喂料。雏鸡一开始就喂仔鸡前期全价料，不限量，自由采食，每日加料4次。

（2）饲料少添勤添。

（3）随鸡只生长，逐渐升高饲喂设备。

（4）在肉鸡整个饲养过程，饲喂全价饲料。

5. 光照

光照时间为 1~3 日龄 24 小时光照；4 日龄至出栏，采用连续 23 小时光照，光照强度见表 7-6。

表 7-6 不同日龄适宜的光照时间控制

日龄（天）	1~3	4~7	8~21	22 至出栏
光照时间（小时）	24	23	23	23
光照强度（瓦/平方米）	20~15	20~15	15~10	5~3

6. 通风

在保证适宜温度的前提下，应保证鸡舍通风换气。舍内空气以不刺鼻为宜。饲养前期以保温为主，兼顾通风；后期以通用为主，兼顾保温。

7. 饲养密度

前 2 周维持在 50~70 只/平方米，3 周后随土鸡长大可慢慢降低饲养密度。出栏前冬季饲养在 10 只/平方米以内，夏季在 8 只/平方米以内。

8. 鸡群观察

注意观察鸡群行为姿态、羽毛、皮肤、粪便、呼吸、采食量、饮水量、弱残病鸡淘汰率。通过观察，鸡舍小气候不适宜时，要立即调整好；如发现鸡群有病态表现时，饲养人员立即报告兽医技术人员，采取相应的技术措施。

四、卫生管理

（1）谢绝外人参观，尤其是谢绝同行的参观，严禁鸡贩子进入鸡场。

（2）鸡场大门设置汽车消毒池，最深处 20 厘米，长度不小于卡车车轮周长。

（3）卫生消毒。肉鸡生长快，饲养周期短，饲养密度大，一旦发病，传播很快，很难控制，即使痊愈，也会造成严重损失。因此，肉鸡饲养过程中的卫生消毒尤为重要。注意水槽、食草卫生，定期清洗消毒。要根据天气状况定期带鸡消毒，降低鸡舍空气中的粉尘和病原微生物的含量，特别是在疾病高发季节，每天消毒两次。不同类型的消毒液要交替使用。

五、免疫接种与药物预防

免疫程序参照表 7-7，如需药物要严格控制药物剂量和停药期。

表7-7 饲养42日龄肉仔鸡推荐免疫程序

日龄（天）	疫苗类型	免疫途径	免疫剂量
5~7天	新城疫-传支二联冻干苗	滴鼻、点眼	1.5头份/只
	新城疫-禽流感二联灭活疫苗	颈部皮下注射	0.3毫升/只
13~15	传染性法氏囊冻干苗	饮水	1.5头份/只
19~21	新城疫冻干苗	饮水	2~3头份/只

六、成鸡出栏

出栏前4~6小时停止喂料，但不停止供水；抓鸡过程中尽可能避免惊扰鸡群，防止鸡群挤压成堆；抓鸡时应抓住鸡的双腿，往笼里轻放，鸡笼内放鸡要适度，运输中要平稳，尽量不停留，到达目的地及时卸车，以减少应激甚至死亡。

七、全进全出制度

肉鸡采用全进全出制度，出栏后进行鸡舍及其设备的全面清洗、消毒，空舍至少2周，彻底消灭传染源，切断传播途径。

第五节　鸡常见病防治

一、鸡新城疫（ND）

鸡新城疫，俗称鸡瘟，是由副黏病毒引起的一种主要侵害鸡和火鸡的急性、高度接触性和高度毁灭性的疾病。临床上表现为呼吸困难、下痢、神经症状、黏膜和浆膜出血，常呈败血症。

（一）临床症状

鸡新城疫潜伏期一般为3~5天，根据临床表现和病程，为最急性、急性和慢性三型。

（1）最急性型。病鸡常无任何症状突然死亡。多见于流行初期和雏鸡。

（2）急性型。病初体温高达43~44℃，突然减食或不食，鸡冠和肉垂呈深红色或紫黑色。精神委顿，垂头缩颈或翅膀下垂，倦怠嗜睡。腹泻，粪便呈黄绿色或黄白色，有时混有血液。病鸡张口呼吸，并发出咯咯的喘鸣声或尖锐的叫声和咳嗽。嗉囊内充满液体和气体，倒提时有大量液体从口内流出。有的鸡还出现翅、腿麻痹等神经症状。

（二）剖检病变

急性和慢性解剖见全身黏膜、浆膜出血腺胃乳头，肌胃角质层下出血，肠黏膜（十二指肠、小肠、空肠）出血，肠黏膜水肿，纤维素性坏死，溃疡，盲肠扁桃体肿胀出血坏死，肺淤血，水肿。

（三）防制措施

（1）加强饲养管理和兽医卫生，注意饲料营养，减少应激，提高鸡群的整体健康水平；特别要强调全进全出和封闭式饲养制，提倡育雏、育成、成年鸡分场饲养方式。

（2）鸡场发生疫情时，除加强隔离、消毒、尸体烧埋处理外，可施行紧急免疫。

（3）60天以后的中雏和青年鸡可用 I 系苗，但要注意远离育雏舍鸡群。

（4）制定合理的免疫程序并认真执行，产蛋鸡群或受威胁的蛋鸡群怕影响产蛋可用Ⅳ系苗注射免疫，若怕发生应激，可用 3 倍量 Ⅳ 系苗饮水免疫，可使鸡群保持高度、持久一致的免疫力。

二、禽流感

禽流感是由禽流感病毒引起的主要流行于鸡群中的烈性传染病。按照病原体类型的不同，可分为高致病性、低致病性、非致病性三大类。

（一）高致病性禽流感临床症状

精神沉郁，体温迅速升高，可达 42℃ 以上。采食量急剧下降，甚至废绝，饮水明显减少。冠和肉髯肿胀、发绀、出血甚至坏死。头颈及眼睑肿胀，眼结膜潮红，有分泌物。鼻有黏液性分泌物，咳嗽、喷嚏，张口呼吸，甩头，突然尖叫。下痢，粪便呈黄绿色并带有多量黏液或血液。腿部皮下和鸡爪鳞片出血、变色，趾关节肿胀。蛋鸡产蛋量急剧下降，或几乎完全停止，同时蛋壳变薄、褪色，无壳蛋、畸形蛋增多，种蛋受精率和受精蛋的孵化率明显下降。有的病鸡出现抽搐，头颈后扭，运动失调，瘫痪等神经症状。病死率达 50%～100%。

（二）防治措施

对于高致病性鸡流感，应采取"扑杀为主，免疫为辅"的综合性防治措施。

1. 预防

高致病性鸡流感采用预防接种与扑杀相结合，应及时上报有关主管部门，并迅速采取封锁、扑杀、无害化处理及严格消毒等措施。在疫区或受威胁区，要紧急免疫接种经农业部批准使用的鸡流感疫苗，于 10～12 日龄首免，35～40 日龄二免，产蛋鸡于开产前 2～4 周再免一次，以后每半年免疫一次。低致病性鸡流感，应采取"免疫为主，治疗、消毒、改善饲养管理和防止继发感染为辅"的综合措施。

2. 治疗

处方一：恩诺沙星水溶液，25 毫克/千克体重，病毒唑水溶液，30 毫克/千克体重，饮水，连用 5 日。

处方二：柴胡 10 克，陈皮 10 克，双花 10 克，煎水灌服，每 5～8 只鸡 1 次用量，连用 5～7 天。

三、鸡马立克氏病（MD）

马立克氏病是鸡的一种淋巴组织增生性肿瘤病，其特征为外周神经淋巴样细胞浸润和增大，引起肢（翅）麻痹，以及性腺、虹膜、各种脏器、肌肉和皮肤肿瘤病灶，引起鸡群较高的发病率和死亡率。

（一）流行病学

1. 传染源

患病的鸡。

2. 传播途径

通过直接或间接接触，也可通过空气传播。目前尚无 MD 可垂直传播的报道。

3. 易感动物

MD 的自然宿主以鸡为主，鹌鹑也是 MDV 的重要自然宿主。试验宿主 MD 的试验宿主主要是雏鸡。

4. 流行特点

MD 是一种高度传染性疾病。

(二) 临床症状

感染鸡不对称性的进行性的轻瘫，然后是一个或两腿全瘫。不同的鸡体内受害神经可能不相同，所以症状表现有差异。病鸡特征性姿势是一只腿伸向前方，另一只腿伸向后方，呈"劈叉状"，这是由于腿的单侧半瘫或全瘫所致（图7-29）。

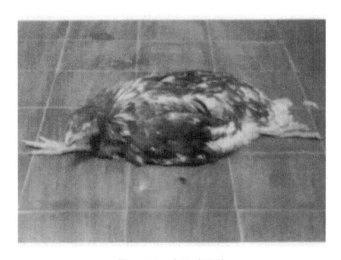

图7-29　鸡呈劈叉状

(三) 防治

(1) 出壳后即刻免疫接种马立克苗。

(2) 加强饲养管理，加强孵化卫生与育雏鸡舍的消毒，防止雏鸡的早期感染，改善鸡群的生活条件，增强鸡体的抵抗力，对预防本病有很大的作用。

(3) 坚持自繁自养，防止因购入鸡苗的同时将病毒带入鸡舍。采用全进全出的饲养制度，防止不同日龄的鸡混养于同一鸡舍。

(4) 防止应激因素和预防能引起免疫抑制的疾病，如鸡传染性法氏囊病、鸡传染性贫血病毒病、网状内皮组织增殖病等的感染。

(5) 对发生本病的处理。一旦发生本病，在感染的场地清除所有的鸡，将鸡舍清洁消毒后，空置数周再引进新雏鸡。一旦开始育雏，中途不得补充新鸡。

四、传染性法氏囊病

本病是由法氏囊病毒引起的急性接触性传染病，其特征为间歇性腹泻，极度衰弱，法氏囊病变具有特征。

（一）临床症状

经眼接种3周龄鸡24小时后可见法氏囊的组织学变化，2~3天可见症状，雏鸡群常大批突然病传播迅速，2~3天内可使60%~70%雏鸡发病并传播全群。

急性：多是出现症状后1~2天死亡，5~7天达死亡高峰，后渐减少。耐过鸡贫血，消瘦生长缓慢，饮料利用率低。多数情况本病为慢性及隐性感染。

（二）防治

1. 加强环境卫生消毒工作

鸡法氏囊病病毒对各种理化因素有较强的抵抗力，患病鸡舍病毒可较长时间存在，因此必须做好彻底消毒，保证鸡场各环节的卫生。所用消毒药以次氯酸钠、福尔马林和含碘制剂效果较好。

2. 免疫接种

免疫接种是控制鸡传染性法氏囊病的主要方法，传染性法氏囊病弱毒苗1~4头份，鸡传染性法氏囊灭活油佐剂0.5毫升，10~14日龄、28~30日龄各用弱毒苗饮水或滴鼻。

3. 治疗

处方一：传染性法氏囊高免血清，1毫升，1次皮下注射或肌内注射。

处方二：中药败毒解囊散：板蓝根90克，连翘80克，黄芪150克，黄连100克，生地100克，大青叶100克，赤芍100克，白术100克，粉碎为末，按2%比例拌料饲喂，连用3~5天。

五、传染性喉气管炎

（ILT）是以危害育成鸡和成年产蛋鸡为主的一种急性、高度接触性上呼吸道传染病，其特征性临床症状表现为呼吸困难、咳嗽、气喘，并咳出带血的分泌物。本病对养鸡业危害较大，传播快，死亡率较高。

（一）流行特点

1. 传染源

病鸡、康复后的带毒鸡以及无症状的带毒鸡是本病的主要传染源。

2. 传播途径

主要通过呼吸道及眼感染，也可经消化道感染。由呼吸器官及鼻腔分泌物污染的垫草饲料、饮水而感染。

3. 易感动物

本病主要侵害鸡，各种龄期及品种的鸡均可感染，但以育成鸡和成年产蛋鸡多发，幼龄火鸡、野鸡、鹌鹑和孔雀也可感染，鸭、鸽、珍珠鸡和麻雀等不易感。

4. 流行特点

本病一年四季均可发生，尤以秋、冬、春季多发。鸡群饲养管理不良也可促进本病的发生和传播。及用具可成为本病的传播媒介，人和野生动物的活动也可传播病毒。

（二）临床症状

本病潜伏期的长短与 ILTV 毒株的毒力有关。本病自然感染的潜伏期为 6~12 天，人工气管内接种为 2~4 天。突然发病和迅速传播是本病发生的特点。可分为急性型（喉气管型）和温和型两种。

1. 急性型（喉气管型）

由高致病性的毒株引起。特征性临床表现是呼吸困难。病鸡可见伸颈张口吸气，严重的病鸡表现出高度呼吸困难，咳嗽并咳出带血的黏液或血凝块，鸡冠发紫，最后衰竭死亡。

2. 温和型（结膜型）

由低致病性 ILTV 毒株引起，发病率较低，症状轻。病鸡表现为眼结膜充血，眼睑肿胀，流眼泪及鼻液，分泌黏性或干酪样物，上下眼睑被分泌物粘连，有的病鸡失明，病程较长，死亡率低，大约2%，绝大部分鸡可以耐过。

（三）防制措施

1. 预防

（1）必须严格执行兽医卫生防疫制度，加强饲养管理，严防病鸡和带毒鸡的引入是防止本病发生和流行的有效方法。

（2）免疫接种是预防本病的有效方法，用 ILT 弱毒疫苗给鸡群进行免疫接种，首免在 40 日龄左右，二免在首免后 6 周进行。

（3）种鸡或蛋鸡可在开产前 20~30 天再接种一次，免疫接种方法可采用滴鼻、点眼免疫。

2. 治疗

处方一。用青霉素、链霉素每只鸡肌内注射 5 万国际单位，每日 2 次，连用 2 日。

处方二。病毒唑 20~40 克。拌入 100 千克饲料中喂服，连喂 3~5 天。

处方三。苍术散：苍术 150 克，黑豆 100 克，炙石决明 50 克，橘红 35 克，紫草根 10 克，贯众 55 克，大青叶 50 克，兔玉蒿 50 克，共研极细末，5 月龄小鸡每日 1~2 克，分早晚两次混饲料中喂服，连服 7~10 日，预防量减半。

六、传染性支气管炎

鸡传染性支气管炎（IB）是由鸡传染性支气管炎病毒引起的鸡的一种急性、高度接触传染性的呼吸道疾病。

（一）流行病学

1. 传染源

病鸡康复后可带毒 49 天，在 35 天内具有传染性。

2. 传播途径

病鸡从呼吸道排出病毒，经空气飞沫传染给易感鸡。此外，通过被污染的饲料、饮水等，也可经消化道传染。

（二）临床症状

其特征是病鸡咳嗽、喷嚏和气管发生啰音。在雏鸡还可出现流涕，产蛋鸡产蛋减少和质量变劣。肾病变型病鸡肾肿大，有尿酸盐沉积。

（三）病理变化

1. 主要病变

气管、支气管、鼻腔和窦内有浆液性、卡他性和干酪样渗出物。在死亡鸡的后段气管或支气管中可能有一种干酪性的栓子。在大的支气管周围可见到小灶性肺炎。产蛋母鸡的腹腔发现液状的卵黄物质，卵泡充血，出血，变形。

2. 肾病变型

肾肿大出血，多数呈斑驳状的"花斑肾"，严重病例，白色尿酸盐沉积可见于其他组织器官表面。

（四）防制措施

1. 预防

（1）严格执行隔离、检疫等卫生防疫措施，做好疫苗接种防疫工作。

（2）加强饲养管理，补充维生素和矿物质，增强鸡体抗病力。发病鸡群应注意改善饲养管理条件，加强鸡舍消毒，同时在饲料或饮水中适当添加抗菌药物，以防继发感染或混合感染。

2. 治疗

处方一：复方新诺明，20~25 毫克/千克体重，内服，每日 2 次，连用 2~4 天。

处方二：链霉素 200 万国际单位，青霉素 40 万国际单位，稀释，喷雾。

处方三：M41 型弱毒苗预防接种。

七、鸡减蛋综合征

本病是一种腺病毒引起的传染性疾病，群发性产蛋下降、产蛋异常、蛋体畸形、蛋质低劣等症状是本病患鸡的主要表现。可使鸡群产蛋率下降 30%~50%，蛋壳破损率达 45% 以上，故国外有人将该病列为给养鸡业带来巨大经济损失的四种主要病毒性传染病之一。

（一）临床症状

通常是 26~36 周龄产蛋鸡突然出现群体性产蛋下降，产蛋率比正常下降20%~30%，甚至达 50%。与此同时，产出软壳蛋、薄壳蛋、无壳蛋、小蛋，蛋体畸形，蛋壳表面粗糙，如白灰、灰黄粉样，褐壳蛋则色素消失、颜色变浅、蛋白水样，蛋黄色淡，或蛋白中混有血液、异物等。异常蛋可占产蛋的 15% 以上，蛋的破损率增高。

（二）预防

（1）杜绝鸡减蛋综合征病毒传入，本病可通过蛋垂直传播，故不要到疫区引种。要引种必须从无本病的鸡场引入，引后并需隔离观察一定时间，产蛋后做 H 试验监测，确认阴性者才能留做种鸡用。

（2）严格执行兽医卫生措施。本病也可水平传染，污染鸡场要想根除本病是较困难的，必须花大力气。为防止水平传播，场内鸡群应隔离，按时进行淘汰。做好鸡舍及周围环境清扫和消毒，粪便进行合理处理是十分重要的。

（3）加强鸡群的饲养管理，喂给平衡的配合日粮，特别是保证必需氨基酸、维生素和微量元素的平衡。

（4）免疫接种是本病主要的防制措施。近年来国内外已开展了 EDS-76 病毒 127 株油佐剂灭活疫苗的研制，该疫苗接种 18 周龄后备母鸡，经肌内或皮下接种 0.45 毫升，15 天后产生免疫力，抗体可维持 12~16 周，以后开始下降，40~50 周后抗体消失。种鸡场发生本病时，无论是病鸡群还是同一鸡场其他鸡生产的雏鸡，必须注射疫苗，在开产前 4~10 周进行初次接种，产前 3~4 周进行第二次接种。

八、大肠杆菌病

本病是由大肠杆菌引起的一种常见多发病。其中包括大肠杆菌性腹膜炎、输卵管炎、脐炎、滑膜炎、气囊炎、肉芽肿、眼炎等多种疾病，对养鸡业危害较大。

（一）临床症状

精神萎靡不振、采食减少或不食、离群呆立或蹲伏不动、冠髯呈青紫色、眼虹膜呈灰白色、视力减退或失明、羽毛松乱、肛门周围羽毛粘有粪便、绿色或黄白色稀粪、蹲伏、不能站、不愿动或跛行、关节肿大、肝肿大、肠道黏膜出血和溃疡、心包发炎、腹腔积有腹水和卵黄（图 7-30，图 7-31）。

（二）防治

1. 预防

加强对鸡群的饲养管理，逐步改善鸡舍的通风条件，种鸡场应加强种蛋收集、存放和整个孵化过程的卫生消毒管理，鸡群发病后可用药物进行防治。

2. 治疗

处方一：盐酸沙拉沙星按 25 毫克/千克饮水，用药 3~4 天，对脑型大肠杆菌

图 7-30 雏鸡精神萎顿

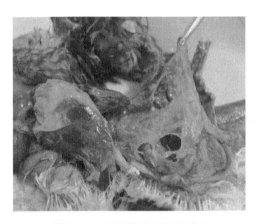

图 7-31 内脏出现"三包炎"

尤佳。

处方二：禽菌康 100 克，配水 100 千克，连用 3~5 天。

处方三：格林福德 200 毫升对水 200 千克，连饮 3~5 天，或哈雷 100 克拌料 100 千克，连用 3~5 天。

处方四：土霉素 100~500 克拌料 100 千克，连用 7 天，或诺氟沙星，5~20 克拌料 100 千克，饲喂 5~7 天。

处方五：复方禽菌灵 750 克拌料 100 千克，连喂 3~5 天。

九、鸡白痢

本病是一种极其常见的传染病，由鸡白痢沙门氏杆菌引起。本病可经蛋垂直传播，也可通过接触传染，消化道感染是本病的主要传染方式。本病主要危害雏鸡。

（一）临床症状

主要症状和病变：雏鸡表现不吃饲料，怕冷，身体蜷缩，翅膀下垂，精神沉郁或昏睡，排白色黏稠或淡黄、淡绿色稀便，肛门有时被硬结的粪块封闭，呼吸困难。成年鸡无临床症状，少数感染严重的病鸡表现精神萎靡，排黄绿色或蛋清样稀便。

（二）预防

1. 检疫净化鸡群

通过血清学试验，检出并淘汰带菌种鸡，于 60～70 日龄进行，第二次检查可在 16 周龄时进行，后每隔 1 个月检查 1 次、发现阳性鸡及时淘汰。

2. 严格消毒

种蛋、孵化室建立严格的消毒制度；育雏舍、育成舍和蛋鸡舍做好地面、用具、饲槽、笼具、饮水器等的清洁消毒定期对鸡群进行带鸡消毒；加强雏鸡饲养管理，注意药物预防。

（三）治疗

处方一：金霉素 200 毫克/千克喂服或土霉素 2～3 克拌料 1 千克喂鸡，连用 3～4 天。以上药物最好交替使用，以利提高疗效。

处方二：选用 0.008%～0.01% 恩诺沙星或 0.2%～0.5% 庆大霉素溶液供鸡苗自由饮水。

处方三：磺胺脒，10 克拌料 1 千克，或磺胺二甲基嘧啶 5 克拌料 1 千克喂鸡，连用 5 天。

十、鸡球虫病

它是由一种或多种球虫引起的急性流行性寄生虫病。本病是严重危害养鸡业的一种最常见的原虫病。可导致鸡只贫血、血痢，生长发育受阻，饲料报酬降低，对养禽业危害严重。10~30日龄的雏鸡或35~60日龄的青年鸡的发病率和致死率可高达80%。病愈的雏鸡生长受阻，增重缓慢；成年鸡一般不发病，但为带虫者，增重和产蛋能力降低，是传播球虫病的重要病源。

（一）流行病学

急性小肠球虫肠内出血严重各个品种的鸡均有易感性，15~50日龄的鸡发病率和致死率都较高，成年鸡对球虫有一定的抵抗力。病鸡是主要传染源，凡被带虫鸡污染过的饲料、饮水、土壤和用具等，都有卵囊存在。鸡感染球虫的途径主要是吃了感染性卵囊。人及其衣服、用具等以及某些昆虫都可成为机械传播者。饲养管理条件不良，鸡舍潮湿、拥挤，卫生条件恶劣时，最易发病。在潮湿多雨、气温较高的梅雨季节易暴发球虫病。球虫孢子化卵囊对外界环境及常用消毒剂有极强的抵抗力，一般的消毒剂不易破坏，在土壤中可保持生活力达4~9个月，在有树荫的地方可达15~18个月。但鸡球虫未孢子化卵囊对高温及干燥环境抵抗力较弱，36℃即可影响其孢子化率，40℃环境中停止发育，在65℃高温作用下，几秒钟卵囊即全部死亡；湿度对球虫卵囊的孢子化也影响极大，干燥室温环境下放置1天，即可使球虫丧失孢子化的能力，从而失去传染能力。

（二）临床症状

1. 急性球虫病

精神、食欲不振，饮欲增加；被毛粗乱；腹泻，粪便常带血；贫血，可视黏膜、鸡冠、肉垂苍白；脱水，皮肤皱缩；生产性能下降；严重的可引起死亡，死亡率可达80%，一般为20%~30%。恢复者生长缓慢。

2. 慢性球虫病

见于少量球虫感染，以及致病力不强的球虫感染（如堆型、巨型艾美耳球虫）。拉稀，但多不带血。生产性能下降，对其他疾病易感性增强。

（三）预防

（1）成鸡与雏鸡分开喂养，以免带虫的成年鸡散播病原导致雏鸡暴发球虫病。保持鸡舍干燥、通风和鸡场卫生，定期清除粪便，堆放；发酵以杀灭卵囊。保持饲料、饮水清洁，笼具、料槽、水槽定期消毒，一般每周一次，可用沸水、热蒸气或3%~5%热碱水等处理。加强饲料及饮水卫生管理，防止粪便污染是预防球虫病的关键。

（2）防止库蠓进入鸡舍。淘汰病鸡；药物预防；免疫学预防。

（3）地克珠利。预防按 1 毫克/千克浓度混饲连用。

（4）马杜拉霉素（抗球王、杜球、加福）。预防按 5~6 毫克/千克浓度混饲连用。

（5）常山酮（速丹）。预防按 3 毫克/千克浓度混饲连用至蛋鸡上笼，治疗用 6 毫克/千克混饲连用 1 周，后改用预防量。

（四）治疗

处方一：三效球克+乳化鱼肝油饮水连用 4 天，鸡清瘟解毒散拌料，连用 4 天；可用百球安+达诺；施安福+乳化鱼肝油；球劲+青霉素+乳化鱼肝油。

处方二：可爱丹按 0.012 5%混料，用于预防。

处方三：克球粉预防用 125~250 毫克/千克混于饲料，治疗用 250 毫克/千克混于饲料连续服用。

处方四：磺胺间六甲氧嘧啶（S 毫米，DS-36，制菌磺），混饲预防浓度为 100~200 毫克/千克；治疗按 100~2 000毫克/千克浓度混饲或 600~1 200毫克/千克饮水，连用 4~7 天。与乙胺嘧啶合用有增效作用。

处方五：百球清，主要作治疗用药，按 25~30 毫克/千克浓度饮水，连用 2 天。

处方六：莫能霉素：预防按 80~125 毫克/千克浓度混饲连用。与盐霉素合用有累加作用。

处方七：青蒿 290 克，仙鹤草 120 克，何首乌 140 克，肉桂 80 克，丹皮 160 克，黄柏 30 克，柴胡 40 克，黄芪 40 克，大黄 40 克，茵陈 30 克，甘草 30 克。上述研为细末，1 千克拌料 400 千克，连喂 3~5 天。

处方八：常山 290 克，槟榔 60 克，白头翁 160 克，大黄 40 克，柴胡 40 克，黄连 30 克，地榆 120 克，三七 30 克，苦参 30 克，白芍 140 克，黄芪 30 克，甘草 30 克。上述研为细末，1 千克拌料 400 千克，连喂 3~5 天。

第八章　骆驼养殖技术

第一节　奶驼场的建设

骆驼是各类家畜中对环境适应性很强，对没有风的严寒，一般都能耐受，但对有强风的大幅降温，耐受性就稍差一些。在 1 天之内，白天气温稍高，而又行走觅食，故较能抗冻；而在夜间则对风雪的耐受能力较差。因此，搭盖棚圈以御风寒，是非常必要的。骆驼标准化养殖场的建设应综合考虑资源，资金、技术经济合理性和管理水平等因素，在市场调研和充分论证的基础上，确定目标市场，以此为依据确定建设规模和水平。

（一）选址环境

（1）建设用地应符合当地政府建设发展规划和土地利用发展规划的要求。

（2）距离居民区、厂矿、企业、其他养殖场、畜产品加工厂、交通要道至少 1 000 米以上，无污染不得在国家和地方法律规定的水源保护区、旅游区、自然保护区和环境严重污染区，畜禽疫病多发区、洪涝威胁区等区域内建设骆驼养殖场。

（3）地势高燥、背风向阳、开阔平坦、空气流通，排水良好。

（4）饲草、饲料资源丰富，便于运输。

（5）电力供应方便，通信设施良好。

（6）水源充足，水质应符合 NY 5027 的规定。

（7）空气质量应符合 CB 18407.3 的规定。

（二）规划布局

1. 规划

因地制宜，统筹安排，建筑紧凑、节约土地，布局合理、生产方便。便于防疫。在满足当前生产需要的同时，考虑到未来改造和扩建的需要。

2. 布局

（1）设立相对独立的生活管理区、生产区，饲草饲料供应区，隔离区，无害化处理区。

（2）生活管理区建在常年主导风向的上风向和地势较高处。设有办公，生活，生产辅助设施。生活管理区和生产区要分开。

（3）生产区建在生活管理区的下风向，设管独立的母驼舍、后备母驼舍、运动场，产房驼羔舍、遮阳棚等。各驼舍之间相对隔离，布局整齐；周围绿化；净道、污道分开，缩短饲草饲料及粪便的运输距离。

（4）设机械化挤奶厅。挤奶厅设有泌乳驼进出的专用通道。挤奶厅附属设施间和驼奶贮藏间应位于挤奶厅的一侧，并有通向场外的通道。

（5）饲草饲料供应区。位于生产区或生活管理区的侧位或下位，设置独立的饲料库，饲料加工车间、青贮窖、干草棚，有防火设施，有通向场外的通道。

（6）隔离区应设在生产区的下风向或侧风向，隔离舍位于场区的边沿，并有单独通道，便手消毒和污物处理，隔离区的设备要有明显的标志。

（7）无害化处理区位于生产区的下风向的较低洼处，贮粪场的粪污处理设施与生产区、生活管理区之间应保持 200 米以上的距离。

（8）养殖场设门卫室、消毒室，车辆消毒地。生产区入口设消毒室和更衣室。

（9）设置产品质量检验室、档案室等。

（三）建筑设施要求

1. 驼舍

骆驼舍的修建根据当地的气候变化来确定，驼舍朝向一般应坐北朝南，伊吾县、巴里坤县、伊州区沿天山一带驼舍设计以防寒为主，冬季采用封闭式驼舍，四面有墙，前后墙设窗户，有顶棚。伊州区农区以防暑为主采用开放式驼舍，三面有墙或背面有墙，有顶棚，敞开处设围栏。在多风沙地区，驼圈形式以圆形为宜，这样不易被流沙埋没；而在少风沙地区，则可为方形。

2. 建造型式

单列式驼舍建筑面积按每4.5~5平方米、幼驼3平方米计算，跨度6米，双列式驼舍建筑跨度12米。头对头式，中间为饲料通道，两边各有一条清粪通道。墙壁砖块厚0.24米，高寒区砖墙厚0.37米或加保温层。脊高4.0~4.5米，前后檐高3.0~3.5米。顶棚为彩钢加保温层，上面设通气孔。地面应保温，不透水，不打滑，污水、尿液易于排出舍外。门高2.5米，宽2.5~3米，门设成推拉式双开门或上下翻卷门。为了便于骆驼休息，最好将圈分隔几个。

3. 食槽

饲槽应筑在圈的正中，饲槽可用石块、砖块或坯砌成，宽1.2米、槽边高0.6米，槽里深0.3米，槽的周围表面用水泥涂抹光滑。

4. 运动场

运动场宽度以驼舍长度一致对齐为宜，面积按成年母驼每峰5~10平方米、青年驼每峰4~8平方米、驼羔每峰3平方米为宜。运动场按50~100峰的规模用围栏划分成小区域（图8-1）。

图8-1　哈密荒漠狼骆驼养殖合作社圈舍运动场

（1）运动场地面以三合土或砂质为宜，铺平、夯实，中央高，向东、西、南方向呈3%~5%坡度状态，围栏外三面挖明沟排水。

（2）运动场边设饮水槽，要保证供水充足、新鲜、卫生。

（3）在运动场内设食槽。长按每峰母驼0.2~03米，宽0.8~0.9米，内缘高0.6米，外缘高0.8米，槽深0.4~0.5米。

（4）运动场内夏季设凉棚，面积按每峰成年母驼4~5平方米计算。

（5）运动场周围建造围栏，高度1.8~2.2米，结实耐用。

5. 挤奶厅

（1）挤奶厅设入口和出口，入口处设消毒池。

（2）挤奶厅建设与奶驼饲养规模相配套；配备符合挤奶生产和防疫要求的管道式机械化挤奶设备、消毒设施、粪污处理设施和卫生清理设施（图8-2）。

图8-2 哈密市伊州区荒漠狼骆驼养殖合作社挤奶厅一角

（3）挤奶厅建筑面积按平均每峰母驼占地0.25~0.35平方米计算。

（4）墙面应贴瓷砖，高1.2~1.5米，地面水泥抹毛面。高寒区安装暖气或其他保温设备，厅内温度维持在10~15℃；其他地区安装通风设备。

（5）配备制冷、冷热水供应设备、淋浴设施、洗涤消毒设备、产奶量显示及记录等配套设施。

（6）生鲜驼奶的贮藏为具有制冷功能、表面光滑不锈钢制成的贮奶罐配备运输生鲜驼乳的奶罐车。

（7）进行驼奶加工必须设生鲜奶检验室，配备质量检测设备。

6. 配套设施建设

（1）电力负荷为民用建筑供电等级二级，并自备发电机组，自备电源的供电容量不低于全场电力负荷一半。

（2）驼舍到挤奶厅设专用道路。供水设施齐全，水质符合 NY 5027 的规定要求。

（3）污水由地下暗道排放，雨，雪水设明沟排放。

（4）养殖场四周设围墙、绿化隔离带。

第二节　骆驼品种介绍

中国是世界上双峰驼资源丰富的国家之一，主要分布在中国的骆驼品种有 4 个，分别是新疆双峰驼、阿拉善双峰驼、苏尼特双峰驼和青海双峰驼。主要分布在中国西北的新疆、甘肃、内蒙古、青海等荒漠半荒漠草原上。据统计，中国存栏骆驼 25 万峰，其中 16 万峰在新疆。

一、新疆双峰驼

新疆地处亚洲大陆中部，幅员辽阔，地域宽广，以天山相隔，分为南疆和北疆两大不同自然条件的区域。阿尔泰山山系和昆仑山山系分别屹立于南北两端，构成南北两大盆地，即北疆的准格尔盆地和南疆的塔里木盆地。两大盆地中分布着广袤的荒漠草场，是新疆驼的主要产地。由于南北疆自然气候，草场植被不同，加之骆驼来源复杂，形成了新疆驼的两大不同类型，即北疆驼（准格尔驼）和南疆驼（塔里木驼）。

（一）北疆骆驼（准格尔驼）

北疆型骆驼主要分布在阿勒泰、塔城地区、昌吉回族自治州的木垒哈萨克自治县和哈密市的巴里坤、伊吾二县。体躯较低矮粗壮，头部短小、嘴尖、兔唇、眼眶拱隆、眼球凸出，鼻梁隆起、额部宽广，颈长短适中，呈"乙"字弯曲，两峰高度 20~40 厘米，呈圆锥形，一般前峰高而窄，后峰低而广。北疆型骆驼又分粗糙结实型和细致紧凑型两种。毛色以褐色居多，黄色次之。褐黄色占 42.6%，淡黄色占 29.5%，黄色占 2%，白色占 5%。

1. 北疆驼的体貌特征

北疆驼四肢较短，体质坚强，体躯宽大，毛质优良。本品种适于大陆性冬季严寒的气候。其外貌一般粗糙结实，额方头重，眼球凸出，面尖耳小，颈长短适中。两峰发育良好，胸深而宽，尻短而斜，四肢粗壮，成年公驼体重584千克，体高1.82米；成年母驼体重481千克，体高171米；中躯发育较良好，富持久力，善于驮载。

2. 北疆驼的生产性能

（1）绒毛生产性能。北疆驼有良好的产毛性能，成年公驼一般产毛6.2千克，母驼4.8千克，骟驼5.8千克，个别公驼达17千克。毛色以褐色和黄色最多，棕色次之，白色较少。

（2）产肉性能。根据新疆昌吉回族自治州畜牧局兽医站1980年《家畜品种资源调查报告》中谈及：一峰膘度中等的骆驼，可宰肉200~250千克，油脂50~60千克，屠宰率为55%。

（3）产乳性能。根据阿勒泰《骆驼调查报告》，骆驼泌乳期12~13个月，牧民习惯挤奶2~3个月。统计17峰成年母驼，从3月15日至5月25日共计71天，产乳224.96千克，平均日产乳3.17千克。木垒县对15峰母驼产乳量测定，每峰母驼每次产奶量约766克，三次挤奶则每峰母驼产乳约2.3千克，四次挤奶每峰母驼产奶量约3千克，除给驼羔哺乳外，每峰母驼尚可挤奶1千克左右。

3. 北疆驼的生长发育

北疆驼不同年龄体尺增长规律是：胸围增长速度较快而且持续时间长，其次是体高和体长，管围发育较慢。从不同性别而言，4岁以前公母驼体尺发育相似，4岁以后公驼发育较快，公驼的管围发育一直较快。

（二）南疆骆驼（塔里木驼）

南疆型骆驼主要分布在巴音郭楞蒙古族自治州、克孜勒苏柯尔克孜族自治州和阿克苏、喀什、和田等地区。体质细致紧凑，外形呈高方形。头短小而清秀，略呈楔形，嘴尖，唇长而灵，鼻梁平直，两鼻孔闭合成线状，在唇端上缘连成半卵圆形，生有3~5厘米长的睫毛，额宽微凹，后蹄基直径为16~18厘米。峰基偏宽，其周长为100~110厘米，两峰间距为25~40厘米，峰高30厘米左右。褐色占38%，黄色、草黄色占22%，红色占31%，乳白色、白色占8%，鼠灰色占 1%。

新疆双峰驼可产绒毛、泌乳、役用、肉用，母驼终生可产 6~9 个驼羔（图 8-3）。

图 8-3 准格尔双峰驼（北疆型）

1. 南疆驼的体形外貌和体尺体重

南疆驼的外貌清秀，头部较小，鼻面平直较尖，四肢较长，体躯较高，胸深而狭，两峰短小，颈细而长，富有捍威、成年公驼体重 428 千克，体高 1.80 米；成年母驼体重 392.4 千克，体高 173.8 米；耐寒耐热，能适应于贫瘠的荒漠地区放牧。

2. 南疆驼的生产性能

（1）毛色与产毛性能。南疆双峰驼毛色，一般是单色，毛色比较简单，色片比较一致，只有深浅之分，很少花色毛。帕米尔高原上的塔什库尔干却有一种"花骆驼"和"广流星骆驼"。

（2）南疆驼的产毛量和质量均比北疆驼差，被毛较短，颜色较浅，以杏黄色居多，白色较少。阿克苏地区的乌什县驼产毛量平均 3~6 千克；柯坪县驼平均 3.8 千克；和田县公驼产毛量平均 4.23 千克，母驼 3.83 千克。阿克苏主要产驼区骆驼绒层较密，绒毛所占比例在 80% 上下，绒长 7~8 厘米，细度为 16~

19.4 纳米，弹性良好。净毛率黄色驼绒为 73.3%，白色驼绒为 77.15%。

（3）产肉性能。阿克苏地区食品公司屠宰测定的结果：成年骆驼屠宰率平均为 51%，范围为 38%~56%；净肉率平均为 35.7%，范围为 25.21%~42.46%。膘度中等成年去势驼可宰肉 170~200 千克，脂肪（包括驼峰）15~20 千克。中上等成年去势驼可宰肉 210~250 千克，脂肪 20~25 千克。

（4）驼皮制革质量甚优。一峰成年驼可产皮 2~3 平方米。驼骨是手工业雕刻的好原料，驼粪为骆驼产区牧民的生活燃料及肥料。

（5）产乳性能：阿克苏地区牧民常用驼乳作奶茶饮用，还用驼乳做成酸奶食用。据柯坪县和温宿县调查，成年（4~6岁）母驼除哺育驼羔外，每日尚可挤奶 0.5~1.5 千克，泌乳期 4~17 个月。据南疆各地资料分析驼乳中的脂肪、蛋白质、干物质均高于牛乳，乳脂率为 5.3%。驼乳脂肪球小，易为人和幼畜消化利用，为高营养食品。

3. 南疆驼的生长发育

南疆驼从初生到 1 月龄，母羔体尺除管围外，都大于公羔；3 月龄到 1 岁，除个别数据外，公羔均大于母羔；2~6 岁期间，公羔发育加快，各项体尺指标基本是公驼大于母驼。

（三）新疆双峰驼特有品种——木垒长眉驼

木垒长眉驼属毛、乳、肉多用型地方原始品种，由新疆木垒哈萨克自治县牧民长期饲养繁殖而成。木垒长眉驼只有 300 多峰。

1. 外貌特征

该品种驼体质结实，结构匀称，头部清秀，额宽窄适中，眼大耳小，眼睛有三层睫毛，颈弯曲呈"乙"字样，肌肉发达有力；鬐甲高长宽厚，胸深而宽度适中，腹大而圆，有适度的卷缩，腰短广平直；前肢势端正，后肢多呈 P 状肢势，纤细，关节结实，四蹄圆大，尾毛长密，尾础略高。

2. 生产性能

绒毛占被毛总量的 80%，细度为 18~19 毫米（比国外品种细 4.98 毫米，一般为 20~23 毫米）成年驼年产毛量平均 6~8 千克，青年驼年产毛量平均 4~5 千克，产奶量 4~5 千克/天，产奶周期较一般驼长 50~60 天，总水平高于一般驼 1 倍以上；产肉量可达 200~250 千克，净肉率最高可达 50%~55%。可用提高低产驼，是宝贵的遗传资源（图8-4）。

图8-4 木垒长眉驼

二、国内骆驼主要品种介绍

（一）阿拉善驼

阿拉善驼，1990年由内蒙古自治区人民政府命名，主要分布在内蒙古的阿拉善左旗，阿拉善右旗，额济纳旗，潮格旗及其临近地区。

1. 外貌特征

外形呈高方型，个体大小中等，成年公驼平均体高为172.3厘米，母驼平均体高为168.8厘米。头短而宽，眼大明亮；胸深而宽，背短腰长。四肢细长，关节强大，筋腱明显。全身有七块角质垫，分布于胸、肘、腕、膝等部位。双峰呈圆锥状挺立，高为30~40厘米，峰间隔为30~40厘米。乳房小呈四方形。

2. 生产性能

成年驼年产毛3.5~5.5千克，平均在4.5千克左右，高者可达12千克以上。7~12岁时的产毛量最高。绒毛品质优良，净毛率平均在75%左右，素以"王府驼毛"著称于国内外。产奶性能母驼除哺育驼羔外，日可挤奶1~1.5千克，最高为2~2.5千克，泌乳期长达14~16个月，屠宰率52%左右（图8-5）。

（二）苏尼特驼

苏尼特驼主要分布在内蒙古的锡林郭勒盟，乌兰察布盟及其临近地区，苏尼

图 8-5 阿拉善双峰驼

图 8-6 苏尼特双峰驼

特左旗、苏尼特右旗、四子王旗和二连浩特为产区中心（图 8-6）。

1. 体型与外貌特征

苏尼特驼体格粗大，结构匀称，体躯较大。头中等大，鼻梁微拱，两峰较大，峰间距离较宽，胸深而宽，必要宽平，后躯发育中等，四肢肢势正常，肋腱明显，蹄大而圆，毛色一般较深，多紫红或杏黄。

2. 生产性能

因苏尼特驼生存环境气候寒冷，故所产苏尼特驼绒层厚密，但较粗，保护毛也比较发达，年产毛量 5 千克左右，高时可达 9~10 千克。秋末膘好的骟驼，屠宰后可产净肉 450~480 千克。

（三）青海双峰驼（柴达木双峰驼）

青海双峰驼主要集中在柴达木盆地的乌兰、都兰、格尔木三县（市），茫崖镇、香日德驼场及海西蒙古族藏族自治州属莫河畜牧场。东部海南藏族自治州的共和县、兴海县也有少量分布，通称"柴达木驼"。

1. 体型外貌特征

柴达木驼的体质，粗壮结实型居多，细致紧凑型或其他型较少。一般体躯高而短，前躯发育较后躯为优。头短小，嘴尖细，鼻梁微拱，眼眶骨隆起，呈菱形，眼球外凸。额宽广而略凸，耳小直立，贴附于脑后。颈础较低，项脊高而隆起，呈长"乙"字型大弯。胸宽而深，肋拱圆良好。前峰高而窄，后峰低而宽，峰直立，卷腹不外凸，肘、后膝、胸底处形成角质垫。尻短斜，尾短细。前肢大多直立，个别呈"X"状，后肢呈刀状肢势。前蹄大厚似圆形，后蹄小薄似卵形（图8-7）。

图8-7 柴达木驼

2. 柴达木驼的生产性能

（1）产毛性能。柴达木驼的产毛量与内蒙驼、新疆驼相比，柴达木驼的产毛量要低一些。成年驼的个体产毛量一般为3~6千克，个体差异较大。绒层厚度一般在5~7厘米，绒毛密度青年驼较好，成年驼次之，幼驼最差。

（2）产肉性能。柴达木驼肉类似猪肉中的腌肉型，含蛋白质较高而含脂少。肢筋腱与牛蹄筋类似，驼掌可与熊掌媲美，驼峰更是食品中之上品。经用6峰驼进行屠宰试验，结果1岁母驼产肉171.75千克，屠宰率45.95%；4岁母驼产肉224.3千克，屠宰率50.37%；成年骟驼产肉314.25千克，屠宰率50.75%。

（3）产乳性能。母驼产羔 3 个月左右开始挤奶，日挤奶一次量为 0.6~0.8 千克，驼奶的含脂率在 5% 左右，经手摇牛奶分离器测定，每 17~20 千克驼奶，可产乳脂 1 千克。

三、国外骆驼品种

世界上双峰驼主要分布在亚洲及周边较为凉爽的地区，如蒙古国、中国、哈萨克斯坦、印度北部以及俄罗斯；而驯养的双峰驼主要分布在中亚的一些国家，如土库曼斯坦、哈萨克斯坦、吉尔吉斯斯坦、巴基斯坦北部和印度的荒漠草原，向东可延伸到俄罗斯的南部、中国的西北部、蒙古国的西部。全世界公认的双峰驼品种只有 7 个。

（一）哈萨克驼

哈萨克驼主要分布在哈萨克斯坦、乌兹别克斯坦、吉尔吉斯斯坦及中国（新疆）等地。因分布区域很广，所以体型大小不一致，在哈萨克斯坦的西部省份体型较大，东部则体型较小。

1. 体型外貌

哈萨克驼体质结实，个体大小中等，腿较短，体躯较长而宽，颈长而呈深弯曲，颈础较低，四肢结实，肢势正常。哈萨克驼具有优良的毛和乳的产出（表 8-1）。

表 8-1　哈萨克驼的平均体尺　　　　　　　　　　　　（厘米）

产地	测量数（峰）	体高	体长	胸围	管围	胸深	胸高
哈萨克斯坦（西）	1 989	172.5	151.8	216.1	18.9	84.1	88.4
乌兹别克斯坦	50	169.7	144	204.9	19.7	79.8	89.9

养驼业主要是在哈萨克斯坦和土库曼斯坦发展的，从 1962 年起，养驼业的科学研究工作得到了恢复，哈萨克斯坦卡拉库尔绵羊研究所成立了养驼业研究所，建立了养驼业基地。为了培育高产驼，并奇姆肯特州的"гимурский"国家良种场采用了纯种繁育、品种间杂交和种间杂交。

2. 生产性能

（1）产乳性能。哈萨克驼通过杂交优势选育。获得保持理想品质骆驼，乳脂率 4.5%，年产奶 4 500 千克以上。在良好的春秋肥育条件下，其平均日增重可达到 1.5~2.0 千克。改良母驼的活重比原种母驼增加 100~200 千克，产奶量增加 1 000~1 500 千克，产毛量增加 0.5~1.0 千克。专业化挤奶群每峰驼一年产奶 1 500~2 000 千克，乳脂率 4.0~6.5%。

（2）繁殖性能。70%~75% 的杂种母驼分娩 20~25 天便再次发情，因此下一年从 100 峰母驼可多获得 20~30 峰驼羔。但是，杂种驼继续自繁就会导致活重下降。在繁殖生产驼群情况下，使用不同的杂交方法可在以后各代中获得理想型的具有杂种优势的高产骆驼。

（3）产肉性能。一峰膘情好的骆驼的胴体和脂肪重相当于 12~15 只羊。平均屠宰率 61.7%~65.8%。每峰骆驼因年龄、品种、血缘以及剪毛方法的不同，可产毛 3~16 千克。

3. 推广应用情况。据科学院哈萨克斯坦分院和哈萨克斯坦卡拉库尔绵羊研究所骆驼室的研究结果，驼奶对患消化器官疾病的病人有治疗作用。因此于 1968 年组建了历史上第一个舒巴特医疗所。

（二）蒙古驼

蒙古驼主要分布在蒙古人民共和国及前苏联布里亚特蒙古共和国。其中以蒙古人民共和国为最多，总头数在 67 万左右。

1. 体型外貌

蒙古驼头轻小，额宽，面骨直，嘴尖，耳短而立，颈中等长，较宽，凹形很大。胸深而宽，肋骨拱圆。前肢直立，后肢多呈刀状。毛色多紫红或杏黄（表 8-2）。

表 8-2　蒙古驼的平均体尺　　　　　　　　　　　　　　　（厘米）

产地	测量数（峰）	体高	体长	胸围	胸深	胸高	胸围指数	体长指数
公	36	175.2	153.2	210.7	87.2	88	120.3	87.3
母	396	168	146.9	198	83.4	84.6	117.9	87.8

2. 生产性能

蒙古驼公驼体重平均 655 千克，母驼 622 千克左右，驼羔初生重在 40 千克左右。剪毛量 5~8 千克，个别可产 10 千克以上。母驼挤奶期为 14~16 个月，日挤奶 2~3 次，日产奶为 1~1.5 千克。

（三）阿斯特拉罕双峰驼

在前苏联的双峰驼品种中，以阿斯特拉罕驼的个体最大，品质最好。但数量不多，主要分布在乌克兰共和国伏尔加河下游的阿斯特拉罕省及其邻近地区。

1. 体型外貌

该驼体格高大，骨骼坚实，体质结实，肌肉特别发达，膘好时两峰基部几乎相连，毛色以灰白色居多。

2. 生产性能

绒长而密，年平均产毛量公驼为 10~12 千克（个别达 21 千克），母驼为 5~7 千克。泌乳期中除哺育驼羔外，日挤奶 6~8 千克，乳脂率为 5%~6%。屠宰率为 50%，膘好的骟驼，两峰和腹内脂肪可达 100 千克。

表 8-3　阿斯特拉罕驼的平均体尺　　　　　　　　　　（厘米）

体尺 ＼ 性别	体　高	体　长	胸　围	管　围
公骆驼	185.0	167.6	245.2	23.2
母骆驼	180.1	163.0	231.9	23.2

在全苏农业展览会上所展出的公驼，体高 201 厘米，体长 187 厘米，胸围 287 厘米，管围 26 厘米，活重 1 247 千克。母驼体高 194 厘米，体长 176 厘米，胸围 253 厘米，管围 24.5 厘米，活重 897 千克。

第三节　骆驼饲养管理技术

一、骆驼的一般管理技术要求

（一）饮水时间、次数及饮水量

骆驼饮水一般春秋每日 1 次；夏季每日 1~2 次；冬季隔日 1 次，有时 2~3 日饮 1 次；产羔母驼每日 1 次；青草含水量较多时，也可 1~2 日 1 次。

夏秋季骟驼和公驼的日饮水量为 60~80 升，母驼为 50~60 升；冬季饮水较少，为 20~30 升。

(二) 饮水注意事项

骆驼饮水比其他家畜缓慢，应避免呛水或暴饮。具体应注意如下。

第一，骆驼在冬季对水的需要量较少，但冬季全吃干草，若饮水不足，春季可能发生如牧民所说的火气大等病症。夏季火热，出汗多，饮水不足，易发生失水病症。

第二，在剧役后，大汗淋漓，呼吸急促，体温升高，此时最忌立即暴饮。应待消汗、体温恢复正常后，方可令其畅饮。

第三，夏秋两季饮水后，宜使其略站片刻，待粪尿排出，再使其行走。盛暑时，则不一定待骆驼站立排尿，可缓慢地行动。

第四，负重或骑乘时，体温升高，不宜饮过凉水，特别是深井水或带冰块的水。

(三) 补盐及补饲

1. 补盐

骆驼对盐分的需要与体内代谢强度有关，幼驼和哺乳母驼对盐分的需要，明显较骟驼要高。若长期缺盐，易患口炎而食欲减退，幼驼生长停滞，母驼产奶量降低。在盐生性草很少或缺乏的地区，尤其应注意补盐，通常一峰成年骆驼 1 昼夜以补给食盐 100 克为宜。

补盐方式有饮水补盐法和饲槽补盐法。饮水补盐法就是把盐加饮水中补给。饲槽补盐法就是把盐粒放置于铁槽或木槽内，让骆驼随意采食。

2. 补饲

终年放牧的骆驼在冬春季补饲，对于怀孕母驼、哺乳母驼、幼驼以及种驼等，应适当补饲草料。

(1) 粗料。玉米秸秆、麦草等；干草、苜蓿干草等；块根块汁饲料：胡萝卜、马铃薯；青贮饲料等。

(2) 精料。谷类：大麦、玉米、高粱等；饼类：去毒棉籽饼、去毒菜籽饼、小麦麸、酒渣等。

矿物质饲料：食盐、钙、磷等；所用饲料需适当加工，秸秆、干草等要铡短，高粱、玉米、豆科等要泡软，谷粒要压碎；油饼应分成小块。根块汁饲料

（包括各种菜）要切成片状，不要切成方块或整个喂，以免梗死食道。饲料在加工前要进行选择、过筛，除去尘土、砂石等杂物。一般每天分 3 次喂，日间在工作前和后以喂精料为主，少喂些粗料，晚上以喂粗料为主，食盐和矿物质饲料自由取食。

（四）公驼去势

不留做种用的公驼要及时去势，去势年龄在 4~7 岁都可进行，但以 5 岁为宜。过早则由于缺少雄性激素的刺激，影响骨骼发育，以致降低使役能力；超过 5 岁则因精索变粗，止血困难，对手术不利。去势时间在冬春两季无蝇蚊的晴朗天气。

在骆驼的各种去势方法中，在止血方面最为可靠的是非开放式和开放式结扎去势法，非开放式宜用于青年驼，开放式用于老龄驼。

二、驼羔的生长发育特点

驼羔一般是指从出生至 2 周岁阶段的小骆驼。这阶段的生长发育，是骆驼整个生命过程中最为迅速的时期。例如，驼羔在出生第一年的增长最为强烈，体高可增长 45%，体长可增长 80%，胸围可增长 90%，管围可增长 22%。而在生后第一年中，又以第一个月的变化最大，体高增长了 12%，体长增长了 16%，胸围增长了 30%，管围增长了 11%。因此，对驼羔进行科学的饲养管理，是提高驼群品质的重要环节，也是发展养驼业，不断提高驼群生产水平和扩大再生产的基础。所以，加强驼羔的饲养管理很重要。

（1）初生驼羔对外界不良环境的抵抗力较低，适应性较弱，皮肤的保护机能较差，神经系统的反应性也不健全。因此，初生驼羔较易受各种不利因素的影响而发生疾病。

（2）消化系统的功能尚不健全。4 月龄以内的驼羔其营养和成长几乎全靠母乳的供给。4 月龄后开始逐渐吃草，但直到 16 月龄以前，都还必须食母乳。

（3）新陈代谢旺盛，生长迅速。驼羔初期代谢旺盛，生长发育速度快，但随着年龄的增长，生长速度逐渐变慢，尤其是到了性成熟期，生长速度很慢。骆驼从初生至成年的外形变化，普遍都是先长高，后加长，最后才是向宽和深的方向发展。

三、驼羔的饲养技术要点

(一) 初生驼羔的护理

1. 接产

初生驼羔一般体重 35~45 千克，与其母体比较，占母驼活重的 5%~7%，一般生活能力较弱，往往步态踉跄，不能很好站立，而且后生 10 天内的体温调节酶的活动以及各组织器官的机能也很不健全。因此必须加强护理。另外，由于母驼不舐羔，所以接羔员应该用干布将口腔和头部天然孔的黏液擦净，撕去体外的套膜，擦干被毛，消毒脐带，用毡片包着胸腹，并将驼羔放在铺有干粪末的地上，晚上或恶劣天气，可将驼羔放入接羔棚中。

2. 早吃初乳

初乳是指母驼分娩后 7 天内所分泌的乳汁。初乳含有驼羔生长发育所必需的蛋白质、能量、矿物质、维生素和抗体，它是驼羔不可缺少的食物，对驼羔生长发育甚至生存都具有重要意义。驼羔一般出生后 2~3 小时进行第一次人工辅助哺乳，在哺乳前应洗净母驼乳房，并挤去最初几滴初乳，第一次哺乳后的 3~4 小时进行第二次人工辅助哺乳，以后每天让母驼给驼羔哺乳 3~4 次。为防止驼羔过食引起的消化不良，应对泌乳量较高的母驼在早晚各挤奶 1 次。如果母驼的初乳因有病或其他原因不能利用，而其他母驼经过强制法仍拒哺时，可用人工奶代替。配方如下：鸡蛋 3~5 个，新鲜鱼肝油 20 毫升，鲜驼奶（鲜牛奶）500 毫升，食盐 10 克，充分拌匀混合，隔水加热至 38℃后喂驼羔（图 8-8）。

图 8-8 初生驼羔的管理

(二) 驼羔的饲养管理和断奶

1. 饲养管理

初生 10 天左右的驼羔，用埋设在运动场上的转环长绳，轮流系于前臂，1个月以后，可戴上笼头，随同母驼短距离出牧，4 月龄后进行笼头拴系，这样便于挤奶和调教。4 月龄以内的驼羔其营养和成长几乎全靠母乳的供给。4 月龄后开始逐渐吃草，但直到 16 月龄以前，都还必须食母乳。进入冬季后，可根据草场条件，对不满 1~2 周岁的驼羔，应分别给予 1~2 千克混合精料，和不少于 20克食盐的补饲，这样才能保证基本生长发育的进行。

2. 断奶

驼羔的断奶时间，应视驼羔的生长发育而定，一般在翌年 4—5 月份，即驼羔 13~14 月龄时进行。放牧条件下，一般采取自然断奶法，此法可使哺乳期延长，增加了母驼的营养消耗，也使驼羔采食青草减少，故有些农牧民采取母仔隔离断奶法和奶罩断奶法。前者即将母驼拴系于远离驼羔的牧场，使母仔不能相见。后者就是用布罩扎紧母驼的乳房，使驼羔吃不到奶。这两种方法一般需要20 天即可完成断奶。

图 8-9　驼羔的补饲

四、青年驼的饲养技术要点

青年驼一般是指断奶后至第一次产羔前的小母驼或开始配种前的小公驼。青年驼由于没有产羔和配种，它的饲养管理往往易被忽视。其实青年驼的饲养是非常重要的。因为青年驼阶段是个体定型期，身体各组织器官都在迅速生长发育，饲养管理的好坏直接关系到日后的体形及生产性能。

（一）补饲

驼羔在 4 月龄以后就可逐步采食青草，消化器官逐渐增大。为了促进青年驼的生长发育，增加瘤胃的消化机能，可对 1~2 周岁的青年驼进行补饲（每天 1~2 千克青草、青干草及混合饲料，20 克食盐）。断奶后的青年公、母驼要分开饲养，同时分群放牧，以防乱交早配。留作种用的公驼，应给予良好的饲养，使它得到充分的发育。

（二）分群

2 岁后，骆驼性器官和第二性征逐渐发育成熟，外形上逐步表现出两性特征，母驼初情期开始的年龄一般为 3 岁，但因本身尚未达到体成熟，具体可根据母驼的生长情况，做好公母驼分群。

（三）公驼穿鼻

种用小公驼和役用驼，满 2 岁，应行穿鼻，戴上鼻棍；鼻棍可因地制宜的用红柳直径 1.5 厘米的细枝条制作，在距骆驼鼻孔上缘正中 1 厘米处穿鼻，时间一般应在每年 10 月份以后或翌年开春以前进行。

五、怀孕母驼和带羔母驼的饲养管理要点

（一）怀孕母驼饲养管理

母驼怀孕后食欲剧增，代谢剧增，带羔的孕母驼不仅要担负胚胎的需要，还要哺乳上年所产的驼羔，因此应将怀孕母驼安排在牧草生长茂盛、草质优良的牧地上放牧，以供给充足的营养需要。目前，哈密无论牧区或半农半牧区，骆驼的饲养是以放牧为主，一般不进行补饲，只是在部分条件好，有储备草料的地方，在草质不佳和孕驼较瘦弱时，给予少量的精料，一般多的达 3 千克，少的 0.5~1 千克等。

1. 预防流产

孕驼和孕马一样，最容易发生流产，尤其在怀孕的前六七个月，往往由于惊吓、猛赶、拥挤、猛力打击头部和腹部、公驼的爬跨、异常的声音等引起子宫强烈收缩，发生流产。为此，应做好保胎工作。对配种 14 天后表现拒配的母驼，及早地进行早期妊娠诊断，对确诊的都应细心管理，特别是 4~5 岁的青年母驼，

常因性情活泼、好动，较易流产。

2. 减少使役

孕驼应尽量减轻使役，一般在孕后15天则可做轻微的劳役，5个月时使役不能连续2周，6个月后可做零星的劳役，10个月后应停止使役。初产青年母驼在临产时，行动异常，突然离群，自寻产地，应密切注视严加管理，归牧后可拴系或关入驼圈。此外，应避免在草场上放牧。

3. 加强补饲

冬春季，视情况，补精料；3个月，乳量减，多照料；5个月，使役时，勿连续；6个月，乳将干，少使役；夏秋到，断掉乳，把群分；10个月，勿劳累，停使役；孕早期，易流产，勿惊吓，勿猛赶、拥挤、猛力打击头部和腹部，脱毛后，勿淋雨；临产时，严管理，归牧后，栓入圈。

4. 做好产后护理

母驼两年产一次驼羔，大多在2—3月底分娩。分娩前后需要精心管理，一般怀孕母驼在产前2月就开始圈养，分娩时应有人照料，驼羔出生后用清洁干布将口腔、耳鼻和眼部的黏液擦净，撕去体外的套膜，擦干被毛，消毒脐带，用毡片包裹胸腹，并将驼羔放在铺有干粪末的地上，夜晚或恶劣天气，可将驼羔放入暖棚中。初产母驼，若母性不强时，可强行保定后肢，人工辅助驼羔进行哺乳，待习惯3~5天后既可。驼羔生后1~7天内要注意辅助哺乳，40天内让驼羔跟随母驼自由吮奶。

（二）带羔母驼的饲养管理的要点

1. 注重补饲

产羔后母驼母性很强，守羔而不愿远离，不安心吃草，膘情急剧下降，因此，每天可补喂优良的豆科和禾本科牧草5~6千克，混合精料2~4千克，以及适量的食盐和钙磷。有条件的地方最好补喂胡萝卜或1.5~2千克。产羔母驼应每天饮水1次（除遇到风雪雨外），产羔1个月后，除遇到风、雪、雨外，可让母驼带领驼羔在附近放牧，归牧后应将驼羔系留，以防夜间母驼带领驼羔自行远离。产羔后3~4周，可剪去母驼的嗉毛、肘毛、四肢、腹下、颈部和体侧毛等。

2. 酌情挤乳

母驼产羔40天后开始挤奶，可持续12~14个月。夏季为产奶高峰期，一天挤奶 3 次，产奶量 2~3 千克/（峰·天）（不含驼羔哺乳），冬季根据市场需要挤奶 1~2 次，产奶量 1~2 千克/（峰·天）。挤奶期间驼羔和母驼隔离，仅在夜晚让其在母驼身边吮奶约 3 小时。夏季母驼实行全放牧饲养，冬春则需哺喂草料，粗饲料主要喂青贮 20~30 千克/（峰·天）和干草，精料喂粉碎玉米和棉籽粕各 200~300 克/（峰·天）。对泌乳较高的母驼，则可每天早、晚挤奶 1~2 次，或将驼羔哺乳后剩余的乳汁全部挤奶，这样有利于提高泌乳量，并防止驼羔过食而引起的消化不良。随着驼羔生长发育速度的增加，挤乳次数应逐渐减少，甚至停止，但在草质不佳、母驼泌乳量不高时，应先满足驼羔需要，严禁挤奶（图 8-10）。

图 8-10　哈密市伊吾县骆驼机器挤奶

奶驼鲜奶的保存参照：生鲜驼乳的初步处理执行，生鲜乳符合《食品安全地方标准 生驼乳》（DBS 65010—2017）。生鲜乳使用符合《食品安全地方标准 巴氏杀菌驼乳》（DBS 65011—2017）。

3. 保暖

产羔母驼应每日饮水一次，在遇到风雪、雨天时，应将体弱母驼的背上，搭盖毡片，以防御风寒，可不予饮水。产羔一个月后，除风、雪、雨天外，可让母驼带领驼羔，在附近放牧，归牧后应将驼羔进行系留，以防夜间母驼带领驼羔自行远离。产羔后 3~4 周，可剪去母驼的嗉毛、毛和肘毛。带羔母驼的被毛脱落，较其他骆驼迟，收毛时应先收四肢、腹下颈部和体侧毛，背部毛待到小暑后收掉。

4. 及时断奶与分群

产羔母驼在第二年发情、配种、受胎后，泌乳量逐渐减少。一般怀孕 3 个月后泌乳量明显下降，5~6个月时更为明显，有的个体甚至停止泌乳，此期正是夏末秋初，牧草生长较茂盛，应做好断奶和分群工作，以保证母驼营养和胚胎的发育。

六、种公驼的饲养管理技术要点

骆驼是一种较好利用沙漠环境的牲畜。骆驼生活在严酷、艰苦的环境中，对人类具有极高的应用价值。因此，我们要加强骆驼养殖技术，正确地组织种公驼的饲养管理，使种公驼体质健壮，延长利用年限。

（一）种公驼的放牧管理特点

根据种公驼配种工作的特点，可将种公驼的放牧管理分为配种前期、配种期、配种后期及夏秋抓膘期四个阶段。一般来说，配种前期应根据膘情加强饲养管理；在配种期经过50~60天的发情旺盛期后，公驼的膘情很快降低；在配种后期，公驼表现为之弱消瘦，远离驼群采食。根据上述的四期的特点，应采用不同的放牧管理方法，使公驼在配种前期能有良好的体况，配种时有强壮的体力，配种后体况恢复快。

（二）种公驼放牧管理要求

为了安全起见，配种期应给公驼带上笼头，以控制公驼。笼头在嘴端的套口要小，以免嘴张得过大而咬伤人和其他的骆驼，但不能影响吃草。我国牧区饲养种公驼，一般在草质好的牧地放牧时不加补饲。但在雨水少的干旱年里，则有的根据草质和种公驼的实际体况，补饲优良干草，混合精料等。

1. 配种前期

种公驼在配种季节到来之际，性欲渐起，食欲减退，行动异常，体力消耗很大。为了保证配种任务的完成，应从10月底开始，根据膘情对其逐渐补饲。一般补饲优良干草3~4千克，混合精料1~3千克，有条件的还可加补锁阳（中药）2~3千克。

2. 配种期

种公驼在配种期，尤其是性欲高潮期，采食量和饮水大为减少，因此，要重视补饲和饮水。补饲时按每100千克体重饲喂优良干草0.8~1.2千克，多汁饲料1~1.5千克，混合精料0.5~1千克，以及相应数量的食盐和钙、磷。

骆驼配种应在早晨或白天进行，晚上归牧后，将种公驼分开拴系，距母驼要有一定的距离，防止夜晚偷配，影响公驼第二天配种。为了不影响配种受胎，必须严格控制配种次数，每天不应超过2次，连续3天应停止1天。有条件的可在种公驼每配2次的情况下，灌服酸奶1~2千克。

3. 配种后期

配种结束后，种公驼表现为乏弱消瘦，驼峰倒下，这个时期为种公驼的乏弱期，因此应补充精饲料，一直到接青为止。

七、典型案例介绍

哈密市伊州区荒漠狼合作社骆驼养殖的主要经验：以自然放牧为主，在枯草期和母驼分娩期补喂草料；母驼产后40天内不挤奶，让驼羔喝足母乳保证生长发育的需要；种植青贮玉米制作青贮饲料保证枯草期的草料供应；根据市场需要合理安排工作日程和挤奶次数；建立固定的驼奶销售渠道和客户群，及时将生鲜驼奶冷藏保存或制作酸驼奶送往市场销售。目前合作社所产驼奶基本为自产自销，销售渠道虽然比较稳定，但销量增幅趋缓，加之产品主要为生驼奶和酸驼奶，保质期短，难以长途运输，严重制约了销量增长和饲养规模的扩大。2018年引进骆驼奶加工设备，计划投产后收购牧民生产的生驼奶，加工成驼奶粉、酸驼奶等产品销售。市、县主管部门和奶业协会可通过牵线搭桥，让合作社和农户在自愿原则和互惠互利的基础上签订长期的驼奶产销合同，发挥龙头企业的骨干作用，实现牧民与企业双赢。

第四节　骆驼繁殖技术

一、母驼初情期、配种年限及繁殖季节

（一）母驼初情期

母驼初情期是指其出生后发育到开始出现发情的时期，母驼开始具备了繁殖机能。母驼在卵泡发育到一定的程度时，母驼表现发情。

双峰母驼初情期开始的年龄为2~3岁，以3岁受胎、4岁产羔者较为多见，

但在自然放牧的驼群中，也可见到 3 岁产羔，对已知其准确年龄的 104 峰母驼的调查表明，第一次产羔的年龄 14% 是在 3 岁，62.8% 是在 4 岁，14.91% 是在 5 岁。母驼初情期的开始不仅与其年龄和体重有关，而且也受其他因素，如营养、气候、环境等影响。

（二）配种年龄

在现行的放牧条件和管理条件下，母驼多在 3 岁开始配种，过早配种会影响母驼本身及胎儿的发育。

一般母驼的繁殖能力可维持到 18~20 岁，但 20 岁以上产羔者也并非罕见。

（三）繁殖季节

我国双峰骆驼的繁殖集中于冬春两季，但开始发情的时间因地区及地理环境的差异而不同，这可能和地理位置、海拔、气温及个体的营养状态有关。根据试情及卵巢检查表明，母驼开始发情时间，87% 是在 12 月下旬至翌年中旬。在内蒙古大部分母驼集中在 12 月份及翌年中旬发情。在甘肃的酒泉母驼集中在 1 月下旬发情。

有些母驼在第一个卵泡开始发育之前，卵巢上有 1~3 个直径超过 5 毫米的小卵泡出现，可存在 10 天左右，但是最大直径一般达不到 10 毫米，此时母驼不表现发育症状，只有等到以后出现正常卵泡时才发情。在发情季节初期，母驼卵巢上有这种卵泡时多不发情。

有些母驼虽然卵巢有直径 10 毫米以上的卵泡，也不发情，试情时拒配或不表现明显的性接受行为。如果强行交配，也引起排卵，且能受孕，证明该卵泡发育正常。这种情况可能和其他动物在发情季节内第一次发情时的安静发情相同。

发情季节开始之后，母驼陆续发情受配，怀孕后大多不再发情。母驼发情的外部征候很不明显。至 4 月中旬以后，公驼不再表现明显的性欲，难以用试情来检查是否还有母驼发情。因此，母驼的发情季节结束的时间一般也认为是在 4 月中旬。

二、母驼的发情

（一）母驼的发情特点

母驼发情的特征表现不如其他家畜那样明显，母驼只有在卵泡发育成熟时才表现发情，但是在公驼接近时才卧下接受交配。发情母驼卧地时，也接受其他母驼和幼龄公驼的爬跨，成年母驼在发情旺盛时，有时跟随公驼，有时还爬跨其他母驼。

母驼因为不交配不能排卵，而且卵泡萎缩后有新卵泡发育，因此，如不交配，则可长期发情，有的母驼发情可长达 70 天左右，少数母驼在前后 2 个月卵泡发育之间仅有数天不发情，表现拒配。母驼发情时阴道稍感湿润，仅有少数母驼在发情时有少量黏稠的液体，阴唇无明显肿胀。

排卵之后，由于形成黄体，母驼开始拒配，但拒配的时间是在排卵后 2~8 天，这也与其他动物不同。母驼拒配时，一旦公驼走近时便迅速站立，同时还卷尾，撑开后腿排少量尿液。如果排卵后母驼未受精，则在排卵后 4~6 天又有新的卵泡开始发育，随着卵泡的发育，母驼又开始表现发情。

（二）试情注意事项

试情最好在清早或晚上归牧后，不宜在出牧前进行。因为此时母驼急于随群出圈，不愿耐心等待公驼爬跨，因此，试情结果不太准确。发情母驼喜欢接近公驼，放牧时可随群观察。

试情方法是先让母驼卧下，然后从其后方慢慢牵引公驼爬跨。母驼面前不可放置草料，也不可过于拉紧缰绳，否则老弱母驼，尤其是骑驼，即使不发情，公驼接近时也可能不站起来。公驼接近时，发情母驼仍安静卧着，不发情者则迅速站立，可疑者则欲起而又不起，并回头喷公驼，对这种母驼可让公驼实际进行爬跨，才能做出确诊。

公驼的反映应在判断试情结果也有一定的参考意义，一般来说，公驼不爬跨不发情的母驼，有时甚至强行让其爬跨也比较困难。

三、公驼生殖机能的发生发展及发情季节

（一）初情期

双峰驼初情期开始的年龄，在大多数地区为 3 岁左右，公驼出生后几个月就在行为上表现爬跨其他母驼或骟驼。

（二）配种年龄

进入初情期后，虽然公驼已具备了繁殖的能力，但在驼群中由于成年公驼的

统治而难于有机会进群交配，而且配种过早会妨碍骆驼本身的发育及后代的品质，因此，要求公驼在体成熟后才可用作配种。体成熟就是公驼的生长发育已经基本完成，具备成年驼所固有的形态及机能，双峰驼开始配种的年龄一般为 5~6 岁，个别发育好的公驼在 4 岁时也可用来配种。

（三）繁殖年限

一般认为，双峰公驼 15 岁以后配种能力逐渐降低，但有的双峰公驼在 20 岁以后仍然能够配种。

（四）公驼的发情季节特点

大多数双峰公驼在 11 月下旬就有性活动开始的迹象，例如彼此咬腿、咬尾巴、爬跨、互相对抗等，逐步在驼群中建立统治地位，这种争雄现象虽然不像野生哺乳动物那样激烈，但也十分明显。每峰公驼在占了一定的数量的母驼，组成了自己的群体后，驼群就相对稳定，其他公驼进群交配的机会极少，一旦试图进群，则会遭到该群中统治公驼的撕咬。母驼也很难逃脱占统治地位的公驼的统治，一旦其试图脱逃，会遭到公驼的攻击。因此，放牧时牧工常用公驼赶群。

虽然，公驼开始表现性活动的时间较早，但一般都是在 12 月中旬才明显开始发情。发情季节结束的时间为 4 月中下旬。因此，公驼的发情季节为 4~5 个月。公驼的发情季节内，公驼个体之间不但有发情程度上的差异，而且发情开始和结束的时间也有很大不同，因此，公驼发情季节有"冬疯驼"和"春疯驼"之分。

"冬疯驼"是指从 12 月上旬到翌年 1 月上旬这一时期开始发情的公驼，这些公驼一般都是膘情好、体力强壮的公驼，它们的发情现象一开始就比较明显，经过数天或十余天即很旺盛。在辅助交配的情况下，配种能力可以维持到 2 月下旬到 4 月上旬。末期虽然仍能交配，但性欲降低，交配持续的时间短，发情的外表现象也逐渐消失。自由交配时则配种能力仅能维持到 2 月中旬到 3 月上旬。

"春疯驼"是指从 2 月上旬到中旬开始发情的公驼，这类公驼一般都年龄较小，膘情差，它们从发情季节开始也表现有性欲，也能使母驼受孕，但不敢和身体强壮的壮年公驼相抗衡，因此，不敢进群，只能在群外游荡，性兴奋也受到抑制，仅轻微表现有吐白沫、发嘟嘟声、磨牙等；等到 2 月份冬疯公驼的发情减弱后，它们才表现明显的发情现象。发情停止的时间 4 月中旬至 5 月上旬，个体的发情持续时间差异较大。除上述情况外，有的公驼，尤其是青年公驼，在整个发情季节中发情现象都不明显，性欲不强，即使能够配种，持续的时间也短。

（五）公驼的发情特点

公驼由于具有十分明显的繁殖季节，在此期间，才有发情表现，能够参与配种。发情期过后，一切又恢复平静，公驼进入休情期。公驼表现高度性兴奋时期，发生公驼的"发潮"或"疯"。

1. 公驼的性行为

公驼一进入配种季节，经常处于性的兴奋状态，表现为对母驼非常敏感。因此，牧民常称之为"发潮"，而骟驼则不会表现这种兴奋状态。公驼在发情时主要表现如下几种性行为。

（1）吐白沫。发情旺盛的公驼，口中常常吐白沫，而且吐出的白沫非常多，甚至整个头部呈白沫状，这种现象在看到别的公驼交配以及追逐别的公驼时非常明显，但在安静时，吐白沫停止。

（2）发声。发情公驼口中不断发出"嘟嘟"声，喉中发出"吭吭"声，公驼越兴奋，其发声越大。

（3）磨牙。无论兴奋与否，发情旺盛的公驼都有磨牙现象。性欲不强的公驼有时不磨牙，公驼磨牙时还不时露出长而尖的门牙。

（4）打水鞭。发情旺盛的公驼，常表现出一种特殊的姿势，既将后腿叉开，后躯半蹲，头部抬高，颈部伸直，同时尾巴有节奏地上下甩打。每次尾巴向下时，既有少量尿液排到尾巴尘上，再向上打时就把后峰及尻部的被毛弄湿并结冰，牧民称之为"打水鞭"。公驼越兴奋水鞭就打得越频繁。

（5）跑动。公驼兴奋时，跑动姿势很特殊，特别是在驱赶和它争雄的公驼时，两后退叉开向前跑，头颈放低，口吐白沫、嘟嘟发声、状甚凶恶，以威慑对方。双峰公驼发情时，性情仍然比较温顺，但对其他公驼则攻击能力强，有时甚至难以控制。

（6）争雄。发情程度和体力大致相等的公驼，常彼此相随，并以体侧相抗衡，或互压颈部；还常用肩部彼此对抗，并伺机咬对方的腿，有时还咬尾巴及睾丸。为了防止咬伤，可给发情公驼带上笼头，笼头的大小应以口不能张大，但不妨碍采食为宜。

（7）食欲大减。发情开始后，公驼的食欲减少，发情旺盛时，食欲大减，反刍停止，数天后体况下降，腹部明显缩小。膘情急剧下降，驼峰缩小，但这时力气仍然很大，甚至比平时更大；发情特别强烈者，连精料也吃得很少，因而至发情末期，外观十分消瘦，和发情前戴然不同。

2. 骆驼的配种要点

（1）自由交配。把公、母驼混养在一起，任其自由交配，是一种粗放的配种方法，不利于公畜个体的发育和使用年限，并可传播生殖器官疾病。在自由的情况下，可按照 1 : 20 或 1 : 30 的公母比例组群。双峰驼性交持续时间为 1~6 分钟，有少数个体为时间更长。存在的主要缺点是不利于发挥优良种公驼的配种能力，有时可传播某些传染病，尤其是养驼区对疫病的普查比较少，因此不提倡采用这种方法。

（2）人工辅助交配。可以控制公驼配种的次数，并能按照选配计划确定配种母驼，因此是一种较好的配种方法。如能同时结合发情鉴定，则适时配种会大大提高母驼的受胎率。采用人工辅助交配时，在一定的程度上可以扩大种公驼的配种能力，维持配种能力的时间要比自然配种时间长，配种时间的受胎率也高。现在牧区常采用的方法是，对配种的种公驼从发情季节开始补饲精饲料，有母驼发情时让其配种。

四、母驼的妊娠特点

（一）妊娠期

驼的妊娠期如果从排卵之日算起，自然配种时平均为（402.22±11.53）天，既 13 个月零 7 天，怀母羔时平均为 400.87 天，怀公羔时平均为 405.28 天，两者相差 4.41 天。进行人工授精的骆驼，妊娠期平均为 405.28（373~429）天，怀母羔时平均为（402.79±9.94）天，怀公羔时平均为（405.67±21.12）天，两者相差 4.41 天。即使同一输精的骆驼，其妊娠期也有一定的差异，最短与最长者之间相差 10 天。总此，驼的妊娠期为 412（380~439）天。母驼的排卵发生于交配或输精后 36~48 小时。妊娠后产生大量的黄体酮，维持妊娠的进行，怀孕黄体酮存在于整个妊娠期。

（二）妊娠现象

母驼妊娠后，可以看出以下现象。

（1）怀孕后不久，食欲明显增加，膘情改善。妊娠后半期内，腹部逐渐增大，母驼行动稳重，不急剧跳跑。妊娠后期，尤其是产前 2~3 个月，乳房开始明显增大。至妊娠末期，一般在右腹下部可触摸到胎儿，但有时在左腹下部可触摸到胎儿。

（2）母驼妊娠后期的嗉毛及肘毛比空怀母驼长得快。

（3）妊娠后母驼在外表上的变化是拒配。

（4）如果牵引公驼爬跨怀孕的母驼，则公驼一般反应冷淡，如将孕驼牵向公驼，则孕驼很不愿走，也不愿卧下。但孕驼中也约有 1/3 的个体，刚开始拒配之后还有 1~2（1~5）天可以接受交配，这种现象可能是过渡阶段的一种表现。此外，母驼妊娠后虽然本身拒配，但有的还爬跨其他母驼。

（三）试情

母驼在排卵后 5 天左右一般即开始拒配，而且这种现象也会继续下去；未受精的母驼在黄体酮的影响下，也出现拒配现象，但维持的时间不会超过 12~14 天。因此，根据是否拒配来进行妊娠诊断，须行于配种半个月之后。

五、母驼的分娩要点

（一）分娩的预兆

骆驼在妊娠期满分娩之前，可以看到以下几个方面的变化。

1. 外生殖器官的变化

母驼妊娠末期阴唇一般均肿大，但肿大开始的时间，个体间差别较大，有些母驼产前数天才开始明显肿大，而有些则在产前 40 天就已明显肿胀，肿胀的程度在个体间也有一定的差异。

2. 乳房的变化

母驼的乳房一般在产前 1~1.5 个月开始迅速发育增大，至产前 10 多天显著膨胀，皮肤紧张。乳头基部从产前半个月开始变粗，软化，产前 1~5 天整个乳头显著膨胀，变软，充满乳汁，但有些母驼在临产前乳房不膨胀，不含乳汁。开始挤乳汁的时间是产前 2~20 天，但有一些母驼即使在临产前也只能挤出少量胶样液体或挤不出任何分泌物，有些母驼甚至在产后乳头中仍然有较硬的黏液塞。

3. 行为上的变化

母驼在分娩前表现不安或企图离群出走。产前 1 天，母驼表现轻度不安，放牧时常在群边活动，吃草减少，回圈后常沿着围墙走动，或站在门口企图外出，有时还起卧打滚，不像平时那样静卧。临产前离群急行，或早晨一出牧即离群，依此判断分娩是比较可靠的，尤其是在初产母驼则更为明显，这是和其他母畜不同的特点之一。

（二）分娩过程

在胎儿产出过程中，胎儿包膜被撕破。

1. 持续时间

从开始努责到胎儿产出，持续的时间双峰驼平均为 26.8±12 分钟，多在 5 ~ 50 分钟内产出，平均时间为 30 分钟。

2. 胎衣排出持续时间

从产出胎儿时计算起，到胎衣排出为止，双峰母驼的胎衣排出期平均为 49 分钟，但也有长达 131 ~ 148 分钟的。尿膜破裂者，胎衣排出的速度比尿膜完整者稍慢。

第五节　骆驼常见病防治

骆驼饲养业是最古老的畜牧业分支之一。在所有家畜中骆驼是其中能较好利用沙漠环境的牲畜。骆驼生活在严酷、艰苦的环境中，适应性极强，但在舍饲或规模化养殖骆驼疾病的发生率明显增多，饲养员要及时观察骆驼的行为变化，便于及早发现，及时诊疗。

一、骆驼疾病的诊断

（一）视诊

望诊的方法、步骤、内容及注意事项。

1. 望全身

正常骆驼是卧多立少，喜静怕动，俗有"好马不卧，好驼不立"之说。当骆驼站立时，则精力充沛，不时左顾右盼，东瞻西望。卧时，首先前膝盖着地，随即后身躯缓缓卧下，卧下后多开始反刍。在一般情况下，骆驼不会轻易起立，若一旦有病，则形态改变。若骆驼精神萎靡不振，或躁动不安，摇头晃脑，不停呻吟，驼峰倒垂者均为病象。如病驼双峰倒垂，精神萎靡、毛焦多汗、卧多立少，多为劳役之症。若夏季见皮肤溃烂、瘙痒、变粗糙或结痂多为被蜱螨叮咬所致。

2. 望局部

包括眼、鼻、耳、口唇、呼吸、饮食、反刍、躯干、四肢、二阴等。应着重对眼睛、饮食、反刍、尿粪检查。驼的眼睛检查同马，驼的呼吸 5~15 次/分钟，牧放群驼，一般白天采食，食欲旺盛，十分贪食，夜间反刍（主要集中在夜间 12 点以后坐卧进行），反刍声音清脆有力，节律整齐，持续一个小时左右，每块食团返回口中咀嚼 40~60 次。如反刍迟缓，或次数减少，多为脾胃不和、宿草不转、百叶干等症；反刍停止，常为病重的表现，反刍逐渐恢复，咀嚼由少到多，均为病情缓解之征象，预后良好。骆驼尿液多为清亮透明，或呈淡黄色，气味不太显著，但受饲养、饲料的影响，如饮碱性水后，则尿多变混浊，采食灯束草、茨蓬草时则尿呈靛蓝色，牧民称之为"尿靛"。驼粪呈鸽蛋大小，外表光亮，黑油油的，比较干硬，落地也不破碎。若病驼身瘦毛焦、反刍减少、粪便干燥者、多为百叶干。

3. 察口色

正常骆驼两颊黏膜、舌质均呈青色，鲜明光润。唯有陷池（舌系带附近）、上唇两侧呈粉红色。察口色时，先将骆驼跪卧，然后由助手牵定鼻棍，固定头部，检查者在驼左侧用左手食、中指由口角犬齿后边伸入口腔，首先应感觉口内温度和湿度，再用两指上下一撑，将口张开，以观察口腔、颊、颚、舌的形态，黏膜颜色、光泽、润滑度等，最后可将舌体拉出口外（较为困难，因舌系带较短）仔细检查舌体、舌苔及卧蚕、仰池的情况，检查舌苔时除注意色泽外，尚应注意舌苔的厚腻、有无裂纹等。

（二）闻诊

包括听声音和嗅气味两个方面。

1. 听声音

主要内容为听叫声、呼吸声、咳嗽、咀嚼和磨牙声、呻吟声、嗳气、肠音和瘤胃蠕动音。重点在咀嚼、磨牙、呻吟、瘤胃蠕动及喷鼻等特有声音的鉴别上。骆驼与生人接触时，就会发出"哦哦"的叫声，但人不靠近或不接近则无此叫声，这是正常现象。一旦公驼发情时则口中发出"嘟嘟"声，喉中发出"吭吭"声音。正常骆驼在夜间大部分发出"吐吐"的喷鼻声。若发出"吐"的同时伴有甩头动作，多见于"鼻蝇蛆"或者牙缝嵌入异物以及脑部疾患。

2. 嗅气味

主要内容为口气、鼻气、脓味、带下臭、粪便、尿液等内容。正常骆驼口腔的气味是特殊的焦臊味。如骆驼发病反刍废绝，则口腔无味；如口腔出现酸臭味则是料伤，腥臭味则为慢性胃炎或劳伤。

（三）问诊

相关放牧草场、饲养管理、病史、发病数量、主要症状欲等，谈话态度要和蔼，语言要通俗易懂，注意启发诱导，要有责任感和同情心以取得畜主的积极配合，这样有助于疾病的诊断和治疗。

（四）切诊

包括切脉与触诊两个方面。

1. 切脉

驼的切脉部位在第五尾椎腹面的尾动脉上，切脉时应先令骆驼卧于地面，然后用左手将尾根握住，轻轻提起，右手食、中、无名指三指仔细按压。骆驼脉搏一般为32~52次/分钟，正常时驼脉象节律整齐、洪大而平。中暑脉象长而有力，饮冷水过多水则迟细而小。

2. 触诊

在驼病方面主要是触摸肩前淋巴结的大小以及形状变化来帮助诊断。骆驼正常淋巴结呈椭圆形，质硬，表面光滑，紧贴皮肤。热证，淋巴结变大，质软，形如鸡蛋；寒症，淋巴结缩小，质硬，形如核桃；结核病，淋巴结质硬，悬吊约半寸；肺炎呈梨形；消化不良呈纺锤形；轻度老伤呈三角形，肾脏疾病呈蚕豆形；重危之症则淋巴结缩成长条，中间有缺口。

二、骆驼的主要传染病

（一）布氏杆菌病

此病因布鲁氏杆菌感染，而诱发的慢性传染病。主要传染源病畜及带菌动物，经消化道、呼吸道或流产胎儿感染。

1. 临床症状

多有牛布鲁氏菌感染，其次是羊布鲁氏菌感染。病母驼常在妊娠后的第 7～10 个月发生流产。流产后常伴发关节炎，病驼消瘦、关节疼痛、公驼出现睾丸肿大等症状。

2. 预防措施

不要将骆驼与牛、羊等家畜混养。出现疑似病例，及早隔离，及时诊断，严格消毒，注意人身防护，无治疗价值，建议及时淘汰，彻底清灭致病菌源。

（二）炭疽病

本病是骆驼的一种急性、热性、败血性传染病，死亡率高。病原体为炭疽杆菌。炭疽芽孢具有很强的抵抗力，被炭疽芽孢污染的土壤、牧地等常成为持久的疫源地。消化道是主要传播途径，也可经吸血昆虫的可咬而经皮肤传播。

1. 流行特点

在自然条件下，各龄驼均可感染发病。常呈地方性流行、全年均可发生，但多见于春夏两季。干旱季节却因啃食被炭疽芽孢污染的草根及食入污染的土壤而感染发病。

2. 临床症状

本病潜伏期 1～5 天，临床上常见两者类型。最急性型：常突然倒地死亡，天然孔出血，尸僵不全，血凝不良。急性型：患驼精神不佳，伏卧呻吟，四肢战栗，体温升高，脉搏加快、反刍消失，呼吸困难、黏膜发紫尿呈褐色。死前有疼痛症状，倒地打滚、四蹄踢腹、看视腹部、有时肛门出血。某些病驼有出血性腹泻，可见惊厥。孕驼流产。阴囊及颈部垂肉等处常见水肿。病程 1～3 天。

3. 预防

（1）出现疑似病例，及时上报，立即处理，禁止解剖食用。

（2）炭疽疫区及受威胁地区内的易感家畜，每年应普遍注射炭疽芽孢苗。

（3）发病时，应尽快上报疫情，划定疫点、疫区，采取隔离封锁等措施，对病畜隔离治疗，禁止病畜流动，对发病畜群要逐一测温，体温正常进行炭疽芽孢苗紧急接种。

（4）凡体温升高的可疑患畜应用抗炭疽血清，驼 300 毫升/峰，必要时 12 小时后重复注射一次，可获得显著疗效。青霉素 800 万国际单位+链霉素 300 万国际单位，肌内注射，每日二次，直至体温降至常温。两者同时注射效果更佳。

（三）骆驼脓疱病

1. 临床症状

以结核棒状杆菌为病原的传染病。经病畜、带菌动物及污染环境等途径传染的地方病型传染病。症状：骆驼头颈、肩、腿及蹄部皮下、淋巴结、深层肌肉组织出现脓肿，影响骆驼的采食活动，甚至病驼卧地不起，直至死亡。

2. 防治

（1）出现发病病例，加强饲养管理，及早隔离治疗，及时切除脓疱，用3%双氧水彻底清理清洗创口。

（2）160万国际单位青霉素4支+100万国际单位链霉素2支+0.9%生理盐水混合，一次肌内注射，连用3~5天。

（3）体温升高，选用10%磺胺嘧啶钠200~300毫升+乌洛托品100毫升+5%葡萄糖1 000毫升；5%碳酸氢钠500毫升，分别一次静脉注射，直至体温降至常温，再用药1~2天，可取得不错的效果。

（4）选用消黄散：栀子40克，黄芩40克，黄连30克，连翘40克，黄药子30克，白药子30克，大黄40克，芒硝100克，知母40克，贝母20克，郁金40克，甘草15克，蜂蜜120克，鸡子清4个，浆水1碗，水煎，或共为细末，水煎，调蜜，鸡子清，浆水，开水冲服，一日一次，连用3天。

（四）破伤风（强直病）

病原为破伤风梭菌，经伤口感染，特别是狭而长的伤口以及去势消毒不彻底时最易感染。破伤风潜伏期1~2周。

1. 临床症状

病初精神沉郁、黏膜发绀、头颈伸直、口紧垂涎、采食饮水发生障碍、咀嚼不灵、吞咽困难、瞬膜外露、呼吸急促、鼻孔长大、耳直尾举、容易受惊、受惊后全身痉挛，四肢张立，步态僵硬，行走不易。病的晚期腹肌强直，全身出汗，最后窒息死亡。

2. 防治

（1）预防接种，每年定期接种破伤风类毒素，皮下注射1毫升，幼驼减半。

（2）早期静脉注射破伤风抗毒素20万~30万国际单位，以后每天注射10万国际单位，连续注射3~6天。及时处理伤口，伤口消毒选用碘伏、双氧水等，防止继发感染，同时，肌内注射抗生素。

（3）10%葡萄糖注射液1 000毫升+维生素C注射液4克；0.9%氯化钠注射液1 000毫升+青霉素钠800万国际单位；替硝唑注射液400毫升，分别一次静脉注射，连用3~5天，有良效。

（五）骆驼肠毒血症

本病是骆驼的一种急性毒血症，其特征为神经系统机能紊乱和痉挛。

1. 病的发生和传播

病原体为产气荚膜梭菌，对骆驼致病的主要是A.C.D三型。本菌繁殖体抵抗力不强，一般消毒药可杀菌但芽孢抵抗力强，煮沸须经90分钟方可杀死。病原存在于土壤、饲料、蔬菜、污水及乳汁之中，也是骆驼消化道中常在菌。在正常情况下不引起动物发病，只有采食了大量幼嫩多汁青草后，病原体繁殖并产生毒素，才引起发病。

2. 流行特点

不分性别、年龄均可患本病，但以母畜群多发。病的发生有明显的季节性，主要在春夏季幼嫩青草生长茂盛时发生，秋冬季少发。常呈地方性流行，有时呈散发。发病率为30%左右，致死率高达80%~100%。

3. 临床症状

（1）最急性型。骆驼不表现病症而突然死亡。少数病驼呈现沉郁，肠鼓气突然摇晃倒地。发生阵发性和强直性痉挛，磨牙，呼吸加快，喘气，流涎，从鼻腔流出大量浆液性、出血性黏液。病驼迅速死亡。

（2）急性型。病驼离群、麻木、低头站立或转圈，随即倒地，四肢伸直，头弯向后或置于胸前。然后发生阵发性痉挛，四肢划动，用头撞地，磨牙。一般于1天后死亡。

（3）亚急性型。病驼消化机能紊乱，粪便不成形、发黑、有恶臭、有黏液和气泡。尿呈褐色。体温不高，神经症状开始表现为兴奋，以后沉郁。多数患驼于出现症状后3~4天死亡。

4. 病理剖检特点

小肠呈暗红色，散布有点状及条状出血。前胃充满饲料，皱胃黏膜发炎，网胃下、胃浆膜周围、骨盆腔和腹腔中有浆液性渗出物。肠系膜淋巴结肿大、多汁、充血。肾表面充血，实质松软，呈软泥状，稍加触压即可碎烂。肝变性，呈浅黄色。胆囊中胆汁过多。肺充血和水肿。心包中有迅速凝固的淡黄色渗出物。

5. 防治

（1）在春夏发病季节加强骆驼的饲养管理，调节好饲料，发生疫情时，要及时转移放牧场地，病驼隔离治疗、死亡尸体及毛皮、污物应于烧毁。场地、环境及用具等用10%漂白粉，3%烧碱溶液彻底消毒。

（2）应用羊梭菌四联或三联或五联苗预防接种，每驼皮下或肌内注射5毫升，注射时间在每年发病前1个月为宜，一般于免疫注射后14~21天产生免疫力、免疫期暂定半年。

三、常见普通病

（一）瘤胃臌气

1. 临床症状

骆驼瘤胃鼓气病有原发性、继发性之分。原发性瘤胃臌气，病情较急，左腹臌胀，病畜食欲减退，反刍停止，呼吸困难，眼球凸出，心跳加速，后期卧地不起，心肌麻痹。继发性瘤胃臌气，胃肠蠕动减弱，周期性发作，半间歇性腹泻，便秘，病驼逐渐消瘦。

2. 治疗

此病治疗原则以排气减压、消胀、止酵、泻下恢复胃功能为主。

（1）排除气体最常用办法是用套管针在左肷部进行前胃穿刺放气。还可以针孔注入止酵剂。

（2）制酵消胀法。①醋500~1 000毫升，植物油500毫升，一次灌服。②炒盐0.5千克，以开水1 000~2 000毫升冲化，候温灌服。③白酒500毫升，加浓茶灌服。

（3）针灸。白针蹄窝穴，放尾根血，火针脾俞穴，石根血。

（4）护理。发病后不能快赶，乱跑，停止役使，及时抢救。消胀后如发生消化不良，可灌服前胃兴奋剂、消毒剂。

（二）肠便秘

冬春枯草季节，骆驼长期采食难以消化的粗硬饲草或饮水量不足，牙齿有病对饲草咀嚼不烂、误食沙土、砂浆等，在肠内沉积，引起肠蠕动和分泌减退，最终发生肠弛缓。

1. 临床症状

骆驼采食减小，反刍停止，磨牙，出现轻度胃臌胀、腹痛，放牧时，病驼喜卧，打滚，初期排两头尖的小量粪球，并附有黏液，后期排粪停止。肠蠕动减弱，呼吸、心跳加快。

2. 防治

注意改善饲养管理，保证充足饮水或补液。治疗原则以止酵、泻下恢复胃肠功能、强心健脾补液为主。

（1）硫酸镁 800~1 000 克加水灌服；中成药反刍胃动力散 500 克，开水冲泡，温候灌服，一日一次，连用 3 天。

（2）10% 葡萄糖 500 毫升，浓盐水 500 毫升，加适量强心剂混合一次性静脉注射。

（3）结肠便秘，用温肥皂水，每次 15 000~30 000 毫升，深部灌肠，防控效果更好些。

直肠便结，可行灌肠或伸手掏取。

四、寄生虫病

（一）锥虫病

伊氏锥虫病（苏拉病）是锥虫属的伊氏锥虫，寄生于骆驼等家畜血浆及组织内所引起的寄生虫病，常发生夏秋季节。

1. 临床症状

病例多为不典型的稽留热（多在 40℃ 以上）或弛张热。发热期间，呼吸急促，脉搏增数，血象、尿液、精神、食欲、体质等均有明显新变化。一般在发热初期血中可检出锥虫，急性病例血中锥虫检出率与体温升高比较一致，而且有虫期长，慢性病例不规律，常见体躯下部浮肿。后期病驼高度消瘦，心机能衰竭，常出现神经症状，主要表现为步态不稳，后躯麻痹等。

2. 治疗

（1）拜耳 205。驼 17 毫克/千克体重，用无菌蒸馏水或生理盐水，配成 10%

水溶液，颈静脉注射，第8天再用第一次的剂量重复注射一次。

（2）贝尼尔，4岁以上的骆驼0.8~1克，加生理盐水500毫升，4岁以下的骆驼0.5~0.8克，加生理盐水500毫升，静脉注射。

（3）对重病的骆驼同时补液，以提高病驼的抵抗力。

（二）疥螨病

由疥螨寄生引起的以皮炎、结节、痂皮为特征的寄生虫病。

1. 临床症状

骆驼身上出现粗厚痂、裂缝和溃烂（首先发生在皮肤薄的颈、腹、体侧等部位，然后蔓延全身），患骆驼奇痒、脱毛、骚动不安，影响采食休息，冷季脱毛过多，可造成冻死。

2. 防治

舍饲饲养注意环境卫生，驼圈保持适宜的温度和湿度。发生疾病，及时治疗。

（1）可用95%矿物油乳油疥螨灵（稀释200倍）喷洗。

（2）25%的二嗪农溶液稀释1 000倍喷洗。

（3）伊维菌素或阿维菌素注射液，0.2毫克/千克体重，一次皮下注射。

（三）肝片吸虫病

寄生于草食性哺乳动物的肝胆管内，或人体而引起人兽共患寄生虫病，是反刍动物严重的寄生虫病之一。

1. 临床病状

轻度感染，如果饲养管理好，一般不表现明显的症状。严重感染肝片吸虫后，主要表现体温升高，食欲减退，精神沉郁，双目闭合，流泪，结膜苍白，被毛干枯易断，体态消瘦。死前卧地不起，头颈伸直，3~5日死亡。慢性经过，患驼食欲不振，逐渐消瘦，被毛粗乱，精神沉郁，瘤胃蠕动弱，贫血，便秘与下痢交替发生，孕驼流产，消瘦、衰竭而死亡。

2. 诊断

取患驼粪便50克，用彻底洗净法，反复冲洗沉淀，镜检沉淀物内的虫卵，即可确诊。

3. 治疗

（1）硝氯酚注射液。驼5毫克/千克体重，皮下注射。

（2）丙硫苯咪唑。驼 20 毫克/千克体重，一次口服。

（3）肝蛭净（化学名为三氟苯唑）。驼 10～15 毫克/千克体重，1 次口服。本药对肝片吸虫的各个发育阶段均有杀灭的功效。

（4）硫溴酚（蛭得净）：10～12 毫克/千克，内服。

（5）氯氰碘柳胺钠（佳灵三特、克罗散泰）：预防 5 毫克/千克，治疗 7.5 毫克/千克，肌内注射；片剂、粉剂、混悬剂用量加倍。

（6）肝蛭净散：苏木 30 克，肉豆蔻 20 克，茯苓 30 克，贯众 45 克，龙胆草 30 克，木通 20 克，甘草 20 克，厚朴 20 克，泽泻 20 克，槟榔 30 克，共为沫，温开水冲调，一次灌服，连用 3～5 天，有腹泻现象及时保肝、强心、补液。

4. 预防

（1）避免将骆驼放牧于有沼泽的低湿牧场上，放牧、饮水，对于控制肝片吸虫的感染，具有重要意义。

（2）定期驱虫。应根据本地的地理和气候特征，结合春秋防疫，春季肌内注射氯氰碘柳胺钠注射液，按照安全剂量驱虫，在多雨年份，应反复用药几次。驱虫时一定要选择干燥无积水的草场上。

五、骆驼免疫程序

见表 8-4。

表 8-4　骆驼主要传染病免疫程序

免疫时间	疫苗种类	免疫方法	备注
一周龄以上	Ⅱ炭疽芽孢苗或无荚膜炭疽芽孢苗	颈部皮下注射	近三年有炭疽发生的地区使用，一年加强一次
3 月龄	牛羊口蹄疫三价苗（O型、A 型、亚洲Ⅰ型）	皮下或肌内注射	免疫期 6 个月
4 月龄	牛羊口蹄疫三价苗（O型、A 型、亚洲Ⅰ型）	皮下或肌内注射	加强免疫，以后每个 4～6 个月免疫一次
4～5 月龄	产气荚膜梭菌病灭活苗	皮下或肌内注射	也可以用羊三联四防苗免疫，免疫期 6 个月
成年骆驼	牛羊口蹄疫三价苗（O型、A 型、亚洲Ⅰ型）	皮下或肌内注射	每年 2 次，免疫期 6 个月

附录1 畜禽场环境质量及卫生控制规范（NY/T 1167—2006）

1 范围

本标准规定了畜禽场生态环境质量及卫生指标、空气环境质量及卫生指标、土壤环境质量及卫生指标、饮用水质量及卫生指标和相应的畜禽场质量及卫生控制措施。

本标准适用于规模化畜禽场的环境质量管理及环境卫生控制。

2 引用标准

下列文件中的条款通过本标准的引用而成为本标准的条款。凡是注日期的引用文件，其随后所有的修改单（不包括勘误的内容）或修订版均不适用于本标准。然而，鼓励根据本标准达成协议的各方研究是否可使用这些文件的最新版本。凡是不注日期的引用文件，其最新版本适用于本标准。

GB 18596 畜禽养殖业污染物排放标准

GB/T 19525.2 畜禽场环境质量评价准则

NY/T 388 畜禽场环境质量标准

NY 5027 无公害食品 畜禽饮用水水质标准

3 术语和定义

下列术语和定义适用于本标准

3.1 畜禽场 livestock and poultry farms

按养殖规模，本标准规定：鸡 5 000 只，母猪存栏>75 头，牛>25 头为畜禽场，该场应设置有舍区、场区和缓冲区。

3.2 舍区 the house of livestock and poultry farm

畜禽所处的半封闭的生活区域，即畜禽直接的生活环境区。

3.3　场区 the play groun d of livestock and poultry farm

畜禽场围栏或院墙以内、舍区以外的区域。

3.4　缓冲区 buffer area of livestock and poultry farm

在畜禽场外周围，沿场院向外≤500 米范围内的保护区，该区其有保护畜禽场免受外界污染的功能。

3.5　土壤 soil

指畜禽场陆地表面能够生长绿色植物的疏松层。

3.6　恶臭污染物 effluvium pollution

指一切刺激嗅觉器官，引起人们不愉快及损害生活环境的气体物质。

3.7　环境质量及卫生控制 environment quality and sanitary control

指为达到环境质量及卫生要求所采取的作业技术和活动。

4　畜禽场场址的选择和场内区域布局

4.1　正确选址

按照 GB 19525.2 的要求对畜禽养殖场环境质里和环境影响进行评价，摸清当地环境质量现状以及畜禽养殖场、养殖小区建成后对当地环境质量将产生的影响。

4.2　合理布局

住宅区、生活管理区、生产区、隔离区分开，且依次处于场区常年主导风向的上风向。

5　畜禽场生态环境质量及卫生控制

5.1　畜禽场舍区生态环境质量及卫生指标参见 NY/T 388。

5.2　畜禽场舍区生态环境质量及卫生控制措施。

5.2.1　温度、湿度

在建设畜禽饲养场时，必须保证畜禽舍的保温隔热性能，同时合理设计通风和采光设施，可采用天窗或导风管，使畜禽舍温度、湿度满足上述标准的要求，也可采用喷淋与喷雾等方式降温。

5.2.2　风速

畜禽舍采用机械通风或自然通风，通风时保证气流均匀分布，尽量减少通风死角，舍外运动场上设凉棚，使舍内风速满足畜禽场环境质量标准的要求。

5.2.3 照度

安装采光设施或设计天窗，并根据畜种、日龄和生产过程确定合理的光照时间和光照强度。

5.2.4 噪声

5.2.4.1 正确选址，避免外界干扰。

5.2.4.2 选择、使用性能优良，噪声小的机械设备。

5.2.4.3 在场区、缓冲区植树种草，降低噪声。

5.2.5 细菌、微生物的控制措施

5.2.5.1 正确选址，远离细菌污染源。

5.2.5.2 定时通风换气，破坏细菌生存条件。

5.2.5.3 在畜禽舍门口设置消毒池，工作人员进入畜禽舍时必须穿戴消毒过的工作服、鞋、帽等，并通过装有紫外线灯的通道。

5.2.5.4 对舍区、场区环境定期消毒。

5.2.5.5 在疾病传播时，采用隔离、淘汰病畜禽，并进行应急消毒措施，以控制病原的扩散。

6 畜禽场空气环境质量及卫生控制

6.1 畜禽场空气环境质量及卫生指标参见 NY/T 388

6.2 畜禽场舍内环境质量及卫生控制措施

6.2.1 舍内氨气、硫化氢、二氧化碳、恶臭的控制措施

6.2.1.1 采取固液分离与干清粪工艺相结合的设施，使粪尿、污水及时排出，减少有害气体产生。

6.2.1.2 采取科学的通风换气方法，保证气流均匀，及时排除舍内的有害气体。

6.2.1.3 在粪便、垫料中添加各种具有吸附功能的添加剂，减少有害气体产生。

6.2.1.4 合理搭配日粮和在饲料中使用添加剂，减少有害气体产生。

6.2.2 舍内总悬浮颗粒物、可吸入颗粒物的控制措施

6.2.2.1 饲料车间、干草车间远离畜舍且处于畜舍的下风向。

6.2.2.2 提倡使用颗粒饲料或者拌湿饲料

6.2.2.3 禁止带畜干扫舍或刷拭畜禽，翻动垫料要轻，减少尘粒的产生。

6.2.2.4 适当进行通风换气，并在通风口设置过滤帘，保证舍内湿度，及时排

出、减少颗粒物及有害气体。

6.3　畜禽场场区、缓冲区空气环境质运及卫生控制措施

6.3.1　绿化：在畜禽场的场区、缓冲区内种植环保型的树木、花草，减少尘粒的产生，净化空气。家畜养殖场绿化覆盖率应在 30% 以上。

6.3.2　消毒：在场门和舍门处设置消毒池，人员和车辆进入时经过消毒池以杀死病原微生物。对工作人员的衣、帽、鞋等经常性的消毒，对圈舍及设备用具进行定期消毒。

7　畜禽场土壤环境质量及卫生控制

7.1　备禽场土壤环境质量及卫生指标见表 1

表 1　畜禽场土壤环境质量及卫生指标

序号	项目	单位	缓冲区	场区	舍区
1	镉	毫克/千克	0.3	0.3	0.6
2	砷	毫克/千克	30	25	20
3	铜	毫克/千克	50	100	100
4	铅	毫克/千克	250	300	350
5	铬	毫克/千克	250	300	350
6	锌	毫克/千克	200	250	300
7	细菌总数	万个/克	1	5	—
8	大肠杆菌	克/升	2	50	—

7.2　畜禽场土壤环境质量及卫生控制措施

7.2.1　土壤中镉、砷、铜、铅、铬、锌的控制措施

7.2.1.1　正确选址，使土壤背景值满足畜禽场土壤环境质量标准的要求。

7.2.1.2　科学合理选择和使用兽药、饲料，降低土壤中重金属元素的残留。

7.2.2 土壤中细菌总数、总大肠杆菌的控制措施

7.2.2.1　避免粪尿、污水排放及运送过程中的跑、冒、滴、漏。

7.2.2.2　采用紫外等方式对排放、运送前的粪污进行杀菌消毒，避免运输过程微生物污染土壤。

7.2.2.3　粪尿作为有机肥施予场内草、树地前，对其进行无害化处理，根据植

物的不同品种合理掌握使用量。

7.2.2.4 畜禽粪便堆场建在畜禽饲养场内部的，要做好防渗、防漏工作，避免粪污中镉、砷、铜、铅、铬、锌以及各种致病微生物污染场内的土壤环境。

8 畜禽饮用水质量及卫生控制

8.1 畜禽饮用水质量及卫生指标参见 NY 5027

8.2 畜禽饮用水质量及卫生控制措施

8.2.1 自来水

定期清洗畜禽饮用水传送管道，保证水质传送途中无污染。

8.2.2 自备井

应建在畜禽场粪便堆放场等污染源的上方和地下水位的上游，水量丰富，水质良好，取水方便，避免在低洼沼泽或容易积水的地方打井。水井附近 30 米范围内，不得建有渗水的厕所、渗水坑、粪坑、垃圾堆等污染源。

8.2.3 地表水

地面水是暴露在地表面的水源，受污染的机会多，含有较多的悬浮物和细菌，如果作为畜禽的饮用水，必须进行净化和消毒，使之满足畜禽饮用水水质标准。净化的方法有混凝沉淀法和过滤法；消毒方法有物理消毒法（如煮沸消毒）和化学消毒法（如氯化消毒）。

9 监测与评价

9.1 对畜禽场的生态环境、空气环境以及接受畜禽粪便和污水的土壤环境和畜禽饮用水进行定期监测，对环境质量现状进行定期评价，及时了解畜禽场环境质量及卫生状况，以便采取相应的措施控制畜禽场环境质量和卫生。

9.2 对畜禽场排放的污水进行定期监测，确保污水满足 GB 18596 的要求。

9.3 环境质量、环境影响评价

按照 GB/T 19525.2 的要求，根据监测结果，对畜禽场的环境质量、环境影响进行定期评价。

9.4 在畜禽场排污口设置国家环境保护总局统一规定的排污口标志。

9.5 监测分析方法

本规范项目的监测分析方法按表2执行。

表 2 畜禽场环境卫生控制规范选配监测分析方法

序号	项目	分析方法	方法来源
1	温度	温度计测定法	GB/T 13195—1991
2	相对湿度	湿度计测定法[1)	
3	风速	风速仪测定法[1)	
4	照度	照度计测定法[1)	
5	噪音	声级计测定法	GB/T 14623
6	粪便含水率	重量法	GB/T 3543.2—1995
7	NH₃	纳氏试剂比色法	GB/T 14668—1993
8	H₂S	碘量法	GB/T 11060.1—1998
9	CO₂	滴定法	
10	PM₁₀	重量法	GB 6921—1986
11	TSP	重量法	GB 15432—1995
12	空气细菌总数	沉降法	GB 5750—1985
13	恶臭	三点比较式嗅袋法	GB/T 14675—1993
14	水质 细菌总数	平板法	GB 5750—1985
15	水质 大肠杆菌	多管发酵法	GB 5750—1985
16	pH 值	玻璃电极法	GB 6920—1986
17	总硬度	EDTA 滴定法	GB 7477—1987
18	溶解性总固体	重量法	GB 5750—1985
19	铅	原子吸收分光光度法	GB 7475—1987
20	铬（六价）	二苯碳酰二肼分光光度法	GB 7467—1987
21	生化需氧量	稀释与接种法	GB 7488—1987
22	化学需氧量	重铬酸钾法	GB 11914—1989
23	溶解氧	碘量法	GB 7489—1987
24	蛔虫卵	堆肥蛔虫卵检查法	GB 7959—1987
25	氟化物	离子选择电扱法	GB 7484—1987
26	总锌	原子吸收分光光度法	GB 7475—1987
27	土壤　镉	石墨炉原子吸收分光光度法	GB/T 17141—1997
28	土壤　砷	二乙基二硫代氨基甲酸银分光光度法	GB/T 17134—1997
29	土壤　铜	火焰原子吸收分光光度法	GB/T 17138—1997

（续表）

序号	项目	分析方法	方法来源
30	土壤 铅	石墨炉原子吸收分光光度法	GB/T 17141—1997
31	土壤 铬	火焰原子吸收分光光度法测定	GB/T 17137—1997
32	土壤 锌	火焰原子吸收分光光度法	GB/T 17138—1997
33	土壤 细菌总数	与水的卫生检验方法相同[3]	
34	土壤 大肠杆菌	与水的卫生检验方法相同[3]	

1）2）3）采用下列分析方法，待国家标准发布后，执行国家标准执行。

1）畜禽场相对湿度、照度、风速的监测分析方法，是结合畜禽场环境监测现状，对国家气象局《地面气象观测》（1979）中相关内容进行改进形成的，经过农业部批准并且备案。

2）暂采用国家环境保护总局《水和废水监测分析方法》（第3版）中国环境出版社，1989。

3）土壤中细菌总数、大肠杆菌的检测分析方法与水的卫生检验方法相同，见中国环境科学出版社《环境工程微生物检验手册》，1990年出版

附录2 畜禽粪便无害化处理技术规范（NY/T 1168—2006）

1 范围

本标准规定了畜禽粪便无害化处理设施的选址、场区布局、处理技术、卫生学控制指标及污染物监测和污染防治的技术要求。

本标准适用于规模化养殖场、养殖小区和畜禽粪便处理场。

2 规范性引用文件

下列文件中的条款通过本标准的引用而成为本标准的条款。凡是注日期的引用文件，其随后所有的修改单（不包括勘误的内容）或修订版均不适用于本标准，然而，鼓励根据本标准达成协议的各方研究是否可使用这些文件的最新版本。凡是不注日期的引用文件，其最新版本适用于本标准。

GB 5084 农田灌溉水质标准

GB 18596 畜禽养殖业污染物排放标准

GB 18877 有机-无机复混肥料

NY 525 有机肥料

NY/T 682 畜禽场场区设计技术规范

3 术语和定义

下列术语和定义适用于本标准。

3.1 粪便 manure

畜禽的粪尿排泄物。

3.2 规模化养殖场 concentrated animal operation

指在较小的场地内，养殖数量达到本标准规定存栏规模的饲养场：蛋鸡

≥15 000只、肉鸡 ≥30 000只、猪 ≥500 头、奶牛 ≥100 头、肉牛 ≥200 头、羊 ≥1 500只。

3.3 养殖小区 animal park

在适合畜禽养殖的地域内，建立的有一定规模的较为规范、严格管理的畜禽养殖基地，基地内养殖设施完备，技术规程及措施统一，只养一种畜禽，由多个养殖业主进行标准化养殖。

3.4 畜禽粪便处理场 centralized manure treatment facility

专业从事畜禽粪便处理、加工的企业和专业户。

3.5 堆肥 compost

将畜禽粪便等有机固体废物集中堆放并在微生物作用下使有机物发生生物降解，形成一种类似腐殖质土壤的物质的过程。

3.6 厌氧消化 anaerobic digest

利用厌氧菌或兼性厌氧菌在无氧状态下，将有机物质分解的处理方法。

3.7 无害化处理 non-hazardous treatment

利用高温、好氧或厌氧等技术杀灭畜禽粪便中病原菌、寄生虫和杂草种子的过程。

4 处理原则

4.1 畜禽养殖场或养殖小区应采用先进的工艺、技术与设备、改善管理、综合利用等措施，从源头削减污染量。

4.2 畜禽粪便处理应坚持综合利用的原则，实现粪便的资源化。

4.3 畜禽养殖场和养殖小区必须建立配套的粪便无害化处理设施或处理（置）机制。

4.4 畜禽养殖场、养殖小区或畜禽粪便处理场应严格执行国家有关的法律、法规和标准，畜禽粪便经过处理达到无害化指标或有关排放标准后才能施用和排放。

4.5 发生重大疫情畜禽养殖场粪便必须按照国家兽医防疫有关规定处置。

5 处理场地的要求

5.1 新建、扩建和改建畜禽养殖场或养殖小区必须配置畜禽粪便处理设施或畜禽粪便处理场。已建的畜禽场没有处理设施或处理场的，应及时补上。畜禽养殖场的选址禁止在下列区域内建设畜禽粪便处理场：

5.1.1　生活饮用水水源保护区、风景名胜区、自然保护区的核心区及缓冲区。

5.1.2　城市和城镇居民区，包括文教科研区、医疗区、商业区、工业区、游览区等人口集中地区。

5.1.3　县级人民政府依法划定的禁养区域。

5.1.4　国家或地方法律、法规规定需特殊保护的其他区域。

5.2　在禁建区域附近建设畜禽粪便处理设施和单独建设的畜禽粪便处理场，应设在5.1规定的禁建区域常年主导风向的下风向或侧风向处，场界与禁建区域边界的最小距离不得小于500米。

6　处理场地的布局

设置在畜禽养殖区域内的粪便处理设施应按照NY/T 682的规定设计，应设在养殖场的生产区、生活管理区的常年主导风向的下风向或侧风向处，与主要生产设施之间保持100米以上的距离。

7　粪便的收集

7.1　新建、扩建和改建畜禽养殖场和养殖小区应采用先进的清粪工艺，避免畜禽粪便与冲洗等其他污水混合，减少污染物排放量，已建的养殖场和养殖小区要逐步改进清粪工艺。

7.2　畜禽粪便收集、运输过程中必须采取防扬散、防流失、防渗漏等环境污染防止措施。

8　粪便的贮存

8.1　畜禽养殖场产生的畜禽粪便应设置专门的贮存设施。

8.2　畜禽养殖场、养殖小区或畜禽粪便处理场应分别设置液体和固体废弃物贮存设施，畜禽粪便贮存设施位置必须距离地表水体400米以上。

8.3　畜禽粪便贮存设施应设置明显标志和围栏等防护措施，保证人畜安全。

8.4　贮存设施必须有足够的空间来贮存粪便。在满足下列最小贮存体积条件下设置预留空间，一般在能够满足最小容量的前提下将深度或高度增加0.5米以上。

8.4.1　对固体粪便储存设施其最小容积为贮存期内粪便产生总量和垫料体积总和。

8.4.2 对液体粪便贮存设施最小容积为贮存期内粪便产生量和贮存期内污水排放量总和。对于露天液体粪便贮存时，必须考虑贮存期内降水量。

8.4.3 采取农田利用时，畜禽粪便贮存设施最小容量不能小于当地农业生产使用间隔最长时期内养殖场粪便产生总量。

8.5 畜禽粪便贮存设施必须进行防渗处理，防止污染地下水。

8.6 畜禽粪便贮存设施应采取防雨（水）措施。

8.7 贮存过程中不应产生二次污染，其恶臭及污染物排放应符合 GB 18596 的规定。

9 粪便的处理

9.1 禁止未经无害化处理的畜禽粪便直接施入农田。畜禽粪便经过堆肥处理后必须达到表 1 的卫生学要求。

表 1 粪便堆肥无害化卫生学要求

项目	卫生标准
蛔虫卵	死亡率≥95%
粪大肠菌群数	≤10^5个/千克
苍蝇	有效地控制苍蝇滋生，堆体周围没有活的蛆、蛹或新羽化的成蝇

9.2 畜禽固体粪便宜采用条垛式、机械强化槽式和密闭仓式堆肥等技术进行无害化处理，养殖场、养殖小区和畜禽粪便处理场可根据资金、占地等实际情况选用。

9.2.1 采用条垛式堆肥，发酵温度45℃以上的时间不少于 14 天。

9.2.2 采用机械强化槽式和密闭仓式堆肥时，保持发酵温度50℃以上时间不少于 7 天，或发酵温度45℃以上的时间不少于 14 天。

9.3 液态畜禽粪便可以选用沼气发酵、高效厌氧、好氧、自然生物处理等技术进行无害化处理。处理后的上清液和沉淀物应实现农业综合利用，避免产生二次污染。

9.3.1 处理后的上清液、沉淀物作为肥料进行农业利用时，其卫生学指标应达到表 2 的要求。

表 2　液态粪便厌氧无害化卫生学要求

项目	卫生标准
寄生虫卵	死亡率≥95%
血吸虫卵	在使用粪液中不得检出活的血吸虫卵
粪大肠菌群数	常温沼气发酵≤10 000 个/升，高温沼气发酵≤100 个/升
蚊子、苍蝇	有效地控制蚊蝇滋生，粪液中无孑孓，池的周围无活的蛆、蛹或新羽化的成蝇
沼气池粪渣	达到表 1 要求后方可用作农肥

9.3.2　处理后的上清液作为农田灌溉用水时，应符合 GB 5084 的规定。

9.3.3　处理后的污水直接排放时，应符合 GB 18596 的规定。

9.4　无害化处理后的畜禽粪便进行农田利用时，应结合当地环境容量和作物需求进行综合利用规划。

9.5　利用无害化处理后的畜禽粪便生产商品化有机肥和有机-无机复混肥，须分别符合 NY 525 和 GB 18877 的规定。

9.6　利用畜禽粪便制取其他生物质能源或进行其他类型的资源回收利用时，应避免二次污染。

10　对粪便处理场场区要求

　　畜禽粪便处理场场区臭气浓度应符合 GB 18596 的规定。

11　监督与管理

11.1　畜禽养殖场、养殖小区和畜禽粪便处理场按当地农业部门和环境保护行政主管部门要求，定期报告粪便产生量、粪便特性、贮存、处理设施的运行情况，并接受当地和上级农业部门和环境保护机构的监督与检测。

11.2　排污口标志应按国家环境保护总局有关规定设置。

附录 3 食品安全地方标准——生驴乳 （DBS 65/017—2017）

1 范围

本标准适用于生驴乳，不适用于即食生驴乳。

2 规范性引用文件

本标准中引用的文件对于本标准的应用是必不可少的。凡是注日期的引用文件，仅所注日期的版本适用于本标准。凡是不注日期的引用文件，其最新版本（包括所有的修改单）适用于本标准。

3 术语和定义

3.1 生驴乳

从正常饲养的、经检疫合格的无传染病和乳房炎的健康母驴乳房中挤出的无任何成分改变的常乳，产驹后 15 天内的乳、应用抗生素期间和休药期间的乳汁、变质乳不应用作生乳。

4 技术要求

4.1 感官要求：应符合表 1 的规定。

表 1 感官要求

项 目	要 求	检验方法
色泽	呈乳白色或白色	取适量试样置于 50 毫升烧杯中，在自然光下观察色泽和组织状态，闻其气味，用温开水漱口，品尝滋味
滋味、气味	具有驴乳固有的香味和甜味，无异味	
组织状态	呈均匀一致液体、无凝块、无沉淀、无正常视力可见异物	

4.2 理化要求：应符合表 2 的规定。

表 2　理化要求

项　目	指　标	检验方法
相对密度（20℃/4℃）	≥1.030	GB 5413.33
蛋白质（克/100 克）	≥1.5	GB 5009.5
脂肪（克/100 克）	≥0.5	GB 5009.6
乳糖（克/100 克）	≥5.6	GB 5413.5
非脂乳固体（克/100 克）	≥7.8	GB 5413.39
杂质度（毫克/千克）	≥4.0	GB 5413.30
酸度（°T）	≤6	GB 5009.239

4.3　污染物限量和真菌毒素限量：应符合表 3 规定。

表 3　污染物限量和真菌毒素限量

项　目	指标	检验方法
铅（以 Pb 计）（毫克/千克）	≤0.05	GB 5009.12
总汞（以 Hg 计）（毫克/千克）	≤0.01	GB 5009.17
总砷（以 As 计）（毫克/千克）	≤0.1	GB 5009.11
铬（以 Cr 计）（毫克/千克）	≤0.3	GB 5009.123
亚硝酸盐（以 $NaNO_2$ 计）（毫克/千克）	≤0.4	GB 5009.33
黄曲霉毒素 M1（微克/千克）	≤0.5	GB 5009.24

4.4　微生物限量：应符合表 4 的规定。

表 4　微生物限量

项　目	限量［CFU/克（毫升）］	检验方法
菌落总数	≤2×10⁶	GB 4789.2

4.5　农药残留限量和兽药残留限量

4.5.1　农药残留量应符合 GB 2763 及国家有关规定和公告。

4.5.2　兽药残留量应符合国家有关规定和公告。

5 其他

5.1 奶畜养殖者对挤奶设施、生鲜乳贮存设施应当及时清洗、消毒，避免对生鲜乳造成污染，生鲜驴乳的挤奶、冷却、贮存、交收过程的卫生要求应符合 GB 12693、《乳品质量安全监督管理条例》《新疆维吾尔自治区奶业条例》的规定。

附录4 《食品安全地方标准 巴氏杀菌驴乳》（DBS 65/ 018—2017）

1 范围

本标准适用于全脂、脱脂和部分脱脂巴氏杀菌驴乳。

2 规范性引用文件

本标准中引用的文件对于本标准的应用是必不可少的。凡是注日期的引用文件，仅所注日期的版本适用于本标准。凡是不注日期的引用文件，其最新版本（包括所有的修改单）适用于本标准。

3 术语和定义

3.1 巴氏杀菌驴乳

仅以生驴乳为原料，经巴氏杀菌等工序制得的液体产品。

4 技术要求

4.1 原料要求：生驴乳应符合 DBS 65/017—2017 的规定。

4.2 感官要求：应符合表1的规定。

表1 感官要求

项 目	要 求	检验方法
色泽	呈乳白色或白色	取适量试样置于50毫升烧杯中，在自然光下观察色泽和组织状态。闻其气味，用温开水漱口，品尝滋味
滋味、气味	具有驴乳固有的香味和甜味，无异味	
组织状态	呈均匀一致液体，无凝块、无沉淀、无正常视力可见异物	

4.3 理化指标：应符合表2的规定。

表 2　理化指标

项　　目	指标	检验方法
脂肪ᵃ（克/100 克）	>0.5	GB 5009.6
蛋白质（克/100 克）	≥1.5	GB 5009.5
乳糖（克/100 克）	≥5.6	GB 5413.5
非脂乳固体（克/100 克）	≥7.8	GB 5413.39
酸度（°T）	≤6	GB 5009.239

ᵃ 仅适用于全脂巴氏杀菌驴乳

4.4　污染物限量和真菌毒素限量：应符合表 3 的规定。

表 3　污染物限量和真菌毒素限量

项　　目	指　标	检验方法
铅（Pb）（毫克/千克）	≤0.05	GB 5009.12
总砷（As）（毫克/千克）	≤0.1	GB 5009.11
总汞（Hg）（毫克/千克）	≤0.01	GB 5009.17
铬（Cr）（毫克/千克）	≤0.3	GB 5009.123
黄曲霉毒素 M1（微克/千克）	≤0.5	GB 5009.24

4.5　微生物限量：应符合表 4 的规定。

表 4　微生物限量

项目	采样方案 a 及限量（若非指定，均以 CFU/克或 CFU/毫升表示）				检验方法
	n	c	m	M	
菌落总数	5	2	50 000	10 0000	GB 4789.2
大肠菌群	5	2	1	5	GB 4789.3 平板计数法
金黄色葡萄球菌	5	0	0/25 克（毫升）	—	GB 4789.10 定性检验
沙门氏菌	5	0	0/25 克（毫升）	—	GB 4789.4

a 样品的分析及处理按 GB 4789.1 和 GB 4789.18 执行

5　生产过程中的卫生要求

应符合 GB 12693 的规定。

6 其他

6.1 应在产品包装主要展示面上紧邻产品名称的位置，使用不小于产品名称字号且字体高度不小于主要展示面高度五分之一的汉字标注"鲜驴奶"或"鲜驴乳"。

6.2 标签中应标注乳糖含量。

附录 5 食品安全地方标准——生驼乳（DBS 65/011—2017）

1 范围

本标准适用于生驼乳，不适用于即食生驼乳。

2 规范性引用文件

本标准中引用的文件对于本标准的应用是必不可少的。凡是注日期的引用文件，仅所注日期的版本适用于本标准。凡是不注日期的引用文件，其最新版本（包括所有的修改单）适用于本标准。

3 术语和定义

3.1 生驼乳

从正常饲养的、经检疫合格的无传染病和乳房炎的健康母驼乳房中挤出的无任何成分改变的常乳，产驼羔后 30 天内的乳、应用抗生素期间和休药期间的乳汁、变质乳不应用作生乳。

4 技术要求

4.1 感官要求：应符合表 1 的规定。

表 1 感官要求

项　　目	要　　求	检验方法
色泽	呈乳白色，不附带其他异常颜色	取适量试样置于 50 毫升烧杯中，在自然光下观察色泽和组织状态。闻其气味，用温开水漱口，品尝滋味
滋味、气味	具有驼乳固有的香味、甜味，无异味	
组织状态	呈均匀一致液体，无凝块、无沉淀、无正常视力可见异物	

4.2 理化指标：应符合表 2 的规定。

表 2 理化指标

项 目	指 标	检验方法
相对密度 (20℃/4℃)	≥1.028	GB 5413.33
蛋白质 (克/100 克)	≥3.5	GB 5009.5
脂肪 (克/100 克)	≥4.0	GB 5009.6
非脂乳固体 (克/100 克)	≥8.5	GB 5413.39
杂质度 (毫克/千克)	≤4.0	GB 5413.30
酸度/ (°T)	16~24	GB 5009.239

4.3 污染物限量和真菌毒素限量：应符合表 3 规定。

表 3 污染物限量和真菌毒素限量

项 目	指 标	检验方法
铅 (以 Pb 计) (毫克/千克)	≤0.05	GB 5009.12
总汞 (以 H 克计) (毫克/千克)	≤0.01	GB 5009.17
总砷 (以 As 计) (毫克/千克)	≤0.1	GB 5009.11
铬 (以 Cr 计) (毫克/千克)	≤0.3	GB 5009.123
亚硝酸盐 (以 $NaNO_2$ 计) (毫克/千克)	≤0.4	GB 5009.33
黄曲霉毒素 M_1 (微克/千克)	≤0.5	GB 5009.24

4.4 微生物限量：应符合表 4 的规定。

表 4 微生物限量

项 目	限量 [CFU/克 (毫升)]	检验方法
菌落总数	≤2×10⁶	GB 4789.2

4.5 农药残留限量和兽药残留限量

4.5.1 农药残留量应符合 GB 2763 及国家有关规定和公告。

4.5.2 兽药残留量应符合国家有关规定和公告。

5 其他

5.1 奶畜养殖者对挤奶设施、生鲜乳贮存设施应当及时清洗、消毒，避免对生鲜乳造成污染，生鲜驼乳的挤奶、冷却、贮存、交收过程的卫生要求应符合 GB 12693、《乳品质量安全监督管理条例》《新疆维吾尔自治区奶业条例》的规定。

附录6 食品安全地方标准 巴氏杀菌驼乳
(DBS 65/011—2017)

1 范围

本标准适用于全脂、脱脂和部分脱脂巴氏杀菌驼乳。

2 规范性引用文件

本标准中引用的文件对于本标准的应用是必不可少的。凡是注日期的引用文件，仅所注日期的版本适用于本标准。凡是不注日期的引用文件，其最新版本（包括所有的修改单）适用于本标准。

3 术语和定义

3.1 巴氏杀菌驼乳

仅以生驼乳为原料，经巴氏杀菌等工序制得的液体产品。

4 技术要求

4.1 原料要求：生驼乳应符合 DBS 65/011-2017 的规定。

4.2 感官要求：应符合表1的规定。

表1 感官要求

项 目	要 求	检验方法
色泽	呈乳白色	取适量试样于50毫升烧杯中，在自然光下观察色泽和组织状态。闻其气味，用温开水漱口，品尝滋味
滋味、气味	具有驼乳固有的香味，无异味	
组织状态	呈均匀一致液体，无凝块、无沉淀、无正常视力可见异物	

4.3 理化指标：应符合表2的规定。

表 2　理化指标

项　目	指　标	检验方法
脂肪[a]（克/100 克）	≥4.0	GB 5009.6
蛋白质（克/100 克）	≥3.5	GB 5009.5
非脂乳固体（克/100 克）	≥8.5	GB 5413.39
酸度（°T）	16~24	GB 5009.239

[a] 仅适用于全脂巴氏杀菌驼乳

4.4　污染物限量和真菌毒素限量：应符合表 3 的规定。

表 3　污染物限量和真菌毒素限量

项　目	指　标	检验方法
铅（以 Pb 计）（毫克/千克）	≤0.05	GB 5009.12
总砷（以 As 计）（毫克/千克）	≤0.1	GB 5009.11
总汞（以 Hg 计）（毫克/千克）	≤0.01	GB 5009.17
铬（以 Cr 计）（毫克/千克）	≤0.3	GB 5009.123
黄曲霉毒素 M_1（微克/千克）	≤0.5	GB 5009.24

4.5　微生物限量：应符合表 4 的规定。

表 4　微生物限量

项目	采样方案 a 及限量（若非指定，均以 CFU/克或 CFU/毫升表示）				检验方法
	n	c	m	M	
菌落总数	5	2	50 000	100 000	GB 4789.2
大肠菌群	5	2	1	5	GB 4789.3 平板计数法
金黄色葡萄球菌	5	0	0/25 克（毫升）	—	GB 4789.10 定性检验
沙门氏菌	5	0	0/25 克（毫升）	—	GB 4789.4

a 样品的分析及处理按 GB 4789.1 和 GB 4789.18 执行

5　生产过程中的卫生要求

应符合 GB 12693 的规定。

6 其他

6.1 应在产品包装主要展示面上紧邻产品名称的位置，使用不小于产品名称字号且字体高度不小于主要展示面高度五分之一的汉字标注"鲜驼奶"或"鲜驼乳"。

附录7 无公害农产品兽药使用准则
（NY/T 5030—2016）

1 范围

标准规定了兽药的术语和定义、使用要求、使用记录和不良反应报告。

本标准适用于无公害农产品（畜禽产品、蜜蜂）的生产、管理和认证。

2 规范性应用文件

下列文件对本文件应用是必不可少的。凡是注日期的文件的引用文件，仅注日期的版本适用于本文件。凡是不注日期的引用文件，其最新版本（包括所有的修改单）适用于本文件。

兽药管理条例

中华人民共和国动物防疫法

中华人民共和国兽药典

中华人民共和国农业部公告第 168 号 饲料药物添加剂使用规范

中华人民共和国农业部公告第 176 号 禁止在饲料和动物饮用水中使用的药物品种目录

中华人民共和国农业部公告第 193 号 食品动物禁用的兽药及其他化合物清单

中华人民共和国农业部公告第 235 号 动物性食品中兽药最高残留限量

中华人民共和国农业部公告第 560 号 兽药地方标准废止目录

中华人民共和国农业部公告第 1519 号 禁止在饲料和动物饮用水中使用的物质

中华人民共和国农业部公告第 1997 号 兽药处方药品种目录（第一批）

中华人民共和国农业部公告第 2069 号　乡村兽医基本用药目录

3　术语和定义

下列术语和定义适用于本文件。

3.1　兽药 veterinary drugs

用于预防、治疗、诊断动物疾病或者有目的地调节动物生理机能的物质（含药物添加剂）主要包括血清制品、疫苗、诊断制品、微生态制品、中药材、中成药、化学药品、抗生素、生化药品、放射性药品及外用杀虫剂、消毒剂等。

3.2　兽用处方药　veterinary prescription drugs

由国务院兽医行政管理部门公布的、凭兽医处方方可购买和使用的兽药。

3.3　食品动物 food-producing animal

3.4　休药期 withd rawal time

食品动物从停止给药到许可屠宰或其产品（奶、蛋）许可上市的间隔时间。对于奶牛和蛋鸡也称弃奶期或弃蛋期。蜜蜂从停止给药到其产品收获的间隔时间。

4　购买要求

4.1　使用者和兽医进行预防、治疗和诊断疾病所用的兽药均应是农业部批准的兽药或批准进口注册的兽药，其质量均应符合相关的兽药国家标准。

4.2　使用者和兽医在购买兽药时，应在国家兽药基础信息查询系统中核对兽药产品批准信息，包括核对购买产品的批准文号、标签和说明书内容、生产企业信息等。

4.3　购买的兽药产品为生物制品的，应在国家兽药基础信息查询系统中核对兽用生物制品批签发信息，不得购买和使用兽用生物制品批签发数据库外的兽用生物制品。

4.4　购买的兽药产品标签附有二维码的，应在国家兽药产品追溯系统中进一步核对产品信息。

4.5　使用者应定期在国家兽药基础信息查询系统中查看农业部发布的兽药质量监督抽检质量通报和有关假兽药查处活动的通知，不应购买和使用非法兽药生产企业生产的产品，不应购买和使用重点监控企业的产品以及抽检不合格的产品。

4.6　兽药应在说明书规定的条件下储存与运输，以保证兽药的质量。《兽药产品说明书》中储藏项下名词术语见附录 A。

5 使用要求

5.1 使用者和兽医应遵守《兽药管理条例》的有关规定使用兽药，应凭兽医开具的处方使用中华人民共和国农业部公告第 1997 号规定的兽用处方药（见附录 B）。处方笺应当保存 3 年以上。

5.2 从事动物诊疗服务活动的乡村兽医，凭乡村兽医登记证购买和使用中华人民共和国农业部公告第 2069 号中所列处方药（见附录 C）。

5.3 使用者和兽医应慎开具或使用抗菌药物。用药前宜做药敏试验，能用窄谱抗菌药物的就不用广谱抗菌药物，药敏实验的结果应进行归档。同时考虑交替用药，尽可能降低耐药性的产生。蜜蜂饲养者对蜜蜂疾病进行诊断后，选择一种合适的药物，避免重复用药。

5.4 使用者和兽医应严格按照农业部批准的兽药标签和说明书（见国家兽药基础信息查询系统）用药，包括给药途径、剂量、疗程、动物种属、适应证、休药期等。

5.5 不应超出兽药产品说明书范围使用兽药；不应使用农业部规定禁用、不得使用的药物品种（见附录 D）；不应使用人用药品；不应使用过期或变质的兽药；不应使用原料药。

5.6 使用饲料药物添加剂时，应按中华人民共和国农业部公告第 168 号的规定执行。

5.7 兽医应按《中华人民共和国动物防疫法》的规定对动物进行免疫。

5.8 兽医应慎用拟肾上腺素药、平喘药、抗胆碱药与拟胆碱药、糖皮质激素类药和解热镇痛消炎药，并应严格按批准的作用与用途和用法与用量使用。

5.9 非临床医疗需要，不应使用麻醉药、镇痛药、镇静药、中枢兴奋药、性激素类药、化学保定药及骨骼肌松弛药。

6 兽药使用记录

6.1 使用者和兽医使用兽药，应认真做好用药记录。用药记录至少应包括动物种类、年（日）龄、体重及数量、诊断结果或用药目的、用药的名称（商品名和通用名）、规格、剂量、给药途径、疗程、药物的生产企业、产品的批准文号、生产日期、批号等。使用兽药的单位或个人均应建立用药记录档案，并保存 3 年

（含 3 年）以上。

6.2 使用者和兽医应执行兽药标签和说明书中规定的兽药休药期，并向购买者或屠宰者提供准确、真实的用药记录；应记录在休药期内生产的奶、蛋、蜂蜜等农产品的处理方式。

7 兽药不良反应报告

使用者和兽医使用兽药，应对兽药的疗效、不良反应做观察、记录；动物发生死亡时，应请专业兽医进行剖检，分析是药物原因或疾病原因。发现可能与兽药使用有关的严重不良反应时，应当立即向所在地人民政府兽医行政管理部门报告。

附录 A
（规范性附录）
《兽药产品说明书》中储藏项下名词术语

储藏项下的规定，系为避免污染和降解而过对兽药储存与保管的基本要求，以下列名词术语表示：

a. 遮光：指用不透光的容器包装，如棕色容器或黑色包裹的无色透明、半透明容器。

b. 避光：指避免日光直射。

c. 密闭：指将容器密闭，以防止尘土及异物进入。

d. 密封：指将容器密封以防止分化、吸潮、挥发或异物进入。

e. 熔封或严封：指将容器熔封或用适宜的材料严封，以防止空气与水分的侵入并防止污染。

f. 阴凉处：指不超过 20℃。

g. 凉暗处：指避光不超过 20℃。

h. 冷处：指 2~10℃。

i. 常温：指 10~30℃。

除另有规定外，储藏项下为规定温度的一般系指常温。

附录 B

（规范性附录）

兽用处方药品种目录（第一批）

B.1　抗微生物药

B.1.1　抗生素类

B.1.1.1　β-内酰胺类

注射用青霉素钠、注射用青霉素钾，氨苄西林混悬注射液、氨苄西林可溶性粉、注射用氨苄西林钠、注射用氯唑西林钠、阿莫西林注射液、注射用阿莫西林钠、阿莫西林片、阿莫西林可溶粉、阿莫西林克拉维酸钾注射液、阿莫西林硫酸黏菌素注射液、注射用苯唑西林钠，注射用普鲁卡因青霉素、普鲁卡因青霉素注射液、注射用苄星青霉素。

B.1.1.2　头孢菌素类

注射用头孢噻呋、盐酸头孢噻呋注射液、注射用头孢噻呋钠、头孢氨苄注射液、硫酸头孢喹肟注射液。

B.1.1.3　氨基糖苷类

注射用硫酸链霉素、注射用硫酸双氢链霉素、硫酸双氢链霉素注射液、硫酸卡那霉素注射液、注射用硫酸卡那霉素、硫酸庆大霉素注射液、硫酸安普霉素注射液、硫酸安普霉素预混剂、硫酸新霉素溶液、硫酸新霉素粉（水产用）、硫酸新霉素预混剂、硫酸新霉素可溶性粉、盐酸大观霉素可溶粉、盐酸大观霉素盐酸林可霉素可溶粉。

B.1.1.4　四环素

土霉素注射液、长效土霉素注射液、盐酸土霉素注射液、注射用盐酸土霉素、长效盐酸土霉素注射液、四环素片、注射用盐酸四环素、盐酸多西环素（水产用）、盐酸多西环素可溶性粉、盐酸多西环素片、盐酸多西环素注射液。

B.1.1.5　大环内酯类

红霉素片、注射用乳糖酸红霉素、硫氰酸红霉素可溶性粉、泰乐菌素注射液、注射用酒石酸泰乐菌素、酒石酸泰乐菌素可溶粉、酒石酸泰乐菌素磺胺二甲嘧啶可溶粉、酒石酸泰乐菌素磺胺二甲嘧啶预混剂、替米考星注射液、替米考星可溶性粉、替米考星预混剂、替米考星溶液、磷酸替米考星预混剂、酒石酸吉他霉素可溶性粉。

B.1.1.6　酰胺醇类

氟苯尼考粉、氟苯尼考粉（水产用）、氟苯尼考注射液、氟苯尼考可溶性粉、氟苯尼考预混剂、氟苯尼考预混剂（50%）、甲砜霉素注射液、甲砜霉素粉、甲砜霉素粉（水产用）、甲砜霉素可溶性粉、甲砜霉素片、甲砜霉素颗粒。

B.1.1.7　林可胺类

盐酸林可霉素注射液、盐酸林可霉素片、盐酸林可霉素可溶性粉、盐酸林可霉素预混剂、盐酸林可霉素硫酸大观霉素预混剂。

B.1.1.8　其他

延胡索酸泰妙菌素可溶性粉。

B.1.2　合成抗菌药

B.1.2.1　磺胺类药

复方磺胺嘧啶预混剂、复方磺胺嘧啶粉（水产用）、磺胺对甲氧嘧啶二甲氧苄啶预混剂、复方磺胺对甲氧嘧啶粉、磺胺间甲氧嘧啶粉、磺胺间甲氧嘧啶预混剂、复方磺胺间甲氧嘧啶可溶性粉、复方磺胺间甲氧嘧啶预混剂、磺胺间甲氧嘧啶钠粉（水产用）、磺胺间甲氧嘧啶钠可溶性粉、复方磺胺间甲氧嘧啶钠粉、复方磺胺间甲氧嘧啶钠可溶性粉、复方磺胺二甲嘧啶粉（水产用）、复方磺胺二甲嘧啶可溶性粉、复方磺胺甲噁唑粉、复方磺胺甲噁唑粉（水产用）、复方磺胺氯达嗪钠粉、磺胺氯吡嗪钠可溶性粉、复方磺胺氯吡嗪钠预混剂、磺胺喹噁啉二甲氧苄啶预混剂、磺胺喹噁啉钠可溶性粉。

B.1.2.2　喹诺酮类药

恩诺沙星注射液、恩诺沙星粉（水产用）、恩诺沙星片、恩诺沙星溶液、恩诺沙星可溶性粉、恩诺沙星混悬液、盐酸恩诺沙星可溶性粉、乳酸环丙沙星可溶性粉、乳酸环丙沙星注射液、盐酸环丙沙星注射液、盐酸环丙沙星可溶性粉、盐酸环丙沙星盐酸小檗碱预混剂、维生素C膦酸酯镁盐酸环丙沙星预混剂、盐酸沙拉沙星注射液、盐酸沙拉沙星片、盐酸沙拉沙星可溶性粉、盐酸沙拉沙星溶液、甲磺酸达氟沙星注射液、甲磺酸达氟沙星溶液、甲磺酸达氟沙星粉、盐酸二氟沙星片、盐酸二氟沙星注射液、盐酸二氟沙星粉、盐酸二氟沙星溶液、噁喹酸散、噁喹酸混悬液、噁喹酸溶液、氟甲喹可溶性粉、氟甲喹粉。

B.1.2.3 其他

乙酰甲喹片、乙酰甲喹注射液。

B.2 抗寄生虫药

B.2.1 抗蠕虫药

阿苯达唑硝氯酚片、甲苯咪唑溶液（水产用）、硝氯酚伊维菌素片、阿维菌素注射液、碘硝酚注射液、精制敌百虫片、精制敌百虫粉（水产用）。

B.2.2 抗原虫药

注射用三氮脒、注射用喹嘧胺、盐酸吖啶黄注射液、甲硝唑片、地美硝唑预混剂。

B.2.3 杀虫药

辛硫磷溶液（水产用）、氯氰菊酯溶液（水产用）、溴氰菊酯溶液（水产用）。

B.3 中枢神经系统药物

B.3.1 中枢兴奋药

安钠咖注射液、尼可刹米注射液、樟脑磺酸钠注射液、硝酸士的宁注射液、盐酸苯钠噁唑注射液。

B.3.2 镇静药与抗惊厥药

盐酸氯丙嗪片、盐酸氯丙嗪注射液、地西泮片、地西泮注射液、苯巴比妥片、注射用苯巴比妥钠。

B.3.3 麻醉性镇痛药

盐酸吗啡注射液、盐酸哌替啶注射液。

B.3.4 全身麻醉药与化学保定药

注射用硫喷妥钠、注射用异戊巴比妥钠、盐酸氯胺酮注射液、复方氯胺酮注射液、盐酸赛拉嗪注射液、盐酸赛拉唑注射液、氯化琥珀胆碱注射液。

B.4 外周神经系统药物

B.4.1 拟胆碱药

氯化氨甲酰甲胆碱注射液、甲硫酸新斯的明注射液。

B.4.2　抗胆碱药

硫酸阿托品片、硫酸阿托品注射液、氢溴酸东莨菪碱注射液。

B.4.3　拟肾上腺素药

重酒石酸去甲肾上腺素注射液、盐酸肾上腺素注射液。

B.4.4　局部麻醉药

盐酸普鲁卡因注射液、盐酸利多卡因注射液。

B.5　抗炎药

氢化可的松注射液、醋酸可的松注射液、醋酸氢化可的松注射液、醋酸泼尼松片、地塞米松磷酸钠注射液、醋酸地塞米松片、倍他米松片。

B.6　泌尿生殖系统药物

丙酸睾酮注射液、苯丙酸诺龙注射液、苯甲酸雌二醇注射液、黄体酮注射液、注射用促黄体素释放激素 A2、注射用促黄体素释放激素 A3、注射用复方鲑鱼促性腺激素释放激素类似物、注射用复方绒促性素 A 型、注射用复方绒促性素 B 型。

B.7　抗过敏药

盐酸苯海拉明注射液、盐酸异丙嗪注射液、马来酸氯苯那敏注射液。

B.8　局部用药物

注射用氯唑西林钠、头孢氨苄乳剂、苄星氯唑西林注射液、氯唑西林钠氨苄西林钠乳剂（泌乳期）、氨苄西林钠氯唑西林钠乳房注入剂（泌乳期）、盐酸林可霉素硫酸新霉素乳房注入剂（泌乳期）、盐酸林可霉素乳房注入剂（泌乳期）、盐酸吡利霉素乳房注入剂（泌乳期）。

B.9　解毒药

B.9.1　金属络合剂

二巯丙醇注射液、二巯丙磺钠注射液。

B.9.2　胆碱酯酶复活剂

碘解磷定注射液。

B.9.3　高铁血红蛋白还原剂

亚甲蓝注射液。

B.9.4　氰化物解毒剂

亚硝酸钠注射液。

B.9.5 其他解毒剂

乙酰胺注射液。

注：引自中华人民共和国农业部公告第 1997 号。本标准执行期间，农业部批准的处方药新品种，按照处方药使用。

附录 C
（规范性附录）
《乡村兽医基本用药目录》中处方药有关品种目录

C.1 抗微生物药

C.1.1 抗生素类

C.1.1.1 β-内酰胺类

注射用青霉素钠、注射用青霉素钾，氨苄西林混悬注射液、氨苄西林可溶性粉、注射用氨苄西林钠、注射用用氯唑西林钠、阿莫西林注射液、注射用阿莫西林钠、阿莫西林片、阿莫西林可溶粉、阿莫西林克拉维酸钾注射液、阿莫西林硫酸黏菌素注射液、注射用苯唑西林钠、注射用普鲁卡因青霉素、普鲁卡因青霉素注射液、注射用苄星青霉素。

C.1.1.2 头孢菌素类

注射用头孢噻呋、盐酸头孢噻呋注射液、注射用头孢噻呋钠。

C.1.1.3 氨基糖苷类

注射用硫酸链霉素、注射用硫酸双氢链霉素、硫酸双氢链霉素注射液、硫酸卡那霉素注射液、注射用硫酸卡那霉素、硫酸庆大霉素注射液、硫酸安普霉素注射液、硫酸安普霉素预混剂、硫酸新霉素溶液、硫酸新霉素粉（水产用）、硫酸新霉素可溶性粉、盐酸大观霉素可溶粉、盐酸大观霉素盐酸林可霉素可溶粉。

C.1.1.4 四环素类

土霉素注射液、长效土霉素注射液、注射用盐酸土霉素、四环素片、注射用盐酸四环素、盐酸多西环素（水产用）、盐酸多西环素可溶性粉、盐酸多西环素片、盐酸多西环素注射液。

C.1.1.5 大环内酯类

红霉素片、注射用乳糖酸红霉素、硫氰酸红霉素可溶性粉、泰乐菌素注射液、注射用酒石酸泰乐菌素、酒石酸泰乐菌素可溶粉、酒石酸泰乐菌素磺胺二甲嘧啶可溶粉、替米考星注射液、替米考星可溶性粉、替米考星溶液、酒石酸吉他霉素可溶性粉。

C.1.1.6　酰胺醇类

氟苯尼考粉、氟苯尼考粉（水产用）、氟苯尼考注射液、氟苯尼考可溶性粉、甲砜霉素注射液、甲砜霉素粉（水产用）、甲砜霉素可溶性粉、甲砜霉素片、甲砜霉素颗粒。

C.1.1.7　林可胺类

盐酸林可霉素注射液、盐酸林可霉素片、盐酸林可霉素可溶性粉。

C.1.2　合成抗菌药

C.1.2.1　磺胺类药

复方磺胺嘧啶粉（水产用）、复方磺胺对甲氧嘧啶粉、磺胺间甲氧嘧啶粉、复方磺胺间甲氧嘧啶可溶性粉、磺胺间甲氧嘧啶钠粉（水产用）、磺胺间甲氧嘧啶钠可溶性粉、复方磺胺间甲氧嘧啶钠粉、复方磺胺间甲氧嘧啶钠可溶性粉、复方磺胺二甲嘧啶粉（水产用）、复方磺胺二甲嘧啶可溶性粉、复方磺胺氯达嗪钠粉、磺胺氯吡嗪钠可溶性粉、磺胺喹噁啉钠可溶性粉。

C.1.2.2　喹诺酮类药

恩诺沙星注射液、恩诺沙星粉（水产用）、恩诺沙星片、恩诺沙星溶液、恩诺沙星可溶性粉、恩诺沙星混悬液、盐酸恩诺沙星可溶性粉、盐酸沙拉沙星注射液、盐酸沙拉沙星片、盐酸沙拉沙星可溶性粉、盐酸沙拉沙星溶液、甲磺酸达氟沙星注射液、甲磺酸达氟沙星溶液、甲磺酸达氟沙星粉、盐酸二氟沙星片、盐酸二氟沙星注射液、盐酸二氟沙星粉、盐酸二氟沙星溶液、噁喹酸散、噁喹酸混悬液、噁喹酸溶液、氟甲喹可溶性粉、氟甲喹粉。

C.1.2.3　其他

乙酰甲喹片、乙酰甲喹注射液。

C.2　抗寄生虫药

C.2.1　抗蠕虫药

阿苯达唑硝氯酚片、甲苯咪唑溶液（水产用）、硝氯酚伊维菌素片、阿维菌素注射液、碘硝酚注射液、精制敌百虫片、精制敌百虫粉（水产用）。

C.2.2　抗原虫药

注射用三氮脒、注射用喹嘧胺、盐酸吖啶黄注射液、甲硝唑片。

C.2.3　杀虫药

辛硫磷溶液（水产用）。

C.3　中枢神经系统药

C.3.1　中枢兴奋药

尼可刹米注射液、樟脑磺酸钠注射液、盐酸苯噁唑注射液。

C.3.2　全身麻醉药与化学保定药

注射用硫喷妥钠、注射用异戊巴比妥钠。

C.4　外周神经系统药物

C.4.1　拟胆碱药

氯化氨甲酰甲胆碱注射液、甲硫酸新斯的明注射液。

C.4.2　抗胆碱

硫酸阿托品片、硫酸阿托品注射液、氢溴酸东莨菪碱注射液。

C.4.3　拟肾上腺素药

重酒石酸去甲肾上腺素注射液、盐酸肾上腺素注射液。

C.4.4　局部麻醉药

盐酸普鲁卡因注射液、盐酸利多卡因注射液。

C.5　抗炎药

氢化可的松注射液、醋酸可的松注射液、醋酸氢化可的松注射液、醋酸泼尼松片、地塞米松磷酸钠注射液、醋酸地赛塞米松片、倍他米松片。

C.6　生殖系统药物

黄体酮注射液、注射用促黄体素释放激素 A2、注射用促黄体素释放激素 A3、注射用复方鲑鱼促性腺激素释放激素类似物、注射用复方绒促性素 A 型、注射用复方绒促性素 B 型。

C.7　抗过敏药

盐酸苯海拉明注射液、盐酸异丙嗪注射液、马来酸氯苯那敏注射液。

C.8　局部用药物

苄星氯唑西林注射液、氨苄西林钠氯唑西林钠乳房注入剂（泌乳期）、盐酸林可霉素硫酸新霉素乳房注入剂（泌乳期）、盐酸林可霉素乳房注入剂（泌乳期）、盐酸吡利霉素乳房注入剂（泌乳期）。

C.9 解毒药

C.9.1 金属络合剂

二巯丙醇注射液、二巯丙磺钠注射液。

C.9.2 胆碱酯酶复活剂

碘解磷定注射液。

C.9.3 高铁血红蛋白还原剂

亚甲蓝注射液。

C.9.4 氰化物解毒剂

亚硝酸钠注射液。

C.9.5 其他解毒剂

乙酰胺注射液。

注：引自中华人民共和国农业部公告第 2069 号。

附录 D
（规范性附录）
国家有关禁用兽药、不得使用的药物及限用兽药的规定

D.1 食品动物禁用、在动物性食品中不得检出的兽药及其他化合物清单
见表 D.1。

表 D.1 食品动物禁用、在动物性食品中不得检出的兽药及其他化合物清单

序号	兽药及其他化合物名称	禁止用途	禁用动物	靶组织
1	β-兴奋剂类：克仑特罗、沙丁胺醇、西马特罗及其盐、酯及制剂	所有用途	所有食品动物	所有可食组织
2	雌激素类：己烯雌酚及其盐、酯及制剂	所有用途	所有食品动物	所有可食组织
3	具有雌激素样作用的物质：玉米赤霉醇、去甲雄三烯醇酮、醋酸甲孕酮及制剂	所有用途	所有食品动物	所有可食组织

（续表）

序号	兽药及其他化合物名称	禁止用途	禁用动物	靶组织
4	雄激素类：甲基睾丸酮、丙酸睾酮、苯丙酸诺龙、苯甲酸雌二醇、群勃龙及其盐、酯及制剂	促生长	所有食品动物	所有可食组织
5	氯霉素及其盐、酯（包括琥珀氯霉素）及制剂	所有用途	所有食品动物	所有可食组织
6	氨苯砜及制剂	所有用途	所有食品动物	所有可食组织
7	硝基呋喃类：呋喃唑酮、呋喃它酮、呋喃苯烯酸钠、呋喃西林、呋喃妥因及制剂	所有用途	所有食品动物	所有可食组织
8	硝基化合物：硝基酚钠、硝呋烯腙及制剂稀腙及制剂	所有用途	所有食品动物	所有可食组织
9	硝基咪唑类：甲硝唑、地美硝唑、洛硝达唑、替硝唑及其盐、酯及制剂	促生长	所有食品动物	所有可食组织
10	催眠、镇静类：安眠酮及制剂	所有用途	所有食品动物	所有可食组织
	催眠、镇静类：氯丙嗪、地西泮（安定）及其盐、酯及制剂	促生长	所有食品动物	所有可食组织
11	林丹（丙体六六六）	杀虫剂	所有食品动物	所有可食组织
12	毒杀芬（氯化烯）	杀虫剂	所有食品动物	所有可食组织
13	呋喃丹（克百威）	杀虫剂	所有食品动物	所有可食组织
14	杀虫脒（克死螨）	杀虫剂	所有食品动物	所有可食组织
15	酒石酸锑钾	杀虫剂	所有食品动物	所有可食组织
16	锥虫胂胺	杀虫剂	所有食品动物	所有可食组织
17	孔雀石绿	抗菌、杀虫剂	所有食品动物	所有可食组织
18	五氯酚酸钠	杀螺剂	所有食品动物	所有可食组织
19	各种汞制剂，包括氯化亚汞（甘汞）、硝酸亚汞、醋酸汞、吡啶基醋酸汞	杀虫剂	所有食品动物	所有可食组织
20	万古霉素及其盐、酯及制剂	所有用途	所有食品动物	所有可食组织
21	卡巴氧及其盐、酯及制剂	所有用途	所有食品动物	所有可食组织

注：引自中华人民共和国农业部公告第 193 号、第 235 号、第 560 号。本标准执行期间，农业部如发布新的《食品动物禁用的兽药及其他化合物清单》，执行新的《食品动物禁用的兽药及其他化合物清单》

D.2 禁止在饲料和动物饮用水中使用的药物品种及其他物质目录

见表 D.2。

D.2 禁止在饲料和动物应用水中使用的药物品种及其他物质目录

序号	药物名称
1	β-兴奋剂类：盐酸克伦特罗、沙丁胺醇、硫酸沙丁胺醇、莱克多巴胺、盐酸多巴胺、西马特罗、硫酸特布他林、苯乙醇胺 A、班布特罗、盐酸齐帕特罗、盐酸氯丙那林、马布特罗、西布特罗、溴布特罗、酒石酸阿福特罗、富马酸福莫特罗
2	雌激素类：己烯雌酚、雌二醇、戊酸雌二醇、苯甲酸雌二醇、氯烯雌醚
3	雄激素类：苯甲酸诺龙及苯甲酸诺龙注射液
4	孕激素类：醋酸氯地孕酮、左炔诺孕酮、炔诺醇、炔诺醚
5	促性腺激素类：绒毛膜促性腺激素、促卵泡生长激素（FSHT、LH）
6	蛋白同化激素类：碘化酪蛋白
7	降压药：利血平、盐酸可乐定
8	抗过敏药：盐酸赛庚啶
9	催眠、镇静及精神药品类：氯丙嗪、盐酸异丙嗪、安定、硝西泮、奥沙西泮、苯巴比妥、苯巴比妥钠、巴比妥、异戊巴比妥钠、三唑仑、咪达唑仑、艾司唑仑、甲苯氨脂以及其他国家管制的精神药品
10	抗生素滤渣

注：引自中华人民共和国农业部公告第 176 号、第 1519 号。本标准执行期间，农业部如发布新的《禁止在饲料和动物饮用水中使用的物质》，执行新的《禁止在饲料和动物饮用水中使用的物质》

D.3 不得使用的药物品种目录

见表 D.3。

D.3 不得使用的药物品种目录

序号		名称/组方
1	抗病毒药	金刚烷胺、金刚乙胺、吗啉（双）胍（病毒灵）、利巴韦林及其盐、酯及其单、复方制剂
2	抗生素	头孢哌酮、头孢噻肟、头孢曲松（头孢三嗪）、头孢拉定、头孢唑林、头孢噻啶、罗红霉素、克拉霉素、阿奇霉素、磷霉素、克林霉素（氯林可霉素、氯洁霉素）、妥布霉素、盐酸甲烯土霉素、两性霉素、利福霉素等及其盐、酯及单、复方制剂
3	合成抗菌药	氟罗沙星、司帕沙星、甲替沙星、洛美沙星、培氟沙星、氧氟沙星、诺氟沙星等及其盐、酯及单、复方制剂
4	农药	井冈霉素、浏阳霉素、赤霉素及其盐、酯及单、复方制剂

（续表）

序号		名称/组方
5	解热镇痛类等其他药物	双嘧达莫（d ipyri d a m ole）、聚肌胞、氟胞嘧啶、代森铵、磷酸伯氨喹、磷酸氯喹、异噻唑啉酮、盐酸地酚诺酯、盐酸溴己新、西咪替丁、盐酸甲氧氯普胺、甲氧氯普胺（盐酸胃复安）、比沙可啶（bisaco d yl）、二羟丙茶碱、白细胞介素-2、别嘌醇、多抗甲素（α-甘露聚糖肽）等及其盐、酯及制剂
6	复方制剂	注射用的抗生素与安乃近、氟喹诺酮类等化学合成药物的复方制剂 镇静类药物与解热镇痛药等治疗药物组成的复方制剂

D.4　允许做治疗用但不得在动物性食品中检出的药物

见表 D.4。

表 D.4　允许做治疗用但不得在动物性食品中检出的药物

序号	药物名称	动物种类	动物组织
1	氯丙嗪	所有食品动物	所有可食组织
2	地西泮（安定）	所有食品动物	所有可食组织
3	地美硝哇	所有食品动物	所有可食组织
4	苯甲酸雌二醇	所有食品动物	所有可食组织
5	潮霉素 B	猪/鸡	可食组织
		鸡	蛋
6	甲硝唑	所有食品动物	所有可食组织
7	苯丙酸诺龙	所有食品动物	所有可食组织
8	丙酸睾酮	所有食品动物	所有可食组织
9	塞拉嗪	产奶动物	奶

主要参考文献

北京农业大学 . 1986. 家畜繁殖学 ［M］. 北京：中国农业出版社 .

曹玉凤，等 . 2012. 肉牛高效养殖教材 ［M］. 北京：金盾出版社 .

陈解放 . 2014. 驼病的诊断 ［J］. 中兽医学杂志，（2）：25.

陈顺友 . 2008. 畜禽养殖场规划设计与管理 ［M］. 北京：中国农业出版社 .

国家畜禽遗传资源委员会 . 2011. 中国畜禽遗传资源志牛志 ［M］. 北京：中国农业出版社 .

胡坚 . 1996. 动物饲养学 ［M］. 吉林：吉林科学技术出版社 .

李建国 . 2006. 现代奶牛生产 ［M］. 北京：中国农业大学出版社 .

罗生金，等 . 2015. 中兽医在舍饲肉羊疫病防治中的应用 ［J］. 中兽医学杂志 .

罗生金 . 2018. 肉羊高效健康养殖必备技术 ［M］. 北京：中国农业科学技术出版社 .

宁夏农学院，内蒙古农牧学院 . 1983. 养驼学 ［M］. 北京：中国农业出版社 .

农业部兽医局 . 2014. 病死畜禽无害化处理 100 问 ［M］. 北京：中国农业出版社 .

沙玉圣，辛盛鹏 . 2008. 畜产品质量安全与生产技术 ［M］. 北京：中国农业大学出版社 .

王福兆，孙少华 . 2010. 乳牛学 ［M］. 北京：科学技术文献出版社 .

魏成斌，徐照学 . 2014. 肉牛标准化繁殖技术 ［M］. 北京：中国农业科学技术出版社 .

闫萍，郭宪 . 2015. 适度规模肉牛场高效生产技术 ［M］. 北京：中国农业科学技术出版社 .

闫若潜，李桂喜，孙清莲 . 2011. 动物疫病防控工作指南 ［M］. 北京：中国农业出版社 .

于船，等 . 1988. 元亨疗马集校注 ［M］. 北京：北京农业大学出版社 .

赵昌延 . 2014. 土鸡规模化放养新技术 ［M］. 北京：中国农业科学技术出版社 .

赵书强，李军平，崔蓓蕾 . 2014. 兽医临床技术宝典 ［M］. 河南：中原农民出版社 .

赵兴绪 . 2002. 兽医产科学 ［M］. 北京：中国农业出版社 .

钟显胜，唐兵才，罗鸣 . 2014. 畜禽养殖实用技术 ［M］. 北京：中国农业科学技术出版社 .

朱维正 . 1993. 新编兽医手册 ［M］. 北京：金盾出版社 .

朱文进，苏咏梅 . 2015. 如何办个赚钱的肉驴家庭养殖场 ［M］. 北京：中国农业科学技术出版社 .

邹介正，等 . 2001. 司牧安骥集校注 ［M］. 北京：中国农业出版社 .